自然博物馆系列珍藏版

中文、拉丁文专有名词标注

近 1300 幅精美图片

世界珍稀鸟类唯美、温情瞬间

种类最多、图片最全、可读性最强

鸟类博物馆

NIAOLEIBOWUGUAN

北京自然博物馆　李湘涛　主编

时事出版社

前 言

生活在地球上的各种生物组成了一个众生纷纭、五彩缤纷的大千世界。而那些形形色色、千姿百态的鸟儿，就好比趣味盎然的一簇会飞的鲜花，成了最惹人喜爱的一类动物。它们有矫健轻盈的体态，鲜艳绚丽的羽毛，婉转悦耳的鸣声，不仅美化了自然环境，而且为人类的生活增添了情趣。

鸟类是新陈代谢十分旺盛的动物，自从中生代出现在地球上以后，身体结构便朝着适应于快速飞行的方向演化。它们的骨骼很轻，结构精巧而完善；体表被覆羽毛；具有高而恒定的体温（约为37.0℃～44.6℃），减少了对环境的依赖性，扩大了生活和分布的范围；前肢特化为翅膀，具有快速飞行的能力，能主动迁徙来适应多变的环境；具有发达的神经系统和感官，以及与此相联系的各种复杂行为，能更好地协调体内外环境的统一；具有筑巢、孵卵、育雏等较为完善的繁殖方式，保证了后代有较高的成活率。

现代鸟类几乎遍布于地球的各个角落，从茫茫无垠的大海到世界屋脊的青藏高原，从气候炎热的热带雨林到冰雪覆盖的极地，到处都有它们活动的踪迹，成为当今世界上分布最广、最繁盛的动物类群之一，尤其是它们在空中的优势地位，还未受到任何其他动物类群的挑战。

鸟类的进化和演变，犹如其他动物一样，也是由少数低等种类逐渐分化为较多的高等种类，世界上现生的鸟类共有9000多种。在漫长的进化过程中，由于环境的变化，尽管大多数鸟类在结构上表现出非常的相似性，但由于它们各自发挥其特长，适应于多种多样的环境条件，并向许多不同的生活方式发展，导致它们异常的多样性，从而产生了体形、色彩、习性、繁衍等方面的差异。显然，如果没有科学的方法进行分类，人类对于鸟类以及其他所有生物的研究和认识，将会陷于混乱之中。

动物分类通常是以动物物种或类群之间的形态、解剖和生态等方面的相似程度为基础的，基本上反映了它们彼此的自然亲缘关系、进化过程和发展规律。动物分类通常采用的等级有门、纲、目、科、属、种等。鸟类在分类学中隶属于脊索动物门、鸟纲，共分为21目、174科。

根据鸟类活动的特点，又可以分成留鸟和候鸟。留鸟一般终年栖居于同一地域，或仅有小范围的游荡，或沿山坡进行的垂直迁移，而候鸟则在繁殖区和越冬区之间进行定期的迁徙活动。世界上候鸟约占全部鸟类的三分之一。

迁徙虽然不是鸟类所专有的本能活动，但是作为整个分类类群来说，鸟类的迁徙是最普遍和引人注目的，因而一直是动物学研究的一个重要内容。鸟类的迁徙是对环境

改变的一种积极适应本能，这种迁徙的特点是定期、定向而且多集成大群。鸟类的迁徙大多发生在南北半球之间，迁徙的类型、时间、高度、速度、路线和定向等都是鸟类学家关注的问题。我国早在秦汉时代就有关于鸟类迁徙的文字记载，战国时代的《吕氏春秋》中便记录有“孟春之月鸿雁北，孟秋之月鸿雁来”的鸟类应候现象。吴王宫中的一个宫女，曾剪短燕爪做为标记，以观察翌年燕子是否归来。现代则经常用环志的方法研究候鸟，即用标有编号和套环机构地址的铝合金环，套在捕到的候鸟腿上，经测量登记后把鸟放飞，当这些鸟再度被捕或死去时，请获得者将该环取下寄回，比较两次捕捉的时间和地点等，可以取得有价值的资料。

我国是鸟类资源最为丰富的国家，共有鸟类1200多种，种数居世界第一位，约占世界总种数的13%左右，其中不少种类是闻名中外的珍贵特产，因此堪称鸟类的王国。

我国地大物博，幅员辽阔，有独特的自然条件和丰富的自然资源。南北跨纬度49度以上，包括寒温带、温带、暖温带、亚热带和热带；东西跨经度62度，由东部海洋性湿润气候过渡到西部大陆性干旱气候。山地、平原、湿地、荒漠等环境都是鸟类赖以生存的主要栖息环境，不仅为它们提供了丰富的食物来源，而且为它们提供了栖息、繁衍所需要的天然隐蔽场所。我国有一万八千多公里长的连绵不断的海岸线，沿海滩涂和岛屿是很多鸟类迁徙的必经之路，受到国际上的重视。在动物地理学上，全世界共分为六个动物地理界，即古北界、新北界、东洋界、热带界、澳洲界和新热带界，而我国具有生活于古北界和东洋界两大动物界的鸟类，这在世界上也是罕见的。

鸟类在我国传统文化发展史上也有较大的影响。殷周时期的甲骨文中已有“鸡”、“雉”等字出现，并已将野生的红原鸡驯化为家鸡，被驯养的鸟类还有鹌鹑、石鸡、鹧鸪和雉鸡等。据学者研究，《诗经》中所记述的天命玄鸟“降而生商”，就是我国古代的殷民族以鸟为图腾。《诗经》中有“雄雉于飞，泄泄其羽；雄雉于飞，上下其音。”的诗句，对鸟类中的雉鸡的生态特点有着生动的描述。千百年来，我国以鸟类为对象的诗、词、歌、画等文学和艺术作品、民间舞蹈等更是不胜枚举。

从古到今，神鸟凤凰成为我国人民崇敬的图腾之一，为人们所称颂，是传说中的鸟类之王。相传每逢凤凰寿辰，林中百鸟都来朝拜祝寿，不同的鸟儿在凤凰面前各显其长，载歌载舞，我国民乐《百鸟朝凤》就生动地表现了这一动人的场面。在我国人民的心目中，凤凰一直被视为至高至上和美好吉祥的象征，如帝王后妃的帽子叫“凤冠”、车子叫“凤辇”等等。我国历史上有关凤凰的传说不胜枚举，例如《帝王世纪》载有黄帝时期“凤凰止帝东园”的故事；《诗经》中有凤凰非梧桐不栖，非竹实不食之说；另外还有秦穆公的女儿弄玉善吹箫，常引来凤凰集于秦都咸阳城上，以致后世多称京城为丹凤城；后赵太祖石虎下诏时，坐在高台上，让木制的凤凰衔着诏书往下飞，以致后来的皇帝诏书也被称为“凤诏”；唐朝诗人李商隐有“凤巢西隔九重门”的诗句，写的是古人把接近皇帝的内阁称为“凤巢”或“凤阁”；在六朝的宋元嘉时，曾有凤凰翔集于南京一座山上，为了纪念，古人即在山上修筑一个凤凰台，南京附近的凤凰山即由此得名。其实，凤凰的形象是我们的祖先融合了雉鸡、锦鸡和孔雀等鸟类的特性，加以升华而创造出来的。

鸟类和其他动物一样，都是在漫长的进化历史中，经过自然选择生存下来的强者。千姿百态的鸟类，在美化自然环境，丰富人们的文化生活，以及发展经济、科学、文化教育、卫生和控制害虫、害兽等方面，都有非常重要的意义，尤其在维持生态平衡中有着重要作用。

随着社会文明的进步和科学技术的发展，人类在创造巨大物质财富的同时，也使生物圈的稳定遭受日益猛烈的冲击，使自然生态系统逐渐失去平衡。近几十年来，由于城乡建设的发展，修筑公路、开矿、扩大耕地、人工种植橡胶园等人类经济活动范围的扩大，侵占了大面积的森林、草原、湿地等，再加上乱捕滥猎、乱砍滥伐、环境污染等，致使大量生物物种濒于灭绝，一些重要自然资源日趋枯竭，而鸟类则首当其冲。这些因素不仅使我国许多鸟类的分布范围大大地缩小，而且使数量急剧下降。保护鸟类等野生动物资源和它们的生存环境，拯救濒危物种，已是一项迫切使命。

现在在世界许多地方，一种走进大自然并与之融为一体的环保消闲活动正悄然兴起。这种在物质生活以外的绿色消闲，没有价目，几乎无需付款，需要付出的是心思和时间，以及对世界环境的关注。观鸟活动就是其中之一。

提到观鸟，大家可能马上想到人们饲养的各种笼鸟。不少人都爱养鸟，他们喜欢用鸟笼饲养各式各样的鸟儿，以作观赏。这种方法无疑让饲养者能经常欣赏他们的宠物，但这也剥夺了鸟儿们所应享有的自由，摧残了它们的生机。

真正的观鸟活动，是走出家门，前往公园绿地、郊野湖畔、山地森林、海滨岛屿，用你的眼睛，或借助望远镜，去识别鸟类的品种，了解鸟类的飞行、觅食、争斗、求偶、育雏、迁徙等等。就以觅食来说，鸟儿们就各有各的本领，有的捕虫，有的吃素，由于不同的食性，体形各有不同的适应，摄食时又各有不同的程序，总之千姿百态，各适其式。它们似乎毫不相干，又似乎互相配合，各自在自然界中寻得一处安身立命之所，又各自默默地为地球生命的延续作出贡献。

鸟类是大自然的重要组成部分，也是人类的朋友，是人类赖以生存的自然生态系统的重要组成部分。保护鸟类不仅对人类经济建设的发展具有重要意义，同时也是人们文化素养和精神文明的重要标志之一。观鸟作为一种“环保消闲”活动正在被人们逐渐认识。观鸟能够帮助人们对鸟类的生活及大自然的规律有更深入的了解。人们通过和大自然的接触，也增加了对大自然的感情，领略了它的美丽。不仅如此，观鸟活动更是使人们不但懂得欣赏大自然，而且能够尊重大自然的生命。自觉地摈斥采摘野花，捕鸟入笼等等破坏自然生机的陋习。使人们从紧张、压抑的都市生活中真正解脱出来，与大自然融为一体。这种十分有益于身心的环保消闲活动，值得我们大力提倡。

本书通过1200多种鸟类的照片和文字说明，介绍了它们的分类地位、形态特点、生活习性、繁殖规律等内容。我们希望通过本书的介绍，使读者对鸟类世界有更多的了解，更加喜爱这些自然界中的美丽生灵，从而自觉地加入到爱鸟护鸟的活动中来，并从中得到更多的知识和乐趣。

目　录

一、鸵鸟目 …………………………… 1
鸵鸟(1)

二、美洲鸵鸟目 …………………………… 1
美洲鸵(1)，美洲小鸵(1)

三、鹤鸵目 …………………………… 2
鹤鸵(2)，单垂鹤鸵(2)，鸸鹋(2)

四、几维目 …………………………… 2
褐几维(3)，大斑几维(3)，小斑几维(3)

五、 鹅形目 …………………………… 3
孤䴘(3)，褐穴䴘(4)，波斑穴䴘(4)，凤头䴘(4)

六、企鹅目 …………………………… 4
皇企鹅(4)，王企鹅(5)，阿德利企鹅(5)，南极企鹅(5)，巴布亚企鹅(5)，
冠企鹅(5)，斑嘴环企鹅(6)，洪氏环企鹅(6)，麦氏环企鹅(6)

七、潜鸟目 …………………………… 6
黑喉潜鸟(6)，北极潜鸟(7)，红喉潜鸟(7)

八、䴙䴘目 …………………………… 7
小䴙䴘(7)，斑嘴巨䴙䴘(7)，角䴙䴘(8)，凤头䴙䴘(8)，赤颈䴙䴘(8)，
黑颈䴙䴘(8)，黑巾䴙䴘(8)

九、鹱形目 …………………………………… 9

短尾信天翁(9)，漂泊信天翁(9)，黑背信天翁(9)，加岛信天翁(10)，黑眉信天翁(10)，黑脚信天翁(10)，灰背信天翁(10)，巨鹱(10)，暴风鹱(10)，百慕大圆尾鹱(11)，白额鹱(11)，猛鹱(11)，小鹱(11)，肉足鹱(11)，灰鹱(11)，曳尾鹱(12)，短尾鹱(12)，黄蹼洋海燕(12)，白脸海燕(12)，哈考氏叉尾海燕(12)，白腰叉尾海燕(13)，黑叉尾海燕(13)，南乔治湾鹈燕(13)

十、鹈形目 …………………………………… 13

白尾鹲(13)，红尾鹲(14)，卷羽鹈鹕(14)，褐鹈鹕(14)，白鹈鹕(14)，斑嘴鹈鹕(14)，憨鲣鸟(15)，蓝脸鲣鸟(15)，褐鲣鸟(15)，蓝脚鲣鸟(15)，红脚鲣鸟(15)，蓝眼鸬鹚(15)，绿鸬鹚(16)，普通鸬鹚(16)，黑颈鸬鹚(16)，红脸鸬鹚(16)，斑鸬鹚(16)，难飞鸬鹚(16)，蛇鹈(17)，红蛇鹈(17)，白斑军舰鸟(17)，小军舰鸟(17)

十一、鹳形目 …………………………………… 17

大麻鳽(18)，小苇鳽(18)，黄斑苇鳽(18)，黑鳽(18)，栗头虎斑鳽(18)，海南虎斑鳽(19)，夜鹭(19)，船嘴鹭(19)，牛背鹭(19)，绿鹭(19)，大白鹭(20)，黑鹭(20)，黄嘴白鹭(20)，白鹭(20)，中白鹭(20)，棕颈鹭(21)，岩鹭(21)，斑鹭(21)，苍鹭(21)，草鹭(21)，锤头鹳(21)，鲸头鹳(22)，白头鹮鹳(22)，白鹳(22)，钳嘴鹳(22)，黑鹳(22)，东方白鹳(23)，凹嘴鹳(23)，非洲秃鹳(23)，黑头白鹮(23)，隐鹮(23)，朱鹮(24)，红鹮(24)，白琵鹭(24)，黑脸琵鹭(24)，粉红琵鹭(24)，大红鹳(25)，智利红鹳(25)

十二、雁形目 …………………………………… 25

冠叫鸭(25)，鹊鹅(26)，白脸树鸭(26)，黑天鹅(26)，大天鹅(26)，小天鹅(26)，黑颈天鹅(27)，疣鼻天鹅(27)，咳声天鹅(27)，白额雁(27)，灰雁(27)，雪雁(28)，鸿雁(28)，小白额雁(28)，斑头雁(28)，黑额黑雁(28)，红胸黑雁(29)，黄颈黑雁(29)，赤麻鸭(29)，翘鼻麻鸭(29)，鸳鸯(29)，林鸳鸯(30)，鬃林鸭(30)，针尾鸭(30)，琵嘴鸭(30)，绿翅鸭(30)，罗纹鸭(31)，花脸鸭(31)，赤颈鸭(31)，绿头鸭(31)，斑嘴鸭(31)，白眉鸭(32)，青头潜鸭(32)，红头潜鸭(32)，凤头潜鸭(32)，欧绒鸭(32)，鹊鸭(33)，长尾鸭(33)，斑头秋沙鸭(33)，红胸秋沙鸭(33)，白头硬尾鸭(33)，中华秋沙鸭(34)

十三、隼形目 …………………………………… 34

红头美洲鹫(34)，王鹫(34)，加州兀鹫(35)，康多兀鹫(35)，鹗(35)，凤头蜂鹰(35)，黑翅鸢(35)，螺鸢(36)，黑鸢(36)，白头海雕(36)，啸栗鸢(36)，白腹海雕(36)，虎头海雕(37)，吼海雕(37)，棕榈鹫(37)，胡兀鹫(37)，兀鹫(37)，高山兀鹫(38)，秃鹫(38)，短趾雕(38)，蛇雕(38)，白尾鹞(38)，草原鹞(39)，白腹鹞(39)，歌鹰(39)，鸡鹰(39)，雀鹰(39)，赤腹鹰(40)，条纹鹰(40)，凤头鹰(40)，松雀鹰(40)，普通鵟(40)，红尾鵟(41)，毛脚鵟(41)，棕尾鵟(41)，角雕(41)，楔尾雕(41)，食猿雕(42)，金雕(42)，乌雕(42)，白肩雕(42)，草原雕(42)，白腹隼雕(43)，长冠雕(43)，猛雕(43)，蛇鹫(43)，黑卡拉鹰(43)，条纹卡拉鹰(43)，凤头卡拉鹰(44)，笑隼(44)，斑林隼(44)，非洲侏隼(44)，黑白小隼(44)，猎隼(45)，灰背隼(45)，埃莉氏隼(45)，游隼(45)，矛隼(45)，美洲隼(46)，燕隼(46)，红隼(47)

十四、鸡形目 …………………………………… 46

眼斑冢雉(46)，苏拉冢雉(47)，棕臀稚冠雉(47)，眉纹冠雉(47)，普通鸣冠雉(47)，黑镰翅冠雉(47)，角冠雉(47)，夜冠雉(48)，大凤冠雉(48)，吐绶鸡(48)，枞树鸡(48)，柳雷鸟(48)，岩雷鸟(49)，黑嘴松鸡(49)，黑琴鸡(49)，普通松鸡(49)，花尾榛鸡(49)，斑尾榛鸡(50)，披肩鸡(50)，艾草榛鸡(50)，草原榛鸡(50)，尖尾榛鸡(50)，山齿鹑(50)，暗腹雪鸡(51)，石鸡(51)，中华鹧鸪(51)，红脚石鸡(51)，斑翅山鹑(51)，高原山鹑(52)，日本鹌鹑(52)，褐鹑(52)，蓝胸鹑(52)，海南山鹧鸪(52)，白额山鹧鸪(52)，环颈山鹧鸪(53)，红头林鹧鸪(53)，灰胸竹鸡(53)，棕胸竹鸡(53)，血雉(53)，灰腹角雉(54)，黄腹角雉(54)，黑头角雉(54)，红胸角雉(54)，红腹角雉(54)，勺鸡(55)，棕尾虹雉(55)，绿尾虹雉(55)，白尾梢虹雉(55)，红原鸡(55)，鳞背鹇(56)，泰国火背鹇(56)，白鹇(56)，爱德华氏鹇(56)，凤冠火背鹇(56)，黑鹇(57)，蓝鹇(57)，蓝马鸡(57)，藏马鸡(57)，褐马鸡(57)，彩雉(58)，白颈长尾雉(58)，黑颈长尾雉(58)，白冠长尾雉(58)，黑长尾雉(58)，雉鸡(59)，绿雉(59)，白腹锦鸡(59)，红腹锦鸡(59)，灰孔雀雉(59)，巴拉望孔雀雉(60)，大眼斑雉(60)，绿孔雀(60)，蓝孔雀(60)，刚果孔雀(60)，普通珠鸡(61)，鹫珠鸡(61)

十五、鹤形目 …………………………………… 61

褐拟鹑(61)，棕三趾鹑(61)，黄脚三趾鹑(62)，领鹑(62)，赤颈鹤(62)，美洲鹤(62)，灰鹤(62)，沙丘鹤(63)，丹顶鹤(63)，白鹤(63)，白头鹤(63)，黑颈鹤(63)，澳洲鹤(64)，白枕鹤(64)，肉垂鹤(64)，蓝鹤(64)，蓑羽鹤(64)，西非冕鹤(65)，东非冕鹤(65)，秧鹤(65)，灰翅喇叭鸟(65)，白喉秧鸡(65)，灰颈林秧鸡(65)，普通秧鸡(66)，弗吉尼亚秧鸡(66)，长嘴秧鸡(66)，蓝胸秧鸡(66)，白喉斑秧鸡(66)，黑脸田鸡(67)，红胸田鸡(67)，小田鸡(67)，非洲黑田鸡(67)，红脚苦恶鸟(67)，白胸苦恶鸟(68)，董鸡(68)，黑水鸡(68)，紫青水鸡(68)，紫水鸡(68)，短翅水鸡(69)，白骨顶(69)，凤头瓣蹼鸡(69)，日鳽(69)，鹭鹤(69)，日鳽(69)，红腿叫鹤(70)，小鸨(70)，大鸨(70)，灰颈鹭鸨(70)，黑冠鹭鸨(70)，凤头鸨(70)，哈劳氏鸨(71)，小黑鸨(71)

十六、鸻形目 71

长脚雉鸻(71)，水雉(71)，铜翅水雉(72)，彩鹬(72)，蟹鸻(72)，白脚蛎鹬(72)，蛎鹬(72)，黑翅长脚鹬(73)，鹮嘴鹬(73)，黑长脚鹬(73)，反嘴鹬(73)，欧石鸻(73)，大石鸻(73)，报讯鸟(74)，印度走鸻(74)，普通燕鸻(74)，凤头距翅麦鸡(74)，灰头麦鸡(74)，长脚麦鸡(74)，肉垂麦鸡(75)，三色麦鸡(75)，凤头麦鸡(75)，欧金斑鸻(75)，灰斑鸻(75)，环颈鸻(76)，金眶鸻(76)，剑鸻(76)，黑额鸻(76)，笛鸻(76)，黑巾鸻(77)，小嘴鸻(77)，云石塍鹬(77)，斑尾塍鹬(77)，黑尾塍鹬(77)，长嘴杓鹬(78)，红腰杓鹬(78)，中杓鹬(78)，高原鹬(78)，小黄脚鹬(78)，小青脚鹬(79)，翘嘴鹬(79)，翻石鹬(79)，灰瓣蹼鹬(79)，丘鹬(79)，大沙锥(80)，短嘴半蹼鹬(80)，滨浪鹬(80)，三趾滨鹬(80)，勺嘴鹬(80)，黑腹滨鹬(81)，流苏鹬(81)，小籽鹬(81)，白鞘嘴鸥(81)，大贼鸥(81)，长尾贼鸥(81)，太平洋鸥(82)，银鸥(82)，灰头鸥(82)，黑尾鸥(82)，小黑背鸥(82)，渔鸥(82)，红嘴鸥(83)，三趾鸥(83)，黑嘴鸥(83)，叉尾鸥(83)，白翅浮鸥(83)，白额燕鸥(84)，粉红燕鸥(84)，北极燕鸥(84)，王凤头燕鸥(84)，白顶黑燕鸥(84)，印加燕鸥(84)，黑剪嘴鸥(85)，刀嘴海雀(85)，黑海鸽(85)，厚嘴海鸦(85)，扁嘴海雀(85)，斑海雀(85)，角嘴海雀(86)，北极海鹦(86)，花魁鸟(86)

十七、鸽形目 86

西藏毛腿沙鸡(86)，白腹沙鸡(87)，花彩沙鸡(87)，雪鸽(87)，原鸽(87)，粉红鸽(87)，岩鸽(87)，珠颈斑鸠(88)，灰斑鸠(88)，山斑鸠(88)，火斑鸠(88)，斑尾鹃鸠(88)，绿背金鸠(89)，冠鸠(89)，宝石姬地鸠(89)，哀鸽(89)，印加鸠(89)，白额棕翅鸠(89)，尼柯巴鸠(90)，吕宋鸡鸠(90)，维多利亚凤冠鸠(90)，蓝凤冠鸠(90)，黄脚绿鸠(90)

十八、鹦形目 91

黑色吸蜜鹦鹉(91)，深红吸蜜鹦鹉(91)，红色吸蜜鹦鹉(91)，黑翅吸蜜鹦鹉(91)，紫颈吸蜜鹦鹉(91)，鳞胸吸蜜鹦鹉(92)，暗色吸蜜鹦鹉(92)，虹彩吸蜜鹦鹉(92)，戈迪氏吸蜜鹦鹉(92)，约翰氏吸蜜鹦鹉(92)，华丽吸蜜鹦鹉(92)，杂色吸蜜鹦鹉(93)，喋喋吸蜜鹦鹉(93)，黑顶吸蜜鹦鹉(93)，棕树凤头鹦鹉(93)，红尾凤头鹦鹉(93)，黑色凤头鹦鹉(93)，甘甘凤头鹦鹉(94)，粉红凤头鹦鹉(94)，戈芬氏凤头鹦鹉(94)，白凤头鹦鹉(94)，葵花凤头鹦鹉(94)，米切氏凤头鹦鹉(94)，小白凤头鹦鹉(95)，鲑色凤头鹦鹉(95)，小葵花凤头鹦鹉(95)，鸡尾鹦鹉(95)，啄羊鹦鹉(95)，双眼无花果鹦鹉(95)，蓝腰鹦鹉(96)，布鲁盘尾鹦鹉(96)，巨嘴鹦鹉(96)，折衷鹦鹉(96)，彼斯奎氏鹦鹉(96)，澳洲王鹦鹉(96)，红翅鹦鹉(97)，统治鹦鹉(97)，马里环颈鹦鹉(97)，深红玫瑰鹦鹉(97)，东玫瑰鹦鹉(97)，黄玫瑰鹦鹉(97)，西玫瑰鹦鹉(98)，角鹦鹉(98)，蓝帽鹦鹉(98)，青绿鹦鹉(98)，红额鹦鹉(98)，伯克氏鹦鹉(98)，马岛鹦鹉(99)，非洲灰鹦鹉(99)，虎皮鹦鹉(99)，塞内加尔鹦鹉(99)，费希氏情侣鹦鹉(99)，伪装情侣鹦鹉(99)，苏拉短尾鹦鹉(100)，桃脸情侣鹦鹉(100)，绯胸鹦鹉(100)，花头鹦鹉(100)，毛里求斯鹦鹉(100)，阿历山大鹦鹉(100)，大绯胸鹦鹉(101)，灰头鹦鹉(101)，红领绿鹦鹉(101)，紫蓝金刚鹦鹉(101)，蓝黄金刚鹦鹉(101)，红绿金刚鹦鹉(102)，绯红金刚鹦鹉(102)，军用金刚鹦鹉(102)，太阳鹦哥(102)，黑头巾鹦哥(102)，厚嘴鹦哥(102)，掘穴鹦哥(103)，岩石鹦哥(103)，细嘴鹦哥(103)，横斑鹦哥(103)，眼镜鹦哥(103)，白腹鹦哥(103)，白冠鹦哥(104)，白额亚马孙鹦哥(104)，橙翅亚马孙鹦哥(104)，黄项亚马孙鹦哥(104)，黄头亚马孙鹦哥(104)，红眼亚马孙鹦哥(104)，淡紫冠亚马孙鹦哥(105)，红冠亚马孙鹦哥(105)，鹰头鹦哥(105)，蓝腹鹦哥(105)，鸮鹦鹉(105)

十九、鹃形目 105

南非灰蕉鹃(106)，蓝冠蕉鹃(106)，短冠紫蕉鹃(106)，白梢冠蕉鹃(106)，紫冠蕉鹃(106)，麝雉(106)，红翅凤头鹃(107)，大凤头鹃(107)，大杜鹃(107)，四声杜鹃(107)，中杜鹃(107)，小杜鹃(108)，大鹰鹃(108)，噪鹃(108)，八声杜鹃(108)，黄嘴美洲鹃(108)，红树美洲鹃(108)，滑嘴犀鹃(109)，黑嘴美洲鹃(109)，走鹃(109)，褐翅鸦鹃(109)，地鹃(109)，蓝头鸦

鹃(109)，小鸦鹃(110)，雉形鸦鹃(110)，塞内加尔鸦鹃(110)

二十、鸮形目 110

仓鸮(110)，草鸮(111)，栗鸮(111)，领角鸮(111)，白脸角鸮(111)，普通角鸮(111)，乳黄雕鸮(112)，雕鸮(112)，大雕鸮(112)，毛腿渔鸮(112)，黄腿渔鸮(112)，眼镜鸮(112)，雪鸮(113)，猛鸮(113)，领鸺鹠(113)，花头鸺鹠(113)，姬鸮(113)，布布克鹰鸮(113)，纵纹腹小鸮(114)，灰林鸮(114)，穴鸮(114)，乌林鸮(114)，短耳鸮(114)，长耳鸮(114)，棕榈鬼鸮(115)

二十一、夜鹰目 115

茶色蟆口鸱(115)，林鸱(115)，油鸱(115)，裸鼻鸱(116)，小美洲夜鹰(116)，美洲夜鹰(116)，帕拉夜鹰(116)，印度夜鹰(116)，卡罗琳夜鹰(117)，欧夜鹰(117)，普通夜鹰(117)，长尾夜鹰(117)，三声夜鹰(117)，加蓬夜鹰(118)

二十二、雨燕目 118

白喉针尾雨燕(118)，烟囱刺尾雨燕(118)，白喉叉尾雨燕(118)，棕雨燕(119)，亚洲棕雨燕(119)，小白腰雨燕(119)，楼燕(119)，非洲白腰雨燕(119)，白腰雨燕(119)，凤头雨燕(120)，极乐冠蜂鸟(120)，长尾隐蜂鸟(120)，白尖镰嘴蜂鸟(120)，琉璃刀翅蜂鸟(120)，黑蜂鸟(120)，绿色紫耳蜂鸟(121)，金喉红顶蜂鸟(121)，黑胸蜂鸟(121)，拍尾蜂鸟(121)，绿喉加利蜂鸟(121)，阔嘴蜂鸟(121)，蓝喉红嘴蜂鸟(122)，白耳红嘴蜂鸟(122)，寿带蜂鸟(122)，绿蜂鸟(122)，铜腰蜂鸟(122)，紫冠蜂鸟(122)，绿顶辉蜂鸟(123)，棕腹蜂鸟(123)，白顶蜂鸟(123)，蓝喉宝石蜂鸟(123)，红玉蜂鸟(123)，大蜂鸟(123)，赤叉尾蜂鸟(124)，黑胸山蜂鸟(124)，巨蜂鸟(124)，太阳蜂鸟(124)，领印加蜂鸟(124)，刀嘴蜂鸟(124)，长靴拍尾蜂鸟(125)，黑带尾蜂鸟(125)，紫背刺嘴蜂鸟(125)，髯蜂鸟(125)，长尾蜂鸟(125)，角蜂鸟(125)，蓝簇星喉蜂鸟(126)，华丽蜂鸟(126)，傲丽蜂鸟(126)，吸蜜蜂鸟(126)，黑喉北蜂鸟(126)，红玉喉北蜂鸟(127)，红喉蜂鸟(127)，紫喉蜂鸟(127)，星蜂鸟(127)，宽尾煌蜂鸟(127)，棕煌蜂鸟(127)，艾伦煌蜂鸟(128)

二十三、鼠鸟目 128

蓝项鼠鸟(128)，点斑鼠鸟(128)

二十四、咬鹃目 129

凤尾绿咬鹃(129)，白领美洲咬鹃(129)，堇头美洲咬鹃(129)，绿颊咬鹃(129)，红头咬鹃(130)

二十五、佛法僧目 130

冠鱼狗(130)，普通翠鸟(130)，蓝翅笑翠鸟(131)，笑翠鸟(131)，林翡翠(131)，蓝翡翠(131)，红背翡翠(131)，白眉翡翠(132)，白胸翡翠(132)，白尾极乐翡翠(132)，短尾鴗(132)，波多[黎各]短尾鴗(132)，棕翠鴗(132)，蓝顶翠鴗(133)，赤须夜蜂虎(133)，黄喉蜂虎(133)，栗头蜂虎(133)，洋红蜂虎(133)，小蜂虎(133)，虹彩蜂虎(134)，蓝喉蜂虎(134)，蓝头佛法僧(134)，棕胸佛法僧(134)，燕尼佛法僧(134)，蓝胸佛法僧(135)，棕顶佛法僧(135)，三宝鸟(135)，长尾佛法僧(135)，戴胜(135)，小弯嘴林戴胜(136)，鹃鴗(136)，黄嘴弯嘴犀鸟(136)，斑嘴弯嘴犀鸟(136)，长冠犀鸟(136)，花冠皱盔犀鸟(137)，斑犀鸟(137)，银颊噪犀鸟137)，噪犀鸟(137)，棕犀鸟(137)，双角犀鸟(138)，马来犀鸟(138)，地犀鸟(138)，红脸地犀鸟(138)

二十六、鴷形目 139

棕尾鵎鴷(139)，白颈喷鴷(139)，点斑喷鴷(139)，白耳喷鴷(139)，黑尼鴷(140)，黑点须鴷(140)，柠喉拟啄木(140)，鵎鵼拟啄木(140)，蓝喉拟啄木(140)，金喉拟啄木(140)，大拟啄木(141)，小绿拟啄木(141)，金腰补鴷(141)，黄额补鴷(141)，红黄拟啄木(141)，黑喉响蜜鴷(141)，黑颈阿拉卡鵎鵼(142)，领阿拉卡鵎鵼(142)，灰胸山鵎鵼(142)，板嘴山鵎鵼(142)，南美鵎鵼(142)，红胸鵎鵼(142)，厚嘴鵎鵼(143)，栗嘴鵎鵼(143)，鞭笞鵎鵼(143)，凹嘴鵎鵼(143)，蚁鴷(143)，白啄木(143)，金额啄木(144)，红腹啄木(144)，橡树啄木(144)，棕腹啄木(144)，白背啄木(144)，黄腹吸汁啄木(145)，黑背三趾啄木(145)，大斑啄木(145)，中斑啄木(145)，普通扑动鴷(145)，毛发啄木(145)，栗啄木(146)，白腹黑啄木(146)，黑枕绿啄木(146)，黑啄木(146)，黄冠绿啄木(146)，大黄冠绿啄木(147)，竹啄木(147)

二十七、雀形目 147

非洲阔嘴鸟(148)，长尾阔嘴鸟(148)，小绿阔嘴鸟(148)，楔嘴砍林鸟

(149)，纵纹砍林鸟(149)，红嘴镰嘴鸟(149)，棕灶鸟(149)，纯色背针尾雀(149)，淡黄额拾叶雀(150)，白额拾叶雀(150)，灰喉刮叶雀(150)，纯色反嘴雀(150)，纵纹反嘴雀(150)，巨蚁鵙(150)，横斑蚁鵙(151)，纯色蚁绿鵙(151)，带斑蚁鸟(151)，点翅蚁鹩(151)，斑点背蚁鸟(151)，黑点裸眼雀(151)，棕尾蚁鸫(152)，棕顶蚁八色鸫(152)，锈胸蚁八色鸫(152)，栗带食蚊鸟(152)，棕肛窜鸟(152)，黑颈红卡丁伞鸟(152)，玫瑰喉比卡雀(153)，面罩蒂泰雀(153)，秀丽伞鸟(153)，紫喉果鸦(153)，裸喉钟雀(153)，肉垂钟雀(153)，安第斯动冠伞鸟(154)，白须侏儒鸟(154)，尖尾侏儒鸟(154)，蓝顶侏儒鸟(154)，红顶侏儒鸟(154)，黑白霸鹟(154)，东菲比霸鹟(155)，斑驳水霸鹟(155)，剪尾灰霸鹟(155)，朱红霸鹟(155)，牛霸鹟(155)，西美洲王霸鹟(156)，东美洲王霸鹟(156)，船嘴霸鹟(156)，威氏冠蝇霸鹟(156)，灰悲雀(156)，大食蝇霸鹟(156)，橄榄肋绿霸鹟(157)，东林绿霸鹟(157)，烟姬霸鹟(157)，柳蚊霸鹟(157)，白颊哑霸鹟(157)，王霸鹟(157)，尖喙鸟(158)，棕尾刈草鸟(158)，蓝尾八色鸫(158)，蓝翅八色鸫(158)，黑头八色鸫(158)，噪声八色鸫(158)，刺鹩(159)，肉垂拟太阳鸟(159)，华丽琴鸟(159)，棕薮鸟(159)，歌百灵(159)，垂耳歌百灵(159)，斑百灵(160)，白翅百灵(160)，蒙古百灵(160)，木百灵(160)，小沙百灵(160)，角百灵(160)，云雀(161)，小云雀(161)，双色树燕(161)，海绿树燕(161)，红翎粗翅燕(161)，金腰燕(162)，紫崖燕(162)，崖沙燕(162)，家燕(162)，洋燕(162)，红石燕(163)，毛脚燕(163)，山鹡鸰(163)，白鹡鸰(163)，灰鹡鸰(163)，黄头鹡鸰(164)，黄鹡鸰(164)，桔红长爪鹡鸰(164)，大鹡鸰(164)，布莱氏鹨(164)，树鹨(165)，北鹨(165)，田鹨(165)，草地鹨(165)，水鹨(165)，林鹨(166)，细嘴地鹃鵙(166)，条纹鹃鵙(166)，大鹃鵙(166)，白翅原鹃鵙(166)，灰山椒鸟(167)，赤红山椒鸟(167)，灰喉山椒鸟(167)，绿鹦嘴鹎(167)，黑头鹎(167)，黑喉红臀鹎(168)，红耳鹎(168)，黑额鹎(168)，白头鹎(168)，黄腹冠鹎(168)，栗背短脚鹎(169)，黑短脚鹎(169)，绿翅短脚鹎(169)，黑翅雀鹎(169)，金额叶鹎(169)，橙腹叶鹎(170)，大绿叶鹎(170)，和平鸟(170)，白顶林鵙(170)，乌头黑伯劳(170)，锈色黑伯劳(171)，库山丛林伯劳(171)，牛头伯劳(171)，领伯劳(171)，红背伯劳(171)，红尾伯劳(172)，灰伯劳(172)，呆头伯劳(172)，棕背伯劳(172)，虎纹伯劳(172)，黑小钩嘴鵙(173)，雪松太平鸟(173)，太平鸟(173)，小太平鸟(173)，亮丝鹟(173)，棕榈鵖(174)，普通河乌(174)，美洲河乌(174)，普通岩鷦鹩(174)，棕曲嘴鷦鹩(174)，短嘴沼泽鷦鹩(175)，比尤斯克苇鷦鹩(175)，科拉苇鷦鹩(175)，带斑苇鷦鹩(175)，棕胸苇鷦鹩(175)，莺鷦鹩(176)，鷦鹩(176)，灰猫嘲鸫(176)，小嘲鸫(176)，弯嘴矢嘲鸫(176)，褐矢嘲鸫(177)，珠眼嘲鸫(177)，黑喉岩鹨(177)，领岩鹨(177)，林岩鹨(178)，

棕眉山岩鹨(178)，欧亚鸲(178)，红点颏(178)，新疆歌鸲(178)，红尾歌鸲(179)，蓝点颏(179)，白腰鹊鸲(179)，塞舌尔鹊鸲(179)，红尾鸲(179)，山蓝鸲(180)，东蓝鸲(180)，黑背燕尾(180)，灰背燕尾(180)，坦氏孤鸫(180)，灰林鵖(181)，穗鵖(181)，蓝矶鸫(181)，虎斑地鸫(181)，白眉地鸫(181)，隐士夜鸫(182)，乌灰鸫(182)，灰背鸫(182)，乌鸫(182)，斑鸫(182)，眉鸫(183)，灰头鸫(183)，绿鞭鸟(183)，楔嘴鸫(183)，锈脸钩嘴鹛(183)，红头穗鹛(184)，黑顶噪鹛(184)，白喉噪鹛(184)，画眉(184)，黑喉噪鹛(184)，灰翅噪鹛(185)，丽色噪鹛(185)，白冠噪鹛(185)，赤尾噪鹛(185)，小黑领噪鹛(185)，眼纹噪鹛(186)，黑领噪鹛(186)，白颊噪鹛(186)，纯色噪鹛(186)，红翅薮鹛(186)，棕噪鹛(187)，银耳相思鸟(187)，红嘴相思鸟(187)，栗头凤鹛(187)，文须雀(187)，棕头鸦雀(188)，白颈岩鹛(188)，灰颈岩鹛(188)，灰蓝蚋莺(188)，黑尾蚋莺(188)，树莺(189)，河蝗莺(189)，稻田苇莺(189)，大苇莺(189)，靴篱莺(189)，园林莺(190)，漠地林莺(190)，极北柳莺(190)，黄眉柳莺(190)，纯色柳莺(190)，林柳莺(191)，红玉冠戴菊(191)，戴菊(191)，棕扇尾莺(191)，褐头鷦莺(191)，长尾缝叶莺(192)，灰背拱翅莺(192)，棕鹨莺(192)，银蚊鹟(192)，白腹姬鹟(192)，红喉姬鹟(193)，白领姬鹟(193)，黄眉姬鹟(193)，南非黑鹟(193)，大仙鹟(193)，幽暗鹟(194)，斑鹟(194)，铜蓝鹟(194)，点颏喷背鹟(194)，黑喉眼瘤鹟(194)，黑白细尾鹩莺(195)，壮丽细尾鹩莺(195)，红翅细尾鹩莺(195)，杂色细尾鹩莺(195)，辉蓝细尾鹩莺(195)，棕冠鹋鹩莺(196)，白喉吵刺莺(196)，褐色小嘴刺莺 (196)，纵纹刺嘴莺(196)，小刺嘴莺(196)，白眉丝刺莺(197)，石栖刺莺(197)，白额澳鵖(197)，橙澳鵖(197)，绯红澳鵖(197)，紫寿带(198)，寿带(198)，跃阔嘴鹟(198)，黑脸王鹟(198)，铅灰阔嘴鹟(198)，鹡鸰扇尾鹟(199)，棕额扇尾鹟(199)，白喉岛扇尾鹟(199)，澳褐小鹟(199)，红头鸲鹟(199)，查岛鸲鹟(200)，南黄鸲鹟(200)，金厚头啸鹟(200)，灰鵙鸫(200)，冠林鵙鹟(200)，银喉长尾山雀(201)，红头长尾山雀(201)，攀雀(201)，黄头金雀(201)，煤山雀(201)，簇山雀(202)，青山雀(202)，凤头山雀(202)，大山雀(202)，黄腹山雀(202)，黄颊山雀(203)，冕雀(203)，普通䴓(203)，白胸䴓(203)，短趾旋木雀(203)，普通旋木雀(204)，纹头纹雀(204)，棕短嘴旋木雀(204)，白喉短嘴旋木雀(204)，槲啄花鸟(204)，橙腹啄花鸟(205)，黑头斑啄果鸟(205)，斑啄果鸟(205)，红眉斑啄果鸟(205)，双领花蜜鸟(205)，艾米花蜜鸟(206)，紫花蜜鸟(206)，约翰氏花蜜鸟(206)，黄腹花蜜鸟(206)，东方重领花蜜鸟(206)，赤胸花蜜鸟(207)，橙胸花蜜鸟(207)，紫腰花蜜鸟(207)，叉尾太阳鸟(207)，火尾太阳鸟(207)，红胁绣眼鸟(208)，暗绿绣眼鸟(208)，灰胸绣眼鸟(208)，苍色绣眼鸟(208)，褐岩吸蜜鸟

(208)，黑头摄蜜鸟(209)，绯红摄蜜鸟(209)，利温氏吸蜜鸟(209)，黄簇吸蜜鸟(209)，淡黄吸蜜鸟(209)，金背抚蜜鸟(210)，蓝脸吸蜜鸟(210)，秃吮蜜鸟(210)，普通饮蜜鸟(210)，纵纹吸蜜鸟(210)，黄喉矿鸟(210)，卡佛食蜜鸟(211)，黄胸鹀(211)，黍鹀(211)，黄鹀(211)，赤胸鹀(211)，小鹀(212)，栗鹀(212)，芦鹀(212)，白眉鹀(212)，栗领铁爪鹀(212)，狐色带鹀(213)，沼泽带鹀(213)，黑喉漠鹀(213)，白腹灯草鹀(213)，桔黄雀鹀(213)，仙人掌地雀(214)，鶯形树雀(214)，黑冠黄雀鹀(214)，主红雀(214)，美洲斯皮扎雀(214)，极青彩鹀(215)，丽色彩鹀(215)，鸫形唐纳雀(215)，猩红比蓝雀(215)，银色肿嘴雀(215)，灰蓝裸鼻雀(216)，闪辉绿雀(216)，五影唐加拉雀(216)，红脚旋蜜雀(216)，金翅虫森莺(216)，灰绿虫森莺(217)，蓝翅虫森莺(217)，北森莺(217)，黑喉蓝林莺(217)，深蓝色林莺(217)，黄腰白喉林莺(218)，高草原林莺(218)，黄喉林莺(218)，黑纹背林莺(218)，栗胁林莺(218)，黄色林莺(219)，栗颊林莺(219)，橙顶灶鸫(219)，白眉水鸫(219)，食虫莺(219)，黑头威尔逊森莺(220)，蓝翅黄森莺(220)，黄胸巨鹏莺(220)，蕉森莺(220)，考爱岛导颚雀(220)，黑髭绿鹃(221)，贝尔氏绿鹃(221)，黄喉绿鹃(221)，白眼绿鹃(221)，红眼绿鹃(221)，孤绿鹃(222)，棕顶绿莺鹃(222)，冠拟椋鸟(222)，巾冠拟黄鹂(222)，拟黄鹂(222)，斑胸拟黄鹂(223)，黄头黑鹂(223)，西美草地鹨(223)，普通拟八哥(223)，蓝头黑鹂(223)，长刺歌雀(224)，燕雀(224)，柠檬黄丝雀(224)，金额丝雀(224)，红额金翅(224)，金翅(225)，黄雀(225)，北美金翅(225)，白翅岭雀(225)，白腰朱顶雀(225)，长尾雀(226)，沙雀(226)，普通朱雀(226)，北朱雀(226)，松雀(226)，红交嘴雀(227)，白翅交嘴雀(227)，红腹灰雀(227)，锡嘴雀(227)，黑尾蜡嘴雀(227)，黑头蜡嘴雀(228)，赤红砸籽雀(228)，红颊蓝饰雀(228)，红嘴火雀(228)，蓝顶蓝饰雀(229)，红褐雀(229)，横斑梅花雀(229)，红耳火尾雀(229)，双斑草雀(229)，针尾凤鹦(230)，七彩文鸟(230)，白腰文鸟(230)，爪哇禾雀(230)，靛蓝维达鸟(230)，白头牛文鸟(231)，家麻雀(231)，死海麻雀(231)，树麻雀(231)，山麻雀(231)，黑头群栖织布鸟(232)，栗脸织布鸟(232)，栗头金织布鸟(232)，黑脸织布鸟(232)，红嘴奎利亚雀(232)，红寡妇鸟(233)，红福迪雀(233)，翠绿辉椋鸟(233)，群集椋鸟(233)，紫色辉椋鸟(233)，斑椋鸟(234)，黑领椋鸟(234)，灰椋鸟(234)，粉红椋鸟(234)，丝光椋鸟(235)，灰背椋鸟(235)，长冠八哥(235)，北椋鸟(235)，八哥(235)，家八哥(236)，鹩哥(236)，红嘴牛椋鸟(236)，黑枕黄鹂(236)，白腹黄鹂(236)，东非黑头黄鹂(237)，金黄鹂(237)，叉尾卷尾(237)，马岛冠卷尾(237)，黑卷尾(237)，灰卷

尾(238)，发冠卷尾(238)，垂耳鸦(238)，鹊鹨(238)，灰鸵鹨(238)，暗色燕鵙(239)，白胸燕鵙(239)，白眉燕鵙(239)，黑眼燕鵙(239)，斑钟鹊(239)，灰钟鹊(240)，斑噪钟鹊(240)，白斑猫鸟(240)，金亭鸟(240)，紫背别墅鸟(240)，缎蓝亭鸟(241)，大亭鸟(241)，王风鸟(241)，瓦岛丽色风鸟(241)，大极乐鸟(241)，线翎极乐鸟(242)，小极乐鸟(242)，蓝极乐鸟(242)，普通极乐鸟(242)，暗冠蓝鸦(242)，冠蓝鸦(243)，白尾蓝鸦(243)，灌丛鸦(243)，黑蓝冠鸦(243)，松鸦(243)，绿色蓝鸦(244)，红嘴蓝鹊(244)，琉球松鸦(244)，绿蓝鹊(244)，灰喜鹊(244)，灰树鹊(245)，喜鹊(245)，星鸦(245)，红嘴山鸦(245)，渡鸦(245)，小嘴乌鸦(246)，达乌里寒鸦(246)，秃鼻乌鸦(246)，家鸦(246)

附录1《世界重点保护鸟类》........................ 247

附录2《国家重点保护鸟类》........................ 262

一、鸵鸟目（Struthioniformes）

大型走禽。身体高大，可达200厘米以上。头小，颈长，嘴峰短而平，眼睛较大。胸骨扁平，没有龙骨突起。体羽软而蓬松，没有飞羽。翼和尾羽均很小。不具尾脂腺。后腿粗大，部分裸露。脚也强大，仅具2趾，趾下具肉垫。分布于非洲西北部、东南部和南部。仅有一个科，即：鸵鸟科（Struthionidae）。

鸵鸟 *Struthio camelus* (Ostrich)

也称非洲鸵鸟，隶属于鸵鸟目鸵鸟科，体长183—300厘米，身高240—280厘米，体重130—150千克。产于非洲。栖息于荒漠、草原和灌丛。性机警、喜结群、奔跑快、不能飞。以植物和一些动物为食。一雄多雌，筑巢于地面，卵呈黄白色，孵化期40—42天，寿命60年。

鸵鸟

美洲鸵

二、美洲鸵鸟目（Rheiformes）

大型走禽，也是美洲最大的鸟类。嘴峰扁平，颈部细长。没有真正的尾羽。头、颈、腿和眼睛的周围除少数灰色羽毛外均裸出。雄鸟的体形较雌鸟大，体色也较深。翅膀上有10枚初级飞羽。腿强大，跗跖前面为盾状鳞。脚上具3趾，均向前，其中1趾具爪而与非洲鸵鸟相似。分布于南美洲的东部、东南部和南部。仅有一个科，即：美洲鸵鸟科（Rheidae）。

美洲鸵 *Rhea americana* (Greater Rhea)

也称大美洲鸵鸟，隶属于美洲鸵鸟目美洲鸵鸟科。体长80—132厘米，身高120—170厘米，体重25—36千克。分布于南美洲的巴西、乌拉圭、巴拉圭、玻利维亚和阿根廷。栖息于树林、灌丛和草原。善奔跑、会游泳，叫声"隆隆"。以植物和小动物为食。一雄多雌，5—10月产卵，孵化期34—42天，寿命20—30年。

美洲小鸵 *Pterocnemia pennata* (Lesser Rhea)

也称小美洲鸵鸟，隶属于美洲鸵鸟目美洲鸵鸟科。身高90厘米，体重10千克。分布于阿根廷、秘鲁、玻利维亚、智利等地。栖息于疏林、灌丛和草原。喜结群，善奔跑。以植物和小动物为食。一雄多雌，繁殖期为5—10月，孵化期35—40天，寿命20—40年。

美洲小鸵

三、鹤鸵目（Casuariiformes）

大型走禽，体长100厘米以上。羽毛黑色，呈鬃状下垂。翼羽仅有7枚初级飞羽。后肢强大，脚具3趾。尾羽稀少或无尾羽。栖息于繁茂森林中，杂食性。地面营巢，每窝产卵6—12枚。分布于新几内亚、阿鲁群岛、塞兰岛、新不列颠、澳大利亚等地。共有两个科，即：鹤鸵科（Casuariidae）和鸸鹋科（Dromaiidae）。

鹤鸵 *Casuarius casuarius* (Australian Cassowary)

也称食火鸡，属鹤鸵目鹤鸵科。体长130—160厘米，体重50—60千克。分布于澳大利亚和新几内亚及附近一些岛屿。栖息于热带雨林中。除繁殖期成对活动外，平时单独生活。善奔走、会游泳、不能飞、性好斗。以植物和小动物为食。筑巢于灌丛，3—7月份产卵，孵化期48—53天，寿命25年。

鹤鸵

单垂鹤鸵

单垂鹤鸵 *Casuarius unappendiculatus* (Single-wattled Cassowary)

属鹤鸵目鹤鸵科。身高160厘米。体羽主要为黑色。分布于新几内亚及附近的岛屿上。栖息于热带雨林。除繁殖期成对活动外，平时单独生活。善奔走、不能飞、性好斗。以植物和小动物为食。筑巢于灌丛，孵化期50天。寿命10年。

鸸鹋 *Dromaius novaehollandiae* (Emu)

也称澳洲鸵鸟，属鹤鸵目鸸鹋科。体长139—190厘米，身高180厘米，体重50—60千克。产于澳大利亚。栖息于林区、草原和沙漠地带。结对或小群生活。杂食性。因叫声似“而苗、而苗”而得名。营巢于地面，2—3月产卵，卵呈蓝绿色，孵化期58—61天。

鸸鹋

四、几维目（Apterygiformes）

为平胸鸟类中体形最小的类群。头小、眼小，头颈部被羽毛。嘴长而下曲呈圆筒状。鼻孔在喙的端部，并有硬的嘴须，触觉敏锐。耳孔大，听觉灵敏。跗跖部光裸，脚趾小而平。体羽呈柳叶状，后端纵裂呈兽毛丝状，缺少羽干，没有坚硬的廓羽。翼特小，其羽毛与体羽一样。腿位于身体后方，跗跖强大，前后缘均具六角形角质鳞。脚具4趾，小而有爪。栖息于山地密林中。群居。夜行性。主要以蠕虫、昆虫和落地浆果等为食。地面作巢，每次产卵1—2枚，卵为白色或淡绿色。雄鸟孵化。仅分布于新西兰。仅有一个科，即：几维科（Apterygidae）。

褐几维 *Apteryx australis*（Brown Kiwi）

隶属于几维目几维科。体长35厘米，体重2.2千克。产于新西兰。栖息于山地密林，群居，夜行性。主要以昆虫和落地浆果为食。地面作巢，卵为白色或略着淡绿色。

褐几维

大斑几维

大斑几维 *Apteryx haastii*（Great Spotted Kiwi）

隶属于几维目几维科。体长35厘米，体重2.3千克。产于新西兰。栖息于山地森林，群居，夜行性。主要以昆虫和落地浆果食。地面作巢，卵为白色或略着淡绿色，雄鸟孵化。

小斑几维 *Apteryx owenii*（Little Spotted Kiwi）

隶属于几维目几维科。体长25厘米，体重1.2千克。产于新西兰。栖息于山地森林，群居，夜行性。主要以昆虫和落地浆果为食。地面作巢，卵为白色或略着淡绿色，雄鸟孵化。

小斑几维

五、鹪形目（Tinamiformes）

外形与鸡类相似。有纤细而下弯的嘴峰。胸骨扁平，体羽排列成层。飞行肌肉十分发达，但心脏和肺脏却较小，翼也很小，因此飞行能力不强。尾羽短而轻软，很不明显，腰羽十分发达。腿强大有力。雄鸟具阴茎。栖息于森林、灌丛或草原等生境。性喜沙浴。叫声圆润。善于奔走。杂食性。营巢于地面。每窝产卵1—10枚，卵为绿色、蓝色或紫褐色。雄鸟筑巢和孵卵，孵化期21天。分布于从墨西哥南部直至阿根廷的中、南美洲。仅有一个科，即：鹪科（Tinamidae）。

孤鹪

孤鹪 *Tinamus solitarius*（Solitary Tinamou）

隶属于鹪形目鹪科。分布于巴西东部、中部和巴拉圭等地。栖息于森林、灌丛或草原等生境。性喜沙浴。叫声圆润。善于奔走。以植物种子、果实，昆虫和小型无脊椎动物等为食。营巢于地面。由雄鸟筑巢和孵卵。

褐穴䳍 *Crypturellus obsoletus*（Brown Tinamou）

隶属于䳍形目䳍科。分布于委内瑞拉、哥伦比亚东部、厄瓜多尔东部、秘鲁、玻利维亚西部、巴西、巴拉圭和阿根廷东北部等地。栖息于森林、灌丛或草原等生境。性喜沙浴。叫声圆润。善于奔走。以植物种子、果实，昆虫和小型无脊椎动物等为食。营巢于地面。由雄鸟筑巢和孵卵。

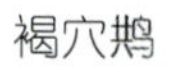
褐穴䳍

波斑穴䳍 *Crypturellus undulatus*（Undulated Tinamou）

隶属于䳍形目䳍科。分布于委内瑞拉南部、圭亚那南部、巴西北部、厄瓜多尔东部、秘鲁东部、巴西和巴拉圭等地。栖息于森林、灌丛或草原等生境。性喜沙浴。叫声圆润。善于奔走。以植物种子、果实，昆虫和小型无脊椎动物等为食。营巢于地面。由雄鸟筑巢和孵卵。

波斑穴䳍

凤头䳍 *Eudromia elegans*（Elegant Crested-Tinamou）

隶属于䳍形目䳍科。体长为 90—130 厘米。头部具有棕黑色的冠羽。嘴峰较短，纤细而下弯。头顶和枕部为深棕色，脸白色，有一条深棕色的条纹从眼睛下方一直到颈部。分布于智利南部和阿根廷等地。栖息于森林、灌丛或草原等生境。性喜沙浴。叫声圆润。善于奔走。以植物种子、果实，昆虫和小型无脊椎动物等为食。营巢于地面。由雄鸟筑巢和孵卵。

凤头䳍

六、企鹅目（Sphenisciformes）

海洋性鸟类。身体呈流线型。龙骨突长而坚固，肌肉收缩力强。翼退化呈桨状，没有飞行能力，主要用于划水。脚位于身体后部，可站立行走，但速度很慢。羽毛短而弯曲，紧密贴在身体上，表面呈鳞状。大多数种类的颈和腹部为白色。脚有 4 趾，前三趾向前并具蹼，后趾小而短并无蹼。嘴峰强而有力，稍向下曲，嘴端有明显的钩状伸出，上嘴由 3—5 个角质片组成。群居性，在陆地和水域中生活。地面筑巢，每窝产卵 1—3 枚，雌雄轮流孵卵。主要以鱼类等为食。主要分布于南极洲，但也随着海洋冷流沿向北分布，在非洲可以到达南纬 17 度，大洋洲到达南纬 38 度，南美洲可延伸至加拉帕戈斯群岛的赤道附近。仅有一个科，即企鹅科（Spheniscidae）。

皇企鹅

皇企鹅 *Aptenodytes forsteri*（Emperor Penguin）

皇企鹅也叫帝企鹅，隶属于企鹅目企鹅科。体长 95 厘米，体重 40 千克。分布于南极洲。栖息于海洋和陆地上。喜结群、善游泳和潜水、不能飞、行走笨拙、以鱼类等为食。每窝产卵 1 枚，孵化期为 60—65 天。雄鸟将雌鸟产下的卵放在脚面上进行孵化。

王企鹅 *Aptenodytes patagonica*（King Penguin）

隶属于企鹅目企鹅科。长115厘米，体重40千克。分布于斯塔腾岛、南乔治亚岛、福克兰群岛、马阔里岛、克罗兹群岛、马里恩岛等地。不能飞、善游泳和潜水、走路摇摆，能将腹部贴在冰面上滑行。以鱼类、软体动物和甲壳动物等为食。全年均可繁殖。营巢于地面，每窝产卵1枚。孵化期为52—55天。

阿德利企鹅

王企鹅

阿德利企鹅 *Pygoscelis adeliae*（Adelie Penguin）

隶属于企鹅目企鹅科。体长70厘米。分布于南极洲，以及南奥克尼群岛和南斯得兰群岛。不能飞、善游泳和潜水、走路摇摆，能将腹部贴在冰面上滑行。以各种鱼类、软体动物和甲壳动物等为食。营巢于地面，全年均可繁殖。

南极企鹅 *Pygoscelis antarctica*（Bearded Penguin）

隶属于企鹅目企鹅科。体长68厘米。分布于南极洲和大西洋南部。不能飞、善游泳和潜水、走路摇摇摆摆，但能将腹部贴在冰面上滑行。以各种鱼类、软体动物和甲壳动物等为食。营巢于地面，全年均可繁殖。

南极企鹅

巴布亚企鹅

巴布亚企鹅 *Pygoscelis papua*（Gentoo Penguin）

隶属于企鹅目企鹅科。体长81厘米。分布于福克兰群岛、南乔治亚岛、马阔里岛、克尔盖伦群岛、马里恩群岛、奥克尼群岛、斯得兰群岛。不能飞、善游泳和潜水、走路摇摇摆摆，但能将腹部贴在冰面上滑行。以各种鱼类、软体动物和甲壳动物等为食。营巢于地面，全年均可繁殖。

冠企鹅 *Eudyptes crestatus*（Rockhopper Penguin）

隶属于企鹅目企鹅科。体长55厘米。分布于福克兰群岛、特丝斯坦达库尼亚群岛、圣保罗岛、阿姆斯特丹岛。不能飞、善游泳和潜水、走路摇摆，能将腹部贴在冰面上滑行。以各种鱼类、软体动物和甲壳动物等为食。营巢于地面，全年均可繁殖。

冠企鹅

斑嘴环企鹅 *Spheniscus demersus*（Jackass Penguin）

又叫普通企鹅，隶属于企鹅目企鹅科。体长为66—70厘米。分布于非洲南部的南非和纳米比亚沿岸海域及其附近岛屿，非繁殖期偶而也游荡到安哥拉北部和莫桑比克等地。小群活动。不能飞、善游泳和潜水、走路摇摆。以各种鱼类、软体动物和甲壳动物等为食。繁殖期在地面群居营巢，产卵2枚，雄鸟和雌鸟轮流孵化，孵化期为38—41天。

斑嘴环企鹅

洪氏环企鹅 *Spheniscus humboldti*（Humboldt Penguin）

隶属于企鹅目企鹅科。体长为65厘米。分布于秘鲁、智利、南美洲西部沿岸极其附近岛屿。不能飞、善游泳和潜水、走路摇摆，能将腹部贴在冰面上滑行。以各种鱼类、软体动物和甲壳动物等以食。营巢于地面，全年均可繁殖。

洪氏环企鹅

麦氏环企鹅 *Spheniscus magellanicus*（Magellanic Penguin）

隶属于企鹅目企鹅科。体长为70厘米。分布于阿根廷和智利的南部及附近岛屿。不能飞、善游泳和潜水、走路摇摆，能将腹部贴在冰面上滑行。以鱼类、软体动物和甲壳动物等为食。营巢于地面，全年均可繁殖。

麦氏环企鹅

七、潜鸟目（Gaviiformes）

大型水禽。两性相似。身体呈圆筒形，嘴强直而侧扁，嘴端尖锐。鼻孔为窄的裂缝状，其上有革质膜。头较圆。颈长而粗。翅长而窄，初级飞羽11枚。尾短而硬，几乎全被尾覆羽所遮盖。体羽多为灰褐色，下体多为白色。脚位于体后部。脚具4趾，前面3趾间具全蹼，外趾最长，后趾较小，位置略高于前面3趾。分布于北半球的北极、亚北极寒带和温带水域。仅有一个科，即：潜鸟科（Gaviidae）。

黑喉潜鸟 *Gavia arctica*（Black-throated Diver）

隶属于潜鸟目潜鸟科。体长56—75厘米，体重2—3.8千克。分布于北极地区、欧洲、俄罗斯、蒙古、中国（新疆、东北和东南沿海地区）、日本、美国阿拉斯加和加里福尼亚等地。栖息在湖泊、河流等水域。成对或小群活动。善游泳和潜水、飞行能力强、行走困难。以鱼类、昆虫、甲壳动物和软体动物等为食。繁殖期为5—7月，营巢于水边草丛，产卵1—2枚，雄雌轮流孵卵，孵化期25—29天。

黑喉潜鸟

北极潜鸟

北极潜鸟 *Gavia immer*（Great Northern Diver）

也叫白嘴潜鸟，隶属于潜鸟目潜鸟科。体长71—91厘米。分布于美国和加拿大等地。栖息于北极苔原、沿海附近以及湖泊与河口地区。通常成对或小群活动。善飞行和游泳，叫声高而粗。以鱼类、甲壳类和软体动物等为食。营巢于苔原湖泊岸边或岛上，每窝产卵2枚。

红喉潜鸟 *Gavia stellata*（Red-throated Diver）

隶属于潜鸟目潜鸟科。体长56—69厘米，体重1.2—2.5千克。分布于欧洲、亚洲北部和东部、北美洲。栖息于草原、森林地带的湖泊与水域。飞行快、善游泳和潜水。以鱼类、甲壳和软体动物为食。4—7月繁殖，营巢于水边地面，每窝产卵1—3枚，雄鸟和雌鸟轮流孵化。

红喉潜鸟

八、鸊鷉目（Podicipediformes）

中、小型游禽。两性相似。嘴细长，直而尖。体肥胖而扁平。颈较细长。翅短小，初级飞羽12枚，其中第1枚退化。尾短小，仅由少许绒羽构成。下体羽毛浓密，银白色，不透水。脚短，位于身体后部。跗跖侧扁，四趾平而扁，具裂蹼，前3趾具宽阔的瓣状蹼。中趾爪的内缘呈锯齿状，后趾短小或缺如，且位置较高，爪宽扁而钝，呈指甲状。分布遍布世界各地。仅有一个科，即：鸊鷉科（Podicipedidae）

小鸊鷉

小鸊鷉 *Tachybaptus ruficollis*（Little Grebe）

隶属于鸊鷉目鸊鷉科。体长25—32厘米，体重150—275克。分布于欧亚大陆、非洲、印度、斯里兰卡、缅甸、日本和中国的大部分地区。栖息于湖泊、水塘和沼泽地带。性情活跃，单独或成对活动，行动笨拙、飞行能力差、善游泳和潜水。以小型鱼类、虾、昆虫、软体动物为食，也吃少量水生植物。5—7月繁殖，营巢于水草丛中，每窝产卵4—7枚，雄、雌鸟轮流孵卵。

斑嘴巨鸊鷉 *Podilymbus podiceps*（Pied-billed Grebe）

隶属于鸊鷉目鸊鷉科。体长30—38厘米。分布于加拿大、美国、巴拿马、古巴、哥伦比亚、委内瑞拉和阿根廷南部等地。栖息于溪流、湖泊和沼泽地带。善游泳和潜水、行走笨拙、飞行能力差。以鱼类等为食。3—5月繁殖。

斑嘴巨鸊鷉

角䴙䴘 *Podiceps auritus*（Slavonian Grebe）

角䴙䴘

隶属于䴙䴘目䴙䴘科。体长 30—40 厘米，体重250—500 克。分布于欧洲、亚洲和北美洲等地。栖息于湖泊、江河等水域。常单独或成对活动。善游泳、潜水和飞行。以鱼类、蛙类、蝌蚪、昆虫、甲壳类和软体动物为食，也吃水生植物。筑巢于芦苇丛或水草丛，巢用水生植物建造，能够随同水位的涨落而升降。每窝产卵4-6 枚，雄、雌轮流孵卵，孵化期为20—25 天。

凤头䴙䴘 *Podiceps cristatus*（Great Crested Grebe）

隶属于䴙䴘目䴙䴘科。体长50 厘米，体重0.5—1 千克。分布于欧洲、亚洲、非洲和大洋洲等地。栖息于开阔的平原和湖泊、江河等水域。成对或小群活动，善游泳和潜水，飞行快。以鱼类、昆虫、甲壳动物、软体动物、及少量水生植物为食。5—7 月繁殖，营巢于芦苇丛和水草丛中，为浮巢，每窝产卵4—5 枚，雌、雄轮流孵卵。

凤头䴙䴘

赤颈䴙䴘 *Podiceps grisegena*（Red-necked Grebe）

隶属于䴙䴘目䴙䴘科。体长43—57 厘米，体重1 千克。分布于欧洲、亚洲（中、西、东部）、非洲北部和北美的加拿大、美国。栖息于淡水湖泊、沼泽等水域。单独、成对或小群活动。性机警、善游泳和潜水。以鱼类、蛙、甲壳和软体动物为食，也吃水生植物。5—7 月繁殖，营巢于湖面上，为浮巢，每窝产卵4—5 枚，孵化期为20—23 天。

赤颈䴙䴘

黑颈䴙䴘 *Podiceps nigricollis*（Black-necked Grebe）

隶属于䴙䴘目䴙䴘科。体长25—34 厘米，体重240—400 克。分布于欧洲、亚洲、北美洲、非洲以及南美洲的危地马拉和哥伦比亚。栖息于内陆淡水湖泊、水塘、河流及沼泽地带。成对或小群活动，善游泳和潜水。以昆虫、鱼、蛙、蠕虫、甲壳动物和软体动物等为食，也吃少量水生植物。5—8 月繁殖，营巢于芦苇或水生植物丛中，为浮巢，每窝产卵4—6 枚，雄、雌轮流孵卵，孵化期19—21 天。

黑颈䴙䴘

黑巾䴙䴘 *Podiceps gallardoi*（Hooded Grebe）

黑巾䴙䴘

隶属于䴙䴘目䴙䴘科。分布于阿根廷西北部。栖息于内陆淡水湖泊、水塘、河流及沼泽地带。成对或小群活动。善于潜水。以鱼类等为食。

九、鹱形目（Procellariiformes）

海洋性鸟类。两性相似。外形和鸥类相似。嘴较长，侧扁，由多个角质片组成，并有沟分隔，先端弯曲成钩状，非常锐利。鼻呈管状，左右鼻管并列于嘴峰上或分列嘴峰两侧，鼻孔开于管端。翅尖长，第一枚初级飞羽与第二枚初级飞羽等长或略长，缺少第五枚次级飞羽。尾呈凸尾或方尾，尾羽大多12枚。脚近于身体后部，后趾小或缺如，前三趾间具全蹼并直到爪基部。分布于世界各地。共有四个科，即：信天翁科（Diomedeidae）、鹱科（Procellariidae）、海燕科（Hydrobatidae）和鹈燕科（Pelecanoididae）。

短尾信天翁 *Diomedea albatrus*（Short-tailed Albatross）

隶属于鹱形目信天翁科。体长89—95厘米，体重7—8千克。主要分布于西太平洋，有时游荡到北太平洋、白令海和阿拉斯加，以及中国和北美洲西部海岸。单独或成对活动。善翱翔，会游泳、不潜水、少鸣叫。以鱼、小型软体动物和其他海洋无脊椎动物为食。10—12 月繁殖，筑巢于洼地，每窝产卵1枚，雄、雌轮流孵化，孵化期75—82天。

短尾信天翁

漂泊信天翁

漂泊信天翁 *Diomedea exulans*（Wandering Albatross）

隶属于鹱形目信天翁科。体长107—135厘米。分布于从非洲南部、大洋洲和南美洲南部至南极的海洋地带。善在海面翱翔。以鱼类等为食。繁殖期为11—2月。湖泊和沼泽地带。单独或小群生活。善游泳、飞翔。食物主要是鱼类，也吃蛙、甲壳类、蜥蜴和蛇等。营巢于近水的树上，每窝产卵3—4枚，雄、雌轮流孵卵，孵化期约为30天。

黑背信天翁 *Diomedea immutabilis*（Laysan Albatross）

隶属于鹱形目信天翁科。体长79—81厘米。分布于夏威夷群岛西北部的海洋地带。善在海面翱翔，有时尾随船只。以鱼类等为食。繁殖期为11—2月。

黑背信天翁

加岛信天翁 *Diomedea irrorata*（Waved Albatross）

隶属于鹱形目信天翁科。体长85—93厘米。分布于秘鲁和加拉帕戈斯群岛等附近的海域。善在海面翱翔。以鱼类等为食。繁殖期为3—7月。

黑眉信天翁

黑眉信天翁 *Diomedea melanophrys*（Black-browed Albatross）

隶属于鹱形目信天翁科。体长83—93厘米。分布于南美洲南部和新西兰南部的海洋地带。善在海面翱翔，常尾随船只。以鱼类等为食。

加岛信天翁

黑脚信天翁 *Diomedea nigripes*（Black-footed Albatross）

隶属于鹱形目信天翁科。体长79—83厘米。分布于从白令海峡到太平洋中的伊豆群岛、中途岛、夏威夷群岛、中国台湾岛、大洋洲的威克岛和北美洲的西海岸。单独、成对或小群活动。喜接近船只、善游泳、行走笨拙。以海洋无脊椎动物和鱼类等为食，也吃船上遗弃的食物和垃圾等。10—12月繁殖，筑巢在海滨沙地上，每窝产卵1枚，雌、雄轮流孵卵，孵化期约42天。

黑脚信天翁

灰背信天翁 *Phoebetria palpebrata*（Light-mantled Sooty Albatross）

隶属于鹱形目信天翁科。体长79—89厘米。布于从非洲南部、大洋洲、南美洲和南极的海洋地带。栖息于海洋上。以鱼类等为食。繁殖期为9—11月。

灰背信天翁

巨鹱 *Macronectes giganteus*（Giant Fulmar）

隶属于鹱形目鹱科。体长86—99厘米。分布于非洲南部、大洋洲南部、南美洲和南极洲之间的海域。栖息于海洋上。善游泳、飞行快而灵活。以鱼类等为食。繁殖期为10—3月。

巨鹱

暴风鹱 *Fulmarus glacialis*（Northern Fulmar）

隶属于鹱形目鹱科。体长45—48厘米，体重665—880克。分布于北太平洋、北大西洋和北极海域。栖息于海洋上。喜集群、善游泳、飞行快而灵活。以鱼、甲壳动物和软体动物等为食。繁殖期为5—8月。营巢于悬崖的洞或石缝中，每窝产卵1—2枚，雌雄轮流孵卵，孵化期42—49天，育雏期48天。

暴风鹱

百慕大圆尾鹱 *Pterodroma cahow*（Cahow）

隶属于鹱形目鹱科。体长38厘米。分布于百慕大群岛一带海域。栖息于海洋上。善游泳、飞行快而灵活。以鱼类等为食。

百慕大圆尾鹱

白额鹱 *Puffinus leucomelas*（White-fronted Shearwater）

隶属于鹱形目鹱科。体长47—52厘米，体重420克。分布于太平洋西部海洋中的岛屿上，善飞行、游泳和潜水。以鱼类、浮游动物和软体动物为食。营巢于小岛和海岸岩石上，每窝产卵1枚。

白额鹱

猛鹱 *Puffinus diomedea*（Cory's Shearwater）

隶属于鹱形目鹱科。体长46—53厘米。分布于地中海和大西洋海域。栖息于海洋上。善游泳、飞行快而灵活。以鱼类等为食。繁殖期为5—8月。

猛鹱

小鹱

小鹱 *Puffinus assimilis*（Little Shearwater）

隶属于鹱形目鹱科。体长25—30厘米。分布于南太平洋、南印度洋和北大西洋等海域。栖息于海洋上。善游泳、飞行快而灵活。以鱼类等为食。繁殖期为2—7月。

肉足鹱 *Puffinus carneipes*（Flesh-footed Shearwater）

隶属于鹱形目鹱科。体长41—45厘米。分布于太平洋、印度洋海域，特别是大洋洲附近海域。栖息于海洋上。善游泳、飞行快而灵活。以鱼类等为食。繁殖期为11—4月。

肉足鹱

灰鹱

灰鹱 *Puffinus griseus*（Sooty Shearwater）

隶属于鹱形目鹱科。体长41—51厘米。分布于新西兰海岸和邻近岛屿、南美洲海域、太平洋和大西洋中的岛屿。喜集群，善飞翔、游泳和潜水。性情安静。以鱼、甲壳动物、软体动物和其他浮游动物为食。6—9月繁殖，营巢于海岸的植物丛中，每窝产卵1枚，雌、雄轮流孵卵，孵化期30—35天。

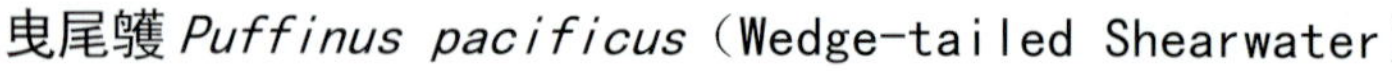

曳尾鹱 *Puffinus pacificus*（Wedge-tailed Shearwater）

隶属于鹱形目鹱科。体长39—43厘米。分布于太平洋和印度洋的岛屿上。栖息于海洋上。主要在夜晚和黄昏活动、喜集群、善飞行、游泳和潜水。以鱼类和头足类为食。繁殖期为9—4月，营巢于海岸的岩洞中或地上，每窝产卵1枚，卵为白色。

曳尾鹱

短尾鹱 *Puffinus tenuirostris*（Short-tailed Shearwater）

隶属于鹱形目鹱科。体长35—40厘米，体重500克。分布于太平洋和印度洋的岛屿上，其中包括中国台湾。栖息于开阔的海洋上。喜集群、善飞行和游泳、行走笨拙。以虾和小型海洋动物为食。9—5月繁殖，营巢于海岸的地洞中，每窝产卵1枚，先由雄鸟孵化12—14天，然后雌鸟再接着孵化，孵化期为53天。

短尾鹱

黄蹼洋海燕

黄蹼洋海燕 *Oceanites oceanicus*（Wilson's Storm Petrel）

隶属于鹱形目海燕科。体长15—19厘米。分布于大西洋、南印度洋和南太平洋一直到南极附近的广大海域。栖息于开阔海洋、沿海海岸和岛屿上。善于飞翔。以甲壳动物、软体动物和浮游动物等为食。繁殖期为12—4月。

白脸海燕 *Pelagodroma marina*（White-faced Storm Petrel）

隶属于鹱形目海燕科。体长20厘米。分布于大西洋、南太平洋，特别是大洋洲附近海域。栖息于海洋、海岸和岛屿上。善于飞翔。以甲壳动物、软体动物和浮游动物等为食。繁殖期为10—3月。

白脸海燕

哈考氏叉尾海燕 *Oceanodroma castro*（Harcourt's Storm Petrel）

隶属于鹱形目海燕科。体长19—21厘米。分布于太平洋和大西洋东部海域。栖息于海洋、沿海海岸和岛屿上。善于飞翔。以甲壳动物、软体动物和浮游动物等为食。繁殖期为6—10月，但在热带地区全年均可繁殖。

哈考氏叉尾海燕

白腰叉尾海燕 *Oceanodroma leucorhoa*（Leach's Storm Petrel）

隶属于鹱形目海燕科。体长19—25厘米，体重40克。分布于太平洋、大西洋的海岸和岛屿上，以及非洲的西部和南部。喜集群、善飞翔、行走快捷。以甲壳动物、软体动物和浮游动物为食。5—8月繁殖，营巢于海岸的洞穴中，每窝产卵1枚，雌、雄轮流孵卵，孵化期42—50天。

白腰叉尾海燕

黑叉尾海燕

黑叉尾海燕 *Oceanodroma monorhis*（Swinhoe's Storm Petrel）

隶属于鹱形目海燕科。体长18厘米。分布于俄罗斯海参威南部、朝鲜、日本、中国东南沿海、马来西亚、斯里兰卡、澳大利亚北部沿海，以及墨西哥的下加利福尼亚沿岸岛屿。栖息于海洋、海岸和附近岛屿上。成群活动，行走快。以各种鱼、甲壳类、头足类等为食。营巢于岛屿地面，每窝产卵1枚。

南乔治湾鹈燕 *Pelecanoides georgicus*（South Georgian Diving Petrel）

鹱形目鹈燕科。体长18—21厘米。分布于接近南极洲的南大西洋和南印度洋海域。栖息于海洋、海岸和岛屿上。善于游泳和潜水。以鱼类、甲壳动物等为食。繁殖期为11—3月，营巢于岛屿地面的洼坑处。

南乔治湾鹈燕

十、鹈形目（Pelecaniformes）

大型水鸟。两性相似。嘴强壮，侧扁、平扁或圆锥形，前端弯曲成钩状或尖直，嘴缘有锯齿状缺刻。喉部有大小程度不一的喉囊。舌多退化。翅长而呈圆形，第5枚次级飞羽缺如。尾呈圆形、叉状或楔形。跗跖短，具网状鳞片。腿位于身体后部，四趾向前，各趾间均以蹼膜相连，有的蹼呈深凹状。主要分布于热带海洋和岛屿。共有六个科，即：鹲科（Phaethontidae）、鹈鹕科（Pelecanidae）、鲣鸟科（Sulidae）、鸬鹚科（Phalacrocoracidae）、蛇鹈科（Anhingidae）和军舰鸟科（Fregatidae）。

白尾鹲

白尾鹲 *Phaethon lepturus*（White-tailed Tropicbird）

隶属于鹈形目鹲科。体长68—99厘米。分布于太平洋、大西洋和印度洋的热带地区以及红海和波斯湾等地。栖息于海洋上。性情活跃。飞行轻快、敏捷。单独活动。以鱼类、乌贼、甲壳动物等为食。营巢于洞穴、岩缝、树杈和地面上，每窝产卵1枚，卵为白色，育雏期为2个月左右。

红尾鹲 *Phaethon rubricauda*（Red-tailed Tropicbird）

隶属于鹈形目鹲科。体长96—102厘米。分布于太平洋和印度洋，从夏威夷群岛、小笠原群岛到大洋洲的密克罗尼西亚、波利尼西亚群岛、新西兰北岛、北印度洋，以及澳大利亚西部和马斯卡林群岛等附近海域。善游泳、潜水和飞翔。性孤寂、喜独处。以鱼类等为食。营巢于悬崖边和岩缝中，每窝产卵1—2枚，雌、雄轮流孵卵，孵化期40天左右，育雏期40天左右。

红尾鹲

卷羽鹈鹕 *Pelecanus crispus*（Dalmatian Pelican）

隶属于鹈形目鹈鹕科。体长160—180厘米。分布于欧洲东南部、非洲北部和亚洲东部一带。栖息于沿海、江河、湖泊与沼泽。喜群居，善飞行、游泳和行走。鸣声低沉而沙哑。颈部常弯曲成“S”型缩在肩部。以鱼类、甲壳类、软体动物、两栖动物等为食。4—6月繁殖，营巢于近水的树上，每窝产卵3—4枚，雄雌鸟轮流孵化。

卷羽鹈鹕

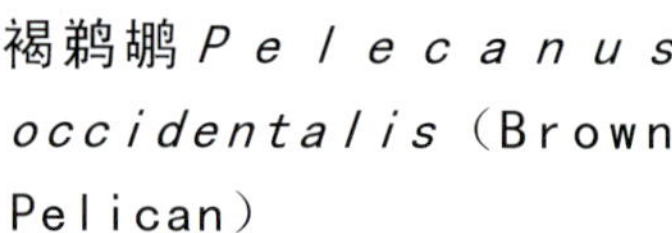

褐鹈鹕 *Pelecanus occidentalis*（Brown Pelican）

隶属于鹈形目鹈鹕科。体长114厘米。分布于美国南部、墨西哥、中美洲、西印度群岛、秘鲁和智利等地。栖息于湖泊、沼泽和沿海地带。喜集群、善飞行和游泳。以鱼类等为食。繁殖期为3—4月，但有些地区全年均可繁殖。

褐鹈鹕

白鹈鹕 *Pelecanus onocrotalus*（Eastern White Pelican）

隶属于鹈形目鹈鹕科。体长为140—175厘米。分布于欧洲南部、非洲、亚洲中部和南部等地。栖息于湖泊、江河、沿海和沼泽地带。常成群生活，善飞行、游泳，在地面上也能很好地行走。主要以鱼类为食。4—6月繁殖，营巢于芦苇丛中或树上，每窝产卵2—3枚，卵为白色。

白鹈鹕

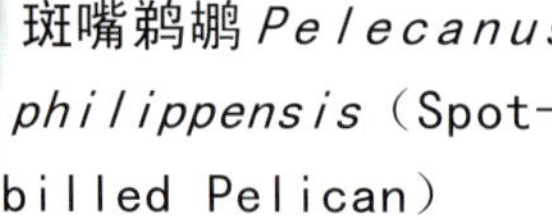

斑嘴鹈鹕 *Pelecanus philippensis*（Spot-billed Pelican）

隶属于鹈形目鹈鹕科。体长为134—156厘米，体重5千克。分布于缅甸、印度、伊朗、斯里兰卡、菲律宾、印度尼西亚和中国长江以南地区，偶见于中国华北一带。栖息于沿海海岸、江河、湖泊和沼泽地带。单独或小群生活。善游泳、飞翔。食物主要是鱼类，也吃蛙、甲壳类、蜥蜴和蛇等。营巢于近水的树上，每窝产卵3—4枚，雄、雌轮流孵卵，孵化期约为30天。

斑嘴鹈鹕

憨鲣鸟 *Morus bassanus*（Northern Gannet）

隶属于鹈形目鲣鸟科。 体长87—100厘米。分布于从加拿大东部到冰岛、地中海地区等的北大西洋海域。栖息海洋、岛屿和海岸等地。飞翔能力很强，也善于游泳和潜水。以鱼类等为食。繁殖期为4—5月。

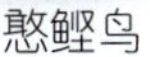
憨鲣鸟

蓝脸鲣鸟 *Sula dactylatra*（Blue-faced Booby）

隶属于鹈形目鲣鸟科。体长80厘米。分布于世界各地的热带海洋地带。栖息于海洋、海岬和岛屿上。小群活动，善飞行和游泳。以鱼类为食，也吃乌贼和甲壳类。营巢于平坦的海岬和海岛上，每窝产卵2枚，孵化期43天左右，育雏期4个月。

蓝脸鲣鸟

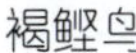
褐鲣鸟

褐鲣鸟 *Sula leucogaster*（Brown Booby）

隶属于鹈形目鲣鸟科。体长64—74厘米。分布于太平洋、大西洋和印度洋。栖息于岛屿、海岸和港口地带。喜集群，性大胆，飞翔能力强，善游泳和潜水。以鱼类为食，也吃乌贼和甲壳动物等。营巢于岛屿以及海岸的岩石上，每窝产卵2枚。

蓝脚鲣鸟 *Sula nebouxii*（Blue-footed Booby）

隶属于鹈形目鲣鸟科。体长76—84厘米。分布于从美国加里福尼亚到秘鲁之间的沿海地带。栖息于海洋、岛屿和海岸。飞翔能力强，善游泳和潜水。以鱼类等为食。全年均可繁殖。

蓝脚鲣鸟

红脚鲣鸟

红脚鲣鸟 *Sula sula*（Red-footed Booby）

隶属于鹈形目鲣鸟科。体长63—74厘米。分布于热带地区的太平洋、大西洋和印度洋。栖息于岛屿、海岸和海面上。飞翔能力强，善游泳和潜水。以鱼类为食，也吃乌贼和甲壳类等。营巢于灌木丛中，每窝产卵1枚，雌、雄轮流孵卵，孵化期42—46天。

蓝眼鸬鹚 *Phalacrocorax atriceps*（Blue-eyed Cormorant）

隶属于鹈形目鸬鹚科。体长72厘米。分布于南美洲南部沿岸以及非洲、大洋洲南部海域。栖息于海洋、沿岸和岛屿上。以鱼类等为食。繁殖期为10—4月。

蓝眼鸬鹚

绿鸬鹚 *Phalacrocorax capillatus*（Temminck's Cormorant）

又叫斑头鸬鹚，隶属于鹈形目鸬鹚科。体长80—84厘米，体重2.5千克。分布于太平洋东海岸北部和邻近的海岛，包括中国辽东半岛、河北、山东半岛、福建、云南、台湾及南部沿海地带。喜集群，主要以鱼类为食。4—6月繁殖，通常几对或小群繁殖，营巢于悬崖峭壁，每窝产卵4—5枚。

绿鸬鹚

普通鸬鹚

普通鸬鹚 *Phalacrocorax carbo*（Great Cormorant）

隶属于鹈形目鸬鹚科。体长为78—92厘米，体重1.9—2.3千克。分布于欧洲、亚洲、非洲、大洋洲和北美洲的大部分地区。栖息于河流、湖泊、沼泽等地带。小群活动，善飞行、游泳和潜水。以鱼类为食。4—6月繁殖，营巢于水边的树上，每窝产卵3—5枚，雌、雄轮流孵化，孵化期28—30天。

黑颈鸬鹚 *Phalacrocorax niger*（Pygmy Cormorant）

隶属于鹈形目鸬鹚科。体长50—51厘米。分布于斯里兰卡、印度、缅甸、马来西亚、印度尼西亚和中国云南南部等地。栖息于湖泊、江河、水库、池塘、水田和沼泽等地区。性情温顺，善游泳、潜水和飞翔，行走笨拙。以鱼类以及蛙类、蝌蚪等为食。营巢于树上、灌丛或草丛中，每窝产卵3—5枚。

黑颈鸬鹚

红脸鸬鹚

红脸鸬鹚 *Phalacrocorax urile*（Red-faced Cormorant）

隶属于鹈形目鸬鹚科。体长70—76厘米，体重2千克。分布于俄罗斯堪察加半岛、阿留申群岛、千岛群岛、日本和中国辽宁半岛、台湾等地沿海。栖息于海岸、岛屿和海洋中。小群活动，善游泳、潜水和飞行。以鱼类为食，也吃甲壳动物等。5—8月繁殖，营巢于悬崖峭壁，每窝产卵3—4枚。

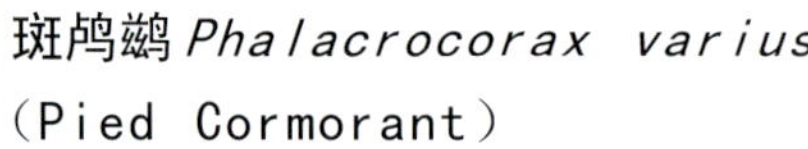

斑鸬鹚 *Phalacrocorax varius*（Pied Cormorant）

隶属于鹈形目鸬鹚科。体长66—84厘米。分布于澳大利亚、新西兰和塔斯马尼亚等地附近海域。栖息于海洋、沿岸和岛屿上。以鱼类等为食。

斑鸬鹚

难飞鸬鹚

难飞鸬鹚 *Nannopterum harrisi*（Flightless Cormorant）

隶属于鹈形目鸬鹚科。体长91—99厘米。翅膀短小，不能飞翔。分布于加拉帕戈斯岛附近海域。栖息于海洋、沿岸和岛屿上。以鱼类等为食。

蛇鹈 *Anhinga anhinga*（American Darter）

隶属于鹈形目蛇鹈科。体长86—91厘米。分布于从美国东南部一直到哥伦比亚、巴西、阿根廷和玻利维亚东部一带。栖息于森林边缘的水塘、沼泽等水域中。善游泳和潜水。以鱼类为食。营巢于树上或水边陆地上，每窝产卵4枚，雌鸟孵卵。

蛇鹈

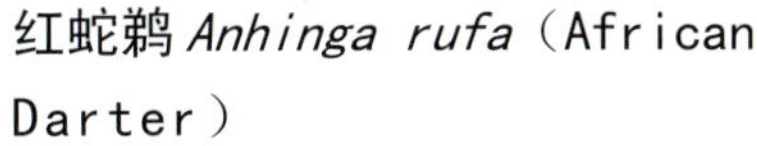

红蛇鹈 *Anhinga rufa*（African Darter）

隶属于鹈形目蛇鹈科。分布于从非洲塞内加尔以南的大陆、马达加斯加岛、印度一直到新几内亚等地。栖息于热带森林边缘的水域中。善于游泳和潜水。以鱼类为食。营巢于树上或水边陆地上，雌鸟孵卵。

红蛇鹈

白斑军舰鸟

白斑军舰鸟 *Fregata ariel*（Lesser Frigatebird）

隶属于鹈形目军舰鸟科。体长77—79厘米。分布于热带地区的太平洋、印度洋和大西洋的岛屿和沿海地带。栖息于海洋及沿岸、岛屿上。善于飞翔。以鱼类为食，也吃乌贼等。筑巢于树上或灌丛中，每窝产卵1枚，孵化期40天左右。

小军舰鸟 *Fregata minor*（Greater Frigatebird）

隶属于鹈形目军舰鸟科。体长80—100厘米。分布于太平洋和大西洋的岛屿上，以及中国东北和东南沿海及其邻近岛屿。栖息于热带开阔海洋和沿海地带。善飞行，不善游泳和潜水。以鱼类为食，也吃其他海鸟的卵和幼雏等。4—6月繁殖，营巢于树上或灌丛中，每窝产卵1—2枚，雌、雄轮流孵化。

小军舰鸟

十一、鹳形目（Ciconiiformes）

中型至大型涉禽。两性相似。嘴形不一，但都为大型嘴，侧扁而直，有的呈匙状或圆筒形。舌多退化。颈细而长。翅长或短阔，第5枚次级飞羽缺少。尾短而呈平尾或角尾状。脚长而强壮，胫有半部裸露，膝关节有一部分裸出。四趾型，三趾向前，一趾向后，前后趾在同一个平面上。趾长，三趾基部有蹼相连，后趾发达，与其它趾平置。分布遍及世界各地。共有七个科，即：鹭科（Ardeidae）、锤头鹳科（Scopidae）、锤头鹳科（Scopidae）、鲸头鹳科（Balaenicipitidae）、鹳科（Ciconiidae）、鹮科（Threskiornithidae）和红鹤科（Phoenicopteridae）。

大麻鳽 *Botaurus stellaris*（Eurasian Bittern）

隶属于鹳形目鹭科。体长64—78厘米，体重400—1350克。分布于欧洲、非洲、亚洲的大部分地区。栖息于河流、湖泊、池塘边的芦苇丛或草丛中。单独活动，夜行性。以鱼、虾，蛙、蟹、螺、水生昆虫等为食。5—7月繁殖，营巢于芦苇和草丛中，每窝产卵4—6枚，主要由雌鸟孵卵，孵化期25—26天，育雏期1.5—2个月。

大麻鳽

小苇鳽

小苇鳽 *Ixobrychus minutus*（Little Bittern）

隶属于鹳形目鹭科。体长31—38厘米。分布于欧洲中部和南部、亚洲中部和西南部、非洲、澳大利亚和新西兰等地。栖息于湖泊、水塘、池沼、水渠岸边。夜行性，单独活动，不善飞行。以鱼、蛙、蝌蚪、昆虫、甲壳类和软体动物等为食。5—8月繁殖，营巢于芦苇、灌丛中，每窝产卵4—9枚，雄、雌轮流孵化，孵化期19—20天，育雏期一个月左右。

黄斑苇鳽 *Ixobrychus sinensis*（Chinese Little Bittern）

隶属于鹳形目鹭科。体长30—37厘米，体重52—103克。分布于俄罗斯东南部、朝鲜、日本、中国、印度、缅甸、斯里兰卡、菲律宾、印度尼西亚等地。栖息于平原和丘陵地带的水域中。单独或成对活动，性机警。以鱼、虾、蛙、水生昆虫等为食。5—7月繁殖，营巢于芦苇丛中，每窝产卵4—6枚，孵化期20天。

黄斑苇鳽

黑鳽

黑鳽 *Ixobrychus flavicollis*（Black Bittern）

隶属于鹳形目鹭科。体长49—59厘米，体重200—360克。分布于亚洲东部、南部和东南部。栖息于江河、湖泊、沼泽和树林、竹林中。单个或成对活动。以鱼、虾和水生昆虫等为食。5—7月繁殖，营巢于芦苇丛中，每窝产卵4—6枚。

栗头虎斑鳽 *Gorsachius goisagi*（Japanese Night Heron）

隶属于鹳形目鹭科。体长43—49厘米。分布于日本、中国广东和台湾、菲律宾和印度尼西亚的西里伯斯等地。栖息于沿海附近浓密森林或林缘地带的溪流中。夜行性，单独或成对活动，以鱼、甲壳动物、环节动物和水生昆虫等为食。5—7月繁殖，营巢于山地密林中，每窝产卵4—5枚。

栗头虎斑鳽

海南虎斑鳽 *Gorsachius magnificus*（Magnificent Night Heron）

又叫海南鳽，隶属于鹳形目鹭科。体长54—60厘米。分布于我国安徽、广西、浙江、福建和海南等地。栖息于亚热带高山密林中的山沟、河谷以及邻近水域。白天多隐藏在密林中，早晚活动和觅食。主要以小鱼、蛙和昆虫等动物性食物为食。

海南虎斑鳽

夜鹭

夜鹭 *Nycticorax nycticorax*（Black-crowned Night Heron）

隶属于鹳形目鹭科。体长50—62厘米，体重450—750克。分布于欧洲、非洲、亚洲和美洲各地。栖息于溪流、江河、湖泊、沼泽等地带。喜集群，夜行性。主要以鱼、蛙等为食。4—7月繁殖，群集营巢于树上，有时利用乌鸦的旧巢。每窝产卵3—6枚，以雌鸟孵卵为主，孵化期21—22天，育雏期30天。

船嘴鹭 *Cochlearius cochlearius*（Boat-billed Heron）

隶属于鹳形目鹭科。体长45—51厘米。分布于从墨西哥北部到秘鲁、玻利维亚和阿根廷北部等地。栖息于森林边缘的溪流、江河、湖泊、沼泽等地带。飞行缓慢，鸣声似青蛙，很响亮。主要以鱼、虾和昆虫等为食。3—8月繁殖，营巢于树上，每窝产卵2—4枚，雄鸟和雌鸟共同孵卵，孵化期为25—35天。

船嘴鹭

牛背鹭

牛背鹭 *Bubulcus ibis*（Cattle Egret）

隶属于鹳形目鹭科。体长46—53厘米，体重200—390克。分布于从欧洲、非洲、亚洲、北美洲和南美洲。栖息于草原、湖泊和沼泽。常成对或3—5只小群活动，有时也单独或数十只大群活动。性活跃而温驯。主要以昆虫为食，也吃黄鳝、蚂蝗和蛙类。4—7月繁殖，营巢于树上或竹林中，常营群巢，有时与白鹭和夜鹭等一起营巢。每窝产卵4—9枚，雄、雌轮流孵化，孵化期21—24天。

绿鹭 *Butorides striatus*（Striated Heron）

隶属于鹳形目鹭科。体长40—47厘米，体重254—315克。分布于亚洲、非洲、南美洲、北美洲和大洋洲等地。主要栖息于有树木和灌丛的河岸。性情孤独、羞怯。主要以鱼类为食，也吃蛙、蟹、虾、水生昆虫和软体动物等。繁殖期主要为5—6月，营巢于水边的灌丛中，每窝产卵5枚左右，雄、雌鸟轮流孵卵，孵卵期21天左右，育雏期10余天。

绿鹭

大白鹭 *Egretta alba*（Great Egret）

隶属于鹳形目鹭科。体长为82—102厘米，体重625—1100克。分布于欧洲、非洲、亚洲、大洋洲和美洲南部地区。栖息于河流、湖泊和沼泽地带。单只或小群活动，繁殖期也见300多只的大群。性机警。主要以昆虫、甲壳和软体动物，以及小鱼、蛙、蝌蚪和蜥蜴等为食。4—7月繁殖，营巢于树上或芦苇丛中，大多集群营巢，雄、雌鸟轮流孵卵，孵化期25—26天，育雏期1个月左右。

大白鹭

黑鹭 *Egretta ardesiaca*（Black Heron）

隶属于鹳形目鹭科。体长48—50厘米。分布于非洲撒哈拉沙漠以南的广大地区。栖息于溪流、江河、湖泊、沼泽等的浅水地带。主要以鱼类为食。繁殖期为3—6月，营巢于水边的树上，每窝产卵2—4枚。

黑鹭

黄嘴白鹭 *Egretta eulophotes*（Swinhoe's Egret）

隶属于鹳形目鹭科。体长46—65厘米，体重32—65克。分布于于中国东北和东部、南部沿海地区，以及菲律宾、马来西亚和印度尼西亚等地。栖息于岛屿、海岸及沿海附近的江河、湖泊。单独、成对或小群活动。主要以各种小鱼为食，也吃虾、蟹、蝌蚪和水生昆虫等食物。5—7月繁殖，营巢于岛屿和海岸的岩石或树杈上，每窝产卵2—4枚，孵化期24—26天。

白鹭 *Egretta garzetta*（Little Egret）

隶属于鹳形目鹭科。体长为52—68厘米，体重330—540克。分布于亚洲、非洲、欧洲中部和南部，以及大洋洲等广大地区。栖息于湖泊、溪流、水田、江河与沼泽地带。喜集群，也常与其他鹭类混群。主要以鱼、蛙，虾、昆虫等为食，也吃少量植物。3—7月繁殖，在高大的树上结群营巢，每窝产卵3—6枚，雌、雄轮流孵卵，孵化期25天。

黄嘴白鹭

白鹭

中白鹭 *Egretta intermedia*（Intermediate Egret）

隶属于鹳形目鹭科。体长为62—70厘米。分布于亚洲、大洋洲、非洲的撒哈拉大沙漠以南广大地区，偶尔也出现在俄罗斯的远东地区。栖息于河流、湖泊等水域。单独、成对或小群活动，有时也与其他鹭类混群。性机警。主要以鱼、虾、蛙和蝗虫、蝼蛄等昆虫为食。4—6月繁殖，营群巢于树林或竹林，每窝产卵3—5枚。

中白鹭

棕颈鹭 *Egretta rufescens*（Reddish Egret）

棕颈鹭

隶属于鹳形目鹭科。体长69—81厘米。分布于从美国南部到墨西哥、洪都拉斯、巴拿马、委内瑞拉和哥伦比亚等地的沿海地带。栖息于海岸附近的池塘、沼泽等浅水地带。主要以鱼类等为食。繁殖期为3—7月，营巢于树上或灌丛上，每窝产卵2—6枚，孵化期25—26天，育雏期28—35天。

岩鹭 *Egretta sacra*（Reef Heron）

隶属于鹳形目鹭科。体长为60—75厘米。分布于亚洲东部、琉球群岛、热带太平洋、印度洋、一直到大洋洲一带。栖息在多岩礁的海岛和海岸岩石上。性羞怯，单独活动。以鱼类、虾、蟹、甲壳类、昆虫和软体动物等为食。繁殖期为4—6月，营巢于海岛的岩缝中或平台上，每窝产卵2—5枚。

岩鹭

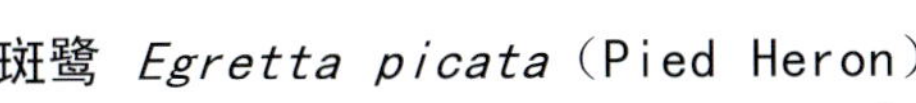

斑鹭 *Egretta picata*（Pied Heron）

隶属于鹳形目鹭科。体长48厘米。分布于印度尼西亚、新几内亚和澳大利亚北部等地及其附近岛屿。栖息于溪流、江河、湖泊、沼泽等地带。主要以鱼、蛙和昆虫等为食。繁殖期为2—6月，营巢于树上，每窝产卵4枚。

斑鹭

苍鹭 *Ardea cinerea*（Grey Heron）

苍鹭

隶属于鹳形目鹭科。体长75—105厘米，体重942—225克。分布于欧洲、非洲、亚洲。栖息于各种水域。晨昏活动，成对或集小群，冬季也集大群。性情寂静而有耐力。主要以鱼类、蛙、蜥蜴、甲壳类和水生昆虫等为食。4—6月繁殖，营巢于大树上，每窝产卵3—6枚，雌雄鸟轮流孵化，孵化期24—26天，育雏期40天。

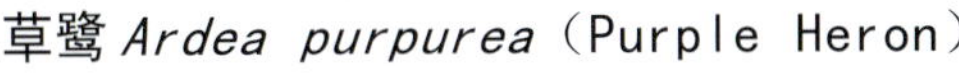

草鹭 *Ardea purpurea*（Purple Heron）

隶属于鹳形目鹭科。体长83—97厘米，体重775—1250克。分布于欧洲西部、非洲、亚洲。栖息于河流、湖泊和沼泽地带。单独或成对活动。以鱼、蛙、甲壳动物、蜥蜴、蝗虫等为食。繁殖期为5—7月，营巢于芦苇或杂草丛中，每窝产卵4—5枚，雌、雄轮流孵卵，孵化期25—27天，育雏期42天。

草鹭

锤头鹳 *Scopus umbretta*（Hammerkop Stork）

锤头鹳

隶属于鹳形目锤头鹳科。体长50厘米。分布于从塞拉里昂、苏丹、埃塞俄比亚到南非的非洲大陆，以及阿拉伯半岛南端和马达加斯加岛等地。栖息于森林地带的水域附近。单独或成对活动。以鱼、蛙、昆虫等为食。全年均可繁殖，营巢于大树上，每窝产卵3—7枚。

鲸头鹳 *Balaeniceps rex*（Whale-headed Stork）

隶属于鹳形目鲸头鹳科。体长120厘米。分布于苏丹、乌干达、刚果、扎伊尔和津巴布韦等地。栖息于河流和芦苇地带。喜欢集群，叫声响亮。以鱼、蛙等为食。繁殖期为3—6月，营巢于土穴中，每窝产卵1—2枚。

鲸头鹳

白头鹮鹳 *Mycteria leucocephala*（Painted Stork）

又叫彩鹳，隶属于鹳形目鹳科。体长93—102厘米，体重2—3.5千克。分布于印度、斯里兰卡、巴基斯坦、孟加拉国、泰国、越南、缅甸和中国。栖息于湖泊、河流、水塘等淡水水域。成对或小群活动。以鱼为食，也吃蛙、爬行类、甲壳类、昆虫和少许植物性食物。5—10月繁殖，营巢于树上或灌丛中，每窝产卵2—5枚，雄、雌轮流孵卵，孵化期28—32天，育雏期60天。4岁性成熟，寿命可达28年以上。

白头鹮鹳

白鹳 *Ciconia ciconia*（White Stork）

也叫欧洲白鹳，隶属于鹳形目鹳科。体长100—115厘米，体重2—4千克。分布于欧洲，以及亚洲中部、西部、南部和非洲等地。栖息于平原、湖泊、水塘、沼泽等地带。喜集群、性温顺。以蛙、蝌蚪、蟾蜍、蛇、蜥蜴、蚯蚓、蚱蜢、软体动物、甲壳类、昆虫和昆虫幼虫为食，也吃鼠类等小型哺乳动物以及鸟卵等。3—5月繁殖，营巢于树上或建筑物上，每窝产卵3—5枚，雌、雄轮流孵卵，孵化期31—34天，育雏期90天，3—5岁性成熟。

白鹳

钳嘴鹳 *Anastomus oscitans*（Asian Open-bill Stork）

隶属于鹳形目鹳科。体长68厘米。分布于印度、斯里兰卡、巴基斯坦、尼泊尔、孟加拉国、缅甸、越南、泰国、老挝和柬埔寨等地。栖息于河流沿岸和沼泽等环境。小群活动。以蜗牛等软体动物为食，也吃蛙、鱼和昆虫等。营巢于大树上，每窝产卵2—4枚，雄、雌鸟轮流孵卵，孵化期24—30天，育雏期42—48天。

钳嘴鹳

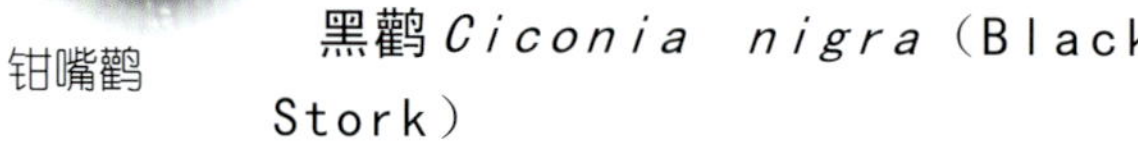

黑鹳 *Ciconia nigra*（Black Stork）

隶属于鹳形目鹳科。体长100—120厘米，体重2—3千克。分布于欧亚大陆和非洲的广大地区。栖息于各种水域。主要以鱼类为食，其次是蛙类、软体动物、甲壳类和蝼蛄、蟋蟀等昆虫。营巢于森林和荒原，每窝产2—4枚，主要由雌鸟孵化，孵化期31—38天，育雏期4个月。

黑鹳

东方白鹳 *Ciconia boyciana*（Oriental White Stork）

隶属于鹳形目鹳科。体长110—128厘米，体重3.9—4.5千克。分布于俄罗斯东南部、朝鲜、韩国、日本和中国，有时也到达孟加拉国和印度等地。栖息于平原、草地和沼泽地带。成群活动，性机警而胆怯。主要以鱼类为食，也吃植物和蛙、鼠、蛇、蜥蜴、蜗牛、昆虫、雏鸟等。4—6月繁殖，营巢于树顶，每窝产卵4—6枚，雄、雌轮流孵化，孵化期31—34天，育雏期60天。4—5年性成熟，寿命可达48年以上。

东方白鹳

凹嘴鹳

凹嘴鹳 *Ephippiorhynchus senegalensis*（Saddle-bill Stork）

隶属于鹳形目鹳科。体长152厘米。分布于从塞内加尔到苏丹、埃塞俄比亚，以及纳米比亚、博茨瓦纳北部和南非北部一带。栖息于平原、半干旱地区的河流、湖泊和沼泽等环境。成对或小群活动。以鱼类为食，也吃蛙、爬行动物、软体动物和昆虫等。营巢于大树上，每窝产卵1—5枚，雄、雌轮流孵卵，孵化期为30—35天。

非洲秃鹳 *Leptoptilos crumeniferus*（Marabou Stork）

隶属于鹳形目鹳科。体长140厘米，体重5—8千克。分布于从塞内加尔到埃塞俄比亚、索马里，以及南非北部一带。栖息于河流、湖泊和沼泽等环境。以蛙、鱼和鼠等为食。营巢于大树上，每窝产卵1—4枚，雄、雌轮流孵卵，孵化期29—31天。

非洲秃鹳

黑头白鹮

黑头白鹮 *Threskiornis melanocephalus*（Oriental Ibis）

也叫白鹮，隶属于鹳形目鹮科。体长65—75厘米。分布于东南亚各国和中国东北、华东、华南和西南等地区。栖息于江河、湖泊和沼泽地带。单独或小群活动。以鱼、蛙、蝌蚪、昆虫、蠕虫、甲壳和软体动物，以及小型爬行动物为食，也吃植物。5—8月繁殖，营巢于水边大树上或灌丛中，每窝产卵2—4枚，雄、雌轮流孵卵，孵化期23—25天，育雏期40天。

隐鹮 *Geronticus eremita*（Hermit Ibis）

隶属于鹳形目鹮科。体长70—80厘米。分布于摩洛哥、阿尔及利亚、土耳其和埃塞俄比亚、沙特阿拉伯、也门等地。栖息于高原、草原和半干旱地区的水域。单独或小群活动。以鱼、蛙、蛇、鼠、昆虫、蠕虫、甲壳动物和软体动物等为食。营巢于水边的地面上和岩缝中，每窝产卵3—4枚，雄、雌轮流孵卵，孵化期28天，育雏期43—47天。

隐鹮

朱鹮 *Nipponia nippon*（Japanese Crested Ibis）

也叫朱鹭，隶属于鹳形目鹮科。体长67—69厘米，体重1.4—1.9千克。曾分布于中国东部、俄罗斯的远东地区、朝鲜和日本等地，现仅见于中国陕西洋县一带。生活在森林和丘陵地带。成对或小群活动。以鱼类、两栖类、甲壳类、软体动物、环节动物、昆虫等为食，也吃少量植物。春季繁殖，筑巢于高大乔木树上，每窝产卵2—4枚，雄、雌轮流孵卵，孵化期28天，60天后能飞翔。3岁性成熟，寿命可达17年。

朱鹮

红鹮

红鹮 *Eudocimus ruber*（Scarlet Ibis）

也叫美洲红鹮，隶属于鹳形目鹮科。体长56—68厘米。分布于从北美洲南部、中美洲到南美洲的巴西北部的沿海地带。栖息于水塘、沼泽等湿地。以鱼、蛙、昆虫、蠕虫、软体动物等为食。营巢于水边的树上或灌丛中，每窝产卵2—5枚。

白琵鹭

白琵鹭 *Platalea leucorodia*（White Spoonbill）

隶属于鹳形目鹮科。体长70—95厘米，体重2千克。分布于欧洲、亚洲、大洋洲和中国的东北、华北、长江下游及东南沿海地区。栖息于河流、湖泊、沼泽等水域。成群活动。以小鱼、虾、蟹、甲壳类、软体动物、蛙、蝌蚪、蜥蜴等为食，也吃少量植物。繁殖期为5—7月，筑群巢于芦苇和灌丛中，每窝产卵3—4枚，雄、雌鸟轮流孵卵，孵化期24—25天，45—54天雏鸟可飞翔。

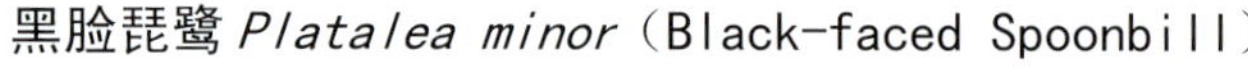

黑脸琵鹭 *Platalea minor*（Black-faced Spoonbill）

隶属于鹳形目鹮科。体长为75厘米。分布于朝鲜、韩国、日本、越南和中国等地。栖息于内陆湖泊、水塘、河口、沼泽等湿地。喜群居，性安静。以鱼、虾、蟹、软体动物、昆虫和水生植物为食。繁殖期为5—7月，营巢于水边悬崖上，每窝产卵为4—6枚，孵化期为35天。

黑脸琵鹭

粉红琵鹭

粉红琵鹭 *Ajaia ajaja*（Roseate Spoonbill）

隶属于鹳形目鹮科。体长为75—80厘米，体重1.2—1.75千克。分布于美洲的大部分国家。栖息于湖泊、水塘、河口、沼泽等地。以鱼、虾、蟹、软体动物、水生昆虫等为食。营巢于灌丛或矮树上，每窝产卵1—5枚，孵化期22—24天。

大红鹳 *Phoenicopterus ruber*（Greater Flamingo）

隶属于鹳形目红鹤科。体长130—142厘米。分布于亚洲中部和西部、欧洲南部、非洲、北美洲和南美洲。栖息于盐水湖泊、沼泽及礁湖的浅水地带。喜结群，性机警，善游泳和飞翔。以藻类、原生动物、小蠕虫、昆虫幼虫等为食，也吃软体动物和甲壳类。巢筑于三面环水的半岛形土墩或泥滩上，每窝产卵1—2枚，雄、雌轮流孵卵，孵化期28—32天，3岁性成熟，寿命为20—50年。

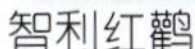

智利红鹳

智利红鹳 *Phoenicopterus chilensis*（Chilean Flamingo）

隶属于鹳形目红鹤科。体长80—107厘米。分布于从秘鲁、乌拉圭、智利一直到阿根廷的火地岛一带。栖息于热带湖泊的浅水地带。喜结群，性机警，善游泳和飞翔。以甲壳动物、蠕虫、鱼、水生昆虫等为食。繁殖期为5—7月，筑巢于湖边，每窝产卵1枚，雄、雌鸟轮流孵卵，孵化期28—32天，3岁性成熟，寿命为20—30年。

大红鹳

十二、雁形目(Anseriformes)

游禽。嘴大、宽而扁平，外面有一层皮质膜，尖端有嘴甲，有些种类嘴甲向下弯曲成钩状，上、下嘴缘有栉状物锯齿缺刻。头较大，有的种类具有羽冠。颈长而稍曲。舌多为肉质状。翅长而狭尖，初级飞羽10—11枚。多数种类的翅上具有翼镜。尾短，少数种类较长。尾羽由12—24枚组成。绒羽发达。脚短而位于体后部，跗跖部为网状或盾状鳞，前三趾间有蹼膜或半蹼。两性同色或异色。雌雄异色时，雄鸟较雌鸟大，羽色也较艳丽，并常有金属光泽。雏鸟早成性。雄鸟多具交配器。杂食，主要吃鱼、蛙、植物种子、水生植物、水生昆虫、贝类等。配偶大多为一雌一雄。有些种类的雌雄配对并不固定。一般一年性成熟，最多为4—5年。分布于世界各地。共有两个科，即：叫鸭科（Anhimidae）和鸭科（Anatidae）。

冠叫鸭 *Chauna torquata*（Crested Screamer）

隶属于雁形目叫鸭科。体长80厘米。分布于巴拉圭、巴西南部、阿根廷北部和东部、玻利维亚等地。栖息于沼泽等湿地。善游泳。以水生植物为食。营浮巢于沼泽中，每窝产卵4—7枚，雄、雌共同孵卵，孵化期43—45天。

冠叫鸭

鹊鹅 *Anseranas semipalmata*（Magpie Geese）

隶属于雁形目鸭科。体长88厘米。分布于澳大利亚、塔斯马尼亚和新几内亚的南端。栖息于湖泊、水塘等水域。喜集群，善行走和飞行，游泳笨拙。以植物为食。巢筑于芦苇或草丛中，每窝产卵5—14枚，孵化期为35天。

鹊鹅

白脸树鸭 *Dendrocygna viduata*（White-faced Whistling Duck）

隶属于雁形目鸭科。分布于中美洲、南美洲和非洲。栖息于湖泊、水塘、河流等水域。夜行性，喜集群，善飞行、游泳和潜水。营巢于树洞中，每窝产卵8—12枚，孵化期28—30天。

白脸树鸭

黑天鹅

黑天鹅 *Cygnus atratus*（Black Swan）

隶属于雁形目鸭科。体长80—120厘米，体重6—8千克。分布于澳大利亚南部、塔斯马尼亚岛和新西兰及其邻近的岛屿上。栖息于海岸、海湾和湖泊等水域。成对或集群活动。以水生植物和水生小动物为食。6—7月繁殖，营巢于水边隐蔽处，每窝产卵4—8枚，孵化期为34—37天，3—4岁性成熟，寿命20—25年。

大天鹅 *Cygnus cygnus*（Whooper Swan）

又叫咳声天鹅、喇叭天鹅和黄嘴天鹅，隶属于雁形目鸭科。体长120—160厘米，体重6.5—12千克。分布于俄罗斯西伯利亚和中国东北、华北和长江流域以南地区等。善飞翔。以水菊、莎草等水生植物为食，也捕捉昆虫和蚯蚓等小型动物。筑巢于浅水中，每窝产3—7枚，雄、雌轮流孵化，孵化期为30多天。

大天鹅

小天鹅

小天鹅 *Cygnus columbianus*（Whistling Swan）

也叫短嘴天鹅、啸声天鹅、口哨天鹅和苔原天鹅，隶属于雁形目鸭科。体长110—130厘米，体重4—7千克。分布于北美洲、欧洲、亚洲东部和东南部。栖息于湖泊、河流、沼泽等地。喜集群，性谨慎、活泼。以水生植物为食，也吃螺类、软体动物、昆虫和其他小型水生动物。6—7月繁殖，筑巢于小土丘上，每窝产卵2—5枚，雌鸟孵卵，孵化期29—30天，雏鸟40—45天后可飞翔。

黑颈天鹅 *Cygnus melanocoryphus*（Black-necked Swan）

黑颈天鹅

隶属于雁形目鸭科。体长90—130厘米，体重3.5—4.4千克。分布于巴拉圭、巴西南部、乌拉圭、智利、阿根廷，以及火地岛和福克兰群岛等地。栖息于沼泽、湖泊和泻湖中。喜集群、性胆怯。以水生植物、海草、藻类及少量水生昆虫、鱼卵和甲壳动物等为食。筑巢于苇丛中或小岛上，每窝产卵4—8枚，雌鸟单独孵卵，孵化期34—39天，3—4岁性成熟，寿命为25—35年。

疣鼻天鹅 *Cygnus olor*（Mute Swan）

也叫哑声天鹅、瘤鼻天鹅、赤嘴天鹅，隶属于雁形目鸭科。体长130—155厘米，体重7—10千克。分布欧洲、亚洲和非洲北部。栖息在水草丰盛的水域。性机警，成对或族群活动。以水生植物为食，也吃水藻和小型水生动物。繁殖期为3—5月，营巢于芦苇丛或水草丛中，每窝产卵4—9枚，孵化期为35—36天。

疣鼻天鹅

咳声天鹅 *Cygnus buccinator*（Trumpeter Swan）

咳声天鹅

隶属于雁形目鸭科，也叫喇叭天鹅。体长120厘米。分布于美国和加拿大西海岸。栖息于浅水湖泊、沼泽和草地上。小群活动。以水生植物为食。筑巢在麝鼠营造的食台上，每窝产卵4—8枚，雌性单独孵化，孵化期33—37天，100天后会飞行。2—3岁时性成熟。

白额雁 *Anser albifrons*（White-fronted Goose）

隶属于雁形目鸭科。体长65—80厘米，体重1.7—3.6千克。分布于欧洲、北美洲、亚洲和俄罗斯西伯利亚海岸。栖息于湖泊、河流等水域。小群活动。以马尾草、棉花草、芦苇、散棱草等植物的嫩芽和根、茎等为食。6—7月繁殖，每窝产卵4—5枚，孵化期26—28天，45天后能飞翔。

白额雁

灰雁 *Anser anser*（Greylag Goose）

灰雁

隶属于雁形目鸭科。体长80—90厘米，体重2.1—3.7千克。分布于欧洲、非洲北部、亚洲中部和南部。栖息于湖泊、沼泽等淡水水域。喜结群、性胆怯、善游泳。以植物的嫩叶、嫩芽、草茎、果实、种子、根、块茎等为食，也吃小型无脊椎动物。6—7月繁殖，营巢于水边草丛或芦苇丛中，每窝产卵4—8枚，雌鸟孵卵，孵化期27—29天。

雪雁 *Anser caerulescens*（Snow Goose）

隶属于雁形目鸭科。体长60—80厘米，体重2—3千克。分布于北美洲、俄罗斯东部、格陵兰岛、日本、中国等地。栖息在离水不远的苔原、原野、农田和沿海低地。喜结群、性胆怯、善游泳和飞行。以植物的嫩叶、嫩芽、草茎、果实、种子、水生植物为食，也吃小型无脊椎动物。6—7月繁殖，常成千上万只集中营巢，巢离水域不远，每窝产卵3—6枚，雌鸟孵卵，孵化期22—25天，40多天后能飞翔。

雪雁

鸿雁

鸿雁 *Anser cygnoides*（Swan Goose）

隶属于雁形目鸭科。体长80—93厘米，体重2.8—4.2千克。分布于俄罗斯东部、亚洲中部、中国、朝鲜、韩国和日本等地。栖息于湖泊、水塘、河流、沼泽及其附近地区。喜结群、善游泳和飞行。以草本植物的叶、芽等为食，也吃甲壳动物、软体动物等。4—6月繁殖，巢筑在沼泽地上或芦苇丛中，每窝产卵4—8枚，雌鸟孵卵，孵化期28—30天。2—3岁时性成熟。

小白额雁 *Anser erythropus*（Lesser White-fronted Goose）

隶属于雁形目鸭科。体长56—60厘米，体重1.4—1.7千克。分布于欧洲、俄罗斯北部、埃及、土耳其、印度、朝鲜、日本和中国长江中下游、东南沿海等地区。栖息于苔原、湖泊、草原等地区。成群活动，善行走、游泳和潜水，性谨慎。以草本植物、谷类、种子和农作物幼苗等为食。6—7月繁殖，营巢于水边低矮的灌木下，每窝产卵4—7枚，雌鸟孵卵，孵化期为25天。

小白额雁

斑头雁

斑头雁 *Anser indicus*（Bar-headed Goose）

隶属于雁形目鸭科。体长65—85厘米，体重2—3千克。分布于中国西北、东北、华北、长江流域以南，以及亚洲中部和南部。栖息于咸水湖、淡水湖和沼泽等地带。成群活动、性机警、善游泳和飞行。以植物的叶、茎和种子为食，也吃贝类、软体动物和其他小型无脊椎动物。4—5月繁殖，营巢在湖边或湖心岛上，每窝产卵2—10枚，雌鸟单独孵卵，孵化期28—30天。

黑额黑雁 *Branta canadensis*（Canada Goose）

隶属于雁形目鸭科，也叫加拿大雁。体长89—114厘米。分布于北美洲的加拿大、美国和墨西哥，以及格陵兰、俄罗斯库页岛和日本等地。栖息于湖泊、海湾、沼泽和河流等地。喜集群、善游泳、叫声悦耳。以水生植物等为食。营巢于水边地面，每窝产卵4—8枚。

黑额黑雁

红胸黑雁 *Branta ruficollis*（Red-breasted Goose）

隶属于雁形目鸭科。体长53—56厘米。分布于欧亚大陆北部、黑海西部、里海南部、咸海、波罗的海和波斯湾等地。栖息于海湾、海港及河口等地。喜结群、性活泼、善游泳和潜水、飞翔速度快。以青草或水生植物的嫩芽、叶、茎等为食，也吃根和植物种子。6月繁殖，筑巢于地势较高的干燥地方，每窝产卵3—8枚，雌鸟单独孵卵，孵化期23—25天。2—3年达到性成熟。

红胸黑雁

黄颈黑雁

黄颈黑雁 *Branta sandvicensis*（Hawaiian Goose）

隶属于雁形目鸭科。体长68厘米。分布于夏威夷及其附近的岛屿上。栖息于池塘等较小的水域附近。喜结群，善行走和游泳。以植物为食。每窝产卵5—8枚，孵化期为30天。

赤麻鸭 *Tadorna ferruginea*（Ruddy Shelduck）

隶属于雁形目鸭科。体长51—68厘米，体重1.5千克。分布于欧洲东南部、非洲西北部、亚洲中部和南部、中国东南部等地。栖息于江河、湖泊等到水域。成对或族群生活，有时也集大群。性机警。主要以水生植物和谷物为食，也吃昆虫、甲壳和软体动物、小蛙和小鱼等。4—6月繁殖，营巢于天然洞穴，每窝产卵6—12枚，雌鸟孵卵，孵化期27—30天。50天以后能飞翔。

赤麻鸭

翘鼻麻鸭 *Tadorna tadorna*（Common Shelduck）

隶属于雁形目鸭科。体长52—63厘米，体重0.8—1.7千克。分布于欧洲、亚洲中部、非洲北部等地区。栖息于咸水和淡水湖泊、海岸、岛屿及其附近沼泽地带。成群生活、飞行疾速、善游泳和潜水。以昆虫、蜥蜴、小鱼和鱼卵等动物性食物为食，也吃植物性食物。5—7月繁殖，营巢于海岸和湖边沙丘或石壁间，有时也在开阔草原上天然洞穴或狐、兔等动物的废弃洞穴中营巢，每窝产卵7—12枚，雌鸟单独孵卵，孵化期为27—29天，一个多月后能飞翔。

翘鼻麻鸭

鸳鸯

鸳鸯 *Aix galericulata*（Mandarin Duck）

隶属于雁形目鸭科。体长38—45厘米，体重430—590克。分布于俄罗斯东部、日本、朝鲜、缅甸、印度东北部和中国。栖息在针叶和阔叶混交林及附近的溪流、沼泽、芦苇塘和湖泊等处。喜集群、性机警、善隐蔽，飞行能力强。以植物、昆虫和小鱼、蛙、喇蛄、虾、蜗牛、蜘蛛等动物为食。5月繁殖，营巢于树洞里，每窝产卵7—12枚，雌鸟孵化，孵化期28—29天。

林鸳鸯 *Aix sponsa*（Wood Duck）

隶属于雁形目鸭科。体长 43 — 51 厘米。分布于北美洲的加拿大、美国和墨西哥等地。栖息在森林中的溪流、沼泽等处。叫声响亮。以植物和昆虫等为食。营巢于树洞里，每窝产卵 10 — 14 枚，孵化期为 28 — 32 天。

林鸳鸯

鬃林鸭 *Chenonetta jubata*（Maned Goose）

鬃林鸭

隶属于雁形目鸭科。体长 44 — 50 厘米。分布于澳大利亚和塔斯马尼亚岛上。栖息溪流、苇塘和湖泊等附近的林地中。以植物为食。营巢于树洞里，每窝产卵 8 — 10 枚，孵化期为 28 天。

针尾鸭 *Anas acuta*（Northern Pintail）

隶属于雁形目鸭科。体长 53 — 71 厘米，体重 500 — 1000 克。分布于欧亚大陆北部、中美洲、北美洲西部、非洲北部、亚洲东南部、中国西北和南部。栖息于河流、湖泊、沿海地带。性机警、喜集群、善游泳和飞翔。以草籽、嫩芽和种子为食，也吃水生无脊椎动物。4 — 7 月繁殖，营巢于岸边的草丛中或低地上，每窝产卵 6 — 11 枚，雌鸟孵卵，孵化期 21 — 23 天，孵出后不久即能行走和游泳，35 — 45 天能飞翔。

针尾鸭

琵嘴鸭

琵嘴鸭 *Anas clypeata*（Northern Shoveler）

隶属于雁形目鸭科。体长 43 — 51 厘米，体重 445 — 610 克。分布于欧洲、亚洲中部和南部、非洲北部和东部、北美洲和中国。栖息于江河、湖泊等水域。成对或小群活动。善飞行和游泳。以螺、软体动物、昆虫、鱼、蛙、水藻、草籽等为食。4 月繁殖，营巢于水边的草丛中，每窝产卵 7 — 13 枚，雌鸟孵卵，孵化期 22 — 28 天。

绿翅鸭 *Anas crecca*（Green-winged Teal）

隶属于雁形目鸭科。体长 31 — 44 厘米，体重 205 — 398 克。分布于欧洲、亚洲中部和南部、非洲、中国东北和新疆等地。栖息于江河、湖泊、沼泽、沿海地带。喜集群、善飞行和游泳、行走笨拙。主要以植物的种子和嫩叶为食，也吃螺、软体动物和昆虫等小型无脊椎动物。5 — 7 月繁殖，营巢于水边的草丛和灌木丛中，每窝产卵 8 — 11 枚，雌鸟孵卵，孵化期为 21 — 23 天，孵出后不久即能行走和游泳，30 多天后能飞翔。

绿翅鸭

罗纹鸭

罗纹鸭 *Anas falcata*（Falcated Teal）

隶属于雁形目鸭科。体长44—52厘米，体重590—900克。分布于俄罗斯、朝鲜、日本、中南半岛、缅甸、印度北部和中国等地。栖息于江河、湖泊、河湾及沼泽地带。成对或小群活动，有时集大群。性胆怯而机警，飞行迅速。以植物的嫩叶和种子为食，也吃软体动物、甲壳类和水生昆虫等小型无脊椎动物。5—7月繁殖，营巢于水边的草丛或灌木中，每窝产卵6—10枚，主要由雌鸟孵卵，孵化期24—29天，出壳后不久即能游泳和觅食。

花脸鸭 *Anas formosa*（Baikal Teal）

隶属于雁形目鸭科。体长38—43厘米，体重500克。分布于俄罗斯东部、日本、朝鲜和中国的东北、华北、华东、华南等地。栖息于沼泽、河口、湖泊和水塘中。喜集群、叫声洪亮。以水生植物的芽、嫩叶、果实为食，也吃螺、软体动物和水生昆虫等小型无脊椎动物。5—7月繁殖，营巢于灌木和草丛中，每窝产卵6—9枚。

花脸鸭

赤颈鸭

赤颈鸭 *Anas penelope*（European Wigeon）

隶属于雁形目鸭科。体长43—52厘米，体重550—900克。分布于欧洲、亚洲、非洲东北部和西北部，以及中国的东北、华北、华中、西南及台湾。栖息于江河、湖泊、海湾、沼泽等水域。成群活动，善游泳和潜水。以植物性食物为食，也吃少量动物性食物。5—7月繁殖，营巢于岸边的草丛或灌木中，每窝产卵7—11枚，雌鸟孵卵，孵化期22—25天，孵出后40—45天能飞翔。

绿头鸭 *Anas platyrhynchos*（Mallard）

隶属于雁形目鸭科。体长50—62厘米，体重910—1300克。分布于欧洲、亚洲、北美洲、中美洲和非洲北部等地。栖息于湖泊、河流、池塘、沼泽等水域。常集大群，性情好动。以植物的叶、芽、茎和种子等为食，也吃软体动物、甲壳类和水生昆虫等。4—6月繁殖，营巢于岸边草丛中或凹坑处，每窝产卵7—11枚，雌鸟孵卵，孵化期24—27天，出壳后不久即能活动和觅食。

绿头鸭

斑嘴鸭

斑嘴鸭 *Anas poecilorhyncha*（Spotbill Duck）

隶属于雁形目鸭科。体长53—61厘米，体重890—1350克。分布于俄罗斯东南部、蒙古东部、朝鲜、日本、中南半岛、缅甸、印度、尼泊尔、孟加拉国、斯里兰卡和中国大部分地区。栖息于江河、湖泊、沙洲和沼泽地带。成群活动，善游泳和行走。以植物的叶、芽、根、茎和种子为食，也吃昆虫、软体动物等。5—7月繁殖，营巢于岸边草丛、竹丛或芦苇丛中，每窝产卵8—14枚，雌鸟孵卵，孵化期为24天，孵出后不久即能游泳和活动。

白眉鸭

白眉鸭 *Anas querquedula*（Garganey）

隶属于雁形目鸭科。体长 34 — 41 厘米，体重 260 — 400 克。分布于欧洲、亚洲、非洲西部和中国的西北、西南、华南等地。栖息于江河、湖泊、沼泽、沙洲等水域。成对或小群活动，性胆怯、机警，飞行快而灵活。以水生植物的叶、茎、种子为食，也吃软体动物、甲壳类和昆虫等。5 — 7 月繁殖，营巢于水边的草丛中或地上，每窝产卵 8 — 12 枚，雌鸟孵卵，孵化期为 21 — 24 天，40 多天后可以飞翔。

青头潜鸭 *Aythya baeri*（Baer's Pochard）

隶属于雁形目鸭科。体长 42 — 47 厘米，体重 500 克。分布于俄罗斯东部、朝鲜、日本、缅甸、印度、泰国、孟加拉国和中国的东北、华北、华东和华南等地区。栖息于江河、湖泊、海湾和沿海沼泽地带。成对或小群活动，性胆怯，善飞行、潜水和游泳。以植物的根、叶、茎和种子为食，也吃软体动物、水生昆虫、甲壳动物、蛙等。5 — 7 月繁殖，营巢于水边的草丛或芦苇丛中，每窝产卵 6 — 9 枚，雌鸟孵卵，孵化期 27 天，150 天后能飞翔。

青头潜鸭

红头潜鸭

红头潜鸭 *Aythya ferina*（Common Pochard）

隶属于雁形目鸭科。体长 41 — 50 厘米，体重 600 — 1120 克。分布于欧洲、亚洲、非洲北部等地。栖息于江河、湖泊、水库等各类水域中。成群活动，性胆怯而机警，善游泳、潜水和飞行。以水生植物叶、茎、根和种子等为食，也吃软体动物、甲壳动物、水生昆虫、鱼等。4 — 6 月繁殖，营巢于水边芦苇丛或三棱草丛中，每窝产卵 6 — 9 枚，雌鸟孵卵，孵化期为 24 — 26 天。

凤头潜鸭 *Aythya fuligula*（Tufted Duck）

隶属于雁形目鸭科。体长 40 — 49 厘米，体重 515 — 840 克。分布于欧洲、亚洲、非洲北部和中国等地。栖息于江河、湖泊、沼泽等地带。成群活动，善潜水和游泳。以软体动物、水生昆虫、甲壳动物、鱼等为食，也吃少量水生植物。5 — 7 月繁殖，营巢于水边地上草丛中或灌木丛中，每窝产卵 6 — 13 枚，雌鸟孵卵，孵化期 23 — 25 天，40 — 50 天后能飞翔。

凤头潜鸭

欧绒鸭

欧绒鸭 *Somateria mollissima*（Common Eider）

隶属于雁形目鸭科。体长 58 — 68 厘米。分布于欧洲、阿拉斯加、加拿大北部和俄罗斯北部。栖息于海岸或溪流、湖泊等附近的岩石岸边。成群活动，善飞行、行走和游泳。以植物及小动物为食。营巢于低草丛中，每窝产卵 4 — 7 枚。

鹊鸭 *Bucephala clangula*（Common Goldeneye）

鹊鸭

隶属于雁形目鸭科。体长41—50厘米，体重480—1000克。分布于北美洲、欧洲、亚洲和中国等地。栖息于溪流、水塘和水渠中。成群活动，性机警而胆怯，潜水本领很强，飞行快而有力。以昆虫、蠕虫、甲壳动物、软体动物、鱼、蛙等为食。5—7月繁殖，营巢于水边的天然树洞中，每窝产卵8—12枚，雌鸟孵卵，孵化期30天，50—70天能飞翔，2岁性成熟。

长尾鸭 *Clangula hyemalis*（Long-tailed Duck）

隶属于雁形目鸭科。体长382—580厘米，体重520—1000克。分布于北半球的大部分地区。栖息于江河、湖泊中。成群活动，善游泳和潜水。以水生昆虫、甲壳动物、软体动物和鱼等为食。6—8月繁殖，营巢于北极苔原的水塘和湖泊岸边地上，每窝产卵6—8枚，雌鸟孵卵，孵卵期23—26天。

长尾鸭

斑头秋沙鸭 *Mergus albellus*（Smew）

斑头秋沙鸭

隶属于雁形目鸭科。体长36—46厘米，体重340—720克。分布于欧洲、俄罗斯、伊朗、印度北部、日本和中国等地。栖息于森林或森林附近的湖泊、河流、水塘等水域中。成群活动，善游泳和潜水，飞行迅速而灵巧。以鱼、软体动物、甲壳动物等水生无脊椎动物为食，也吃少量植物。5—7月繁殖，营巢于河边或湖边天然树洞中，每窝产卵6—10枚，雌鸟孵卵，孵化期28天。

红胸秋沙鸭 *Mergus serrator*（Red-breasted Merganser）

隶属于雁形目鸭科。体长516—598厘米，体重600—1100克。分布于欧洲、北美洲、非洲西北部、亚洲中部、中国和日本等地。栖息于江河、湖泊等水域。小群活动，性情机警，善游泳和潜水，行走快捷。以鱼类为食，也吃昆虫、软体动物和少量植物等。5—7月繁殖，营巢于岸边的灌丛或草丛中，每窝产卵8—12枚，雌鸟孵卵，孵化期为31—35天，一个月左右能飞翔，2岁时性成熟。

红胸秋沙鸭

白头硬尾鸭 *Oxyura leucocephala*（White-headed Duck）

白头硬尾鸭

隶属于雁形目鸭科。体长42—48厘米，体重539—900克。分布于俄罗斯、蒙古、意大利、西班牙南部、非洲西北部和北部、土耳其、亚洲中部、印度北部和中国新疆等地。栖息于开阔平原的淡水湖泊中。小群活动，善游泳和潜水，少飞翔。以水生植物为食，也吃昆虫、鱼、蛙、甲壳和软体动物等。5—7月繁殖，营浮巢于水边灌丛或草丛中，每窝产卵6—10枚，孵化期25天。

中华秋沙鸭 *Mergus squamatus* （Chinese Merganser）

也叫鳞胁秋沙鸭，隶属于雁形目鸭科。体长49—64厘米，体重800—1170克。分布于俄罗斯的远东地区、朝鲜、日本、越南和中国的东北、华北、西南、华中、华东和华南等地。栖息于阔叶林和混交林中的河谷与溪流中。单只、成对或小群活动，性机警，善游泳和潜水。以昆虫、虾、鱼等为食。4—6月繁殖，营巢于溪流两岸的天然树洞中，每窝产卵8—12枚，雌鸟孵卵。

中华秋沙鸭

十三、隼形目（Falconiformes）

猛禽。雌性成鸟体形一般大于雄性成鸟。体羽多为暗灰色或暗褐色。嘴强大而粗壮，上颌比下颌长，并且上颌向下弯曲呈钩状，极为锋利。嘴基部有突出的皮质称为蜡膜。鼻孔位于蜡膜上并裸露，不为羽毛所覆盖。翅强健有力，善飞翔，第5枚次级飞羽缺如。尾形不一，尾羽大都12枚，少数14枚。 脚强而有力，为四趾型，趾上有锐利弯曲的爪。羽色的变异十分明显，即性别变异、年龄变异和种别变异。分布几遍世界各地。共有五个科，即：美洲鹫科（Cathartidae）、鹗科（Pandionidae）、鹰科（Accipitridae）、蛇鹫科（Sagittariidae）和隼科（Falconidae）。

红头美洲鹫

红头美洲鹫 *Cathartes aura*（Turkey Vulture）

隶属于隼形目美洲鹫科。体长64—81厘米，体重0.85—2千克。分布于从加拿大南部一直到阿根廷南部的广大地区。栖息于沙漠、海岸、温带森林和热带雨林等地。有时结小群活动。以体型中等的兽类为食，也捕食其他动物。3—6月繁殖，筑巢于树洞中或密林中的地面上，每窝产卵2枚，孵化期38—41天，育雏期为70—80天。

王鹫 *Sarcorhamphus papa*（King Vulture）

隶属于隼形目美洲鹫科。体长71—81厘米，体重3—3.75千克。分布于从墨西哥到阿根廷北部的中南美洲地区。栖息于森林、旷野和草地等环境。以动物尸体等为食。筑巢于密林中的地面上，巢中没有铺垫物，每窝产卵1枚，孵化期53—58天，育雏期为3个月。

王鹫

加州兀鹫 *Gymnogyps californianus*（Californian Condor）

隶属于隼形目美洲鹫科。体长117—134厘米，体重8—14千克。分布于美国加里福尼亚州南部一带。栖息于山地森林地带。结群活动。以大型兽类的尸体等为食。2—3月繁殖，筑巢于树洞中，每窝产卵1枚，孵化期55—60天，育雏期为6个月，8岁时性成熟，寿命可达45年。

加州兀鹫

康多兀鹫 *Vultur gryphus*（Andean Condor）

隶属于隼形目美洲鹫科。体长100—130厘米，体重8—15千克。分布于南美洲东部从委内瑞拉、秘鲁到智利等地。栖息于高山地带，有时也到沙漠、草原等地。结群活动。以大中型兽类的尸体为食，也吃鸟卵和小动物。不同地区的繁殖期各不相同，筑巢于悬崖上的岩洞中，每窝产卵1枚，孵化期59天，育雏期为6个月，6岁性成熟。

康多兀鹫

鹗 *Pandion haliaetus*（Osprey）

隶属于隼形目鹗科，又叫鱼鹰。体长51—64厘米，体重1—1.75公斤。分布于欧洲、非洲、北美洲、南美洲、大洋洲和亚洲等广大地区。栖息于湖泊、河流、海岸等附近的山地森林中。单独或成对活动，性机警，叫声响亮。以鱼类为食，有时也捕食蛙、蜥蜴、小型鸟类等。2—5月繁殖，营巢于水边的树上，每窝产卵2—3枚，亲鸟轮流孵卵，孵化期32—40天，育雏期为42天。

鹗

凤头蜂鹰 *Pernis ptilorhynchus*（Crested Honey Buzzard）

隶属于隼形目鹰科。体长50—62厘米，体重0.8—1.2千克。分布于中国东北、俄罗斯的西伯利亚、日本、朝鲜，以及东南亚一带。栖息于阔叶林、针叶林和混交林的疏林和林缘地带。常单独活动。飞行灵敏，叫声短促。停息在高大乔木上。主要以蜂类为食，也吃其他昆虫，偶尔也吃蛇、鼠、蜥蜴、蛙、小型哺乳动物、鸟和鸟卵等。4—6月繁殖，营巢于阔叶树或针叶树上，每窝产卵2—3枚。

凤头蜂鹰

黑翅鸢 *Elanus caeruleus*（Black-winged Kite）

隶属于隼形目鹰科。体长31—34厘米，体重230—235克。分布于非洲、亚洲和中国的华南地区，以及欧洲的葡萄牙、匈牙利、德国等国。栖息于原野、农田、疏林和草原地区。单独活动。以鼠类、昆虫、小鸟、野兔、昆虫和爬行动物等为食。3—4月繁殖，营巢于平原或丘陵地区的树上，每窝产卵3—5枚，雄、雌轮流孵卵，孵化期25—28天，30—35天后能飞翔。

黑翅鸢

螺鸢 *Rostrhamus sociabilis* (Snail Kite)

隶属于隼形目鹰科。体长40—45厘米，体重360—393克。分布于美国南部佛罗里达州、古巴、墨西哥东部、洪都拉斯、尼加拉瓜、巴拿马、哥伦比亚、厄瓜多尔和阿根廷北部等地。栖息于沼泽地带。结群活动。以苹果蜗牛和其他蜗牛为食，也吃龟、蟹、鼠类等动物。不同地点的繁殖期不同，有时每年产卵2—3次，每次产卵2—3枚，孵化期26—28天，育雏期为40—49天。

螺鸢

黑鸢

黑鸢 *Milvus migrans* (Black Kite)

又叫鸢、老鹰、鹞鹰等，隶属于隼形目鹰科。体长54—69厘米，体重684—1115克。分布于欧亚大陆、非洲、印度、日本和中国大部分地区。栖息于平原、草地和丘陵地带，也常在城郊、村庄上空活动。性情机警。以小鸟、鼠类、蛇、蛙、野兔、鱼、蜥蜴和昆虫等动物性食物为食，偶尔也吃家禽和腐尸。4—7月繁殖，营巢于高大的树上，每窝产卵2—3枚，亲鸟轮流孵卵，孵化期为38天，育雏期为42天。

白头海雕 *Haliaeetus leucocephalus* (Bald Eagle)

隶属于隼形目鹰科。体长71—96厘米，体重3—6.3千克。分布于北美洲的阿拉斯加、加拿大、美国和墨西哥西北部等地。栖息于海洋、湖泊等水域附近的苔原、针叶林或沙漠等环境中。以兽类、鸟类、鱼类、爬行动物、昆虫等为食，也吃动物尸体。10—4月繁殖，筑巢于悬崖、或树林中，每窝产卵1—3枚，孵化期35天，育雏期为70—92天。

白头海雕

啸栗鸢

啸栗鸢 *Haliastur sphenurus* (Whistling Kite)

隶属于隼形目鹰科。体长51—59厘米，体重380—1050克。分布于澳大利亚和新几内亚东部等地。栖息于湿地、旷野和林地等环境。以小型兽类、鸟类、爬行动物、鱼类、昆虫等为食，也吃动物尸体。筑巢于树上，每窝产卵1—4枚，孵化期35—38天，育雏期为44—54天。

白腹海雕 *Haliaeetus leucogaster* (White-bellied Sea Eagle)

隶属于隼形目鹰科。体长为71—84厘米。分布于中国东部和南部沿海、印度、斯里兰卡、孟加拉国、缅甸、马来西亚、印度尼西亚、澳大利亚、新几内亚和南太平洋中的岛屿上。单只或成对活动。以鱼类、海蛇、野鸭、蛙、蜥蜴、野兔和蛇等为食，有时还吃动物尸体。12—3月繁殖，营巢于海岸悬崖和高大的乔木上，每窝产卵2枚，亲鸟轮流孵卵，但以雌鸟为主。

白腹海雕

虎头海雕 *Haliaeetus pelagicus*（Steller’s Sea Eagle）

隶属于隼形目鹰科。体长90—100厘米，体重2.8—4.6千克。分布于俄罗斯东部、朝鲜、日本和中国东北、华北、台湾等地。栖息于海岸及河谷地带。行动极为机警。以鱼类为食，也吃野鸭、大雁、天鹅、野兔、鼠类等。4—6月繁殖，营巢于河谷地带，每窝产卵1—3枚，孵化期为38—45天，出壳70天后离巢。

虎头海雕

吼海雕

吼海雕 *Haliaeetus vocifer*（African Fish Eagle）

隶属于隼形目鹰科。体长63—73厘米，体重1986—2497克。分布于从塞内加尔一直到埃塞俄比亚东部和南非南部的非洲大陆。栖息于湖泊、江河、溪流和海岸附近。成对活动。以鱼类为食，也吃小型兽类、鸟类、爬行动物、昆虫和动物尸体等。不同地点的繁殖期不同，筑巢于近水的大树枝上，有时也筑在悬崖上，每窝产卵1—4枚，孵化期42—45天，育雏期为65—75天。

棕榈鹫 *Gypohierax angolensis*（Palm-nut Vulture）

隶属于隼形目鹰科。体长60厘米，体重1361—1712克。分布于从塞内加尔一直到肯尼亚、安哥拉和南非东北部等地。栖息于湖泊、江河、河口和海岸附近的棕榈林中。以果实和种子等为食，也吃鱼类、甲壳动物、软体动物、两栖动物，甚至兽类、鸟类和动物尸体等。不同地点的繁殖期不同，筑巢于棕榈树上，每窝产卵1枚，孵化期44天，雄鸟和雌鸟轮流孵卵，育雏期为90天。

棕榈鹫

胡兀鹫

胡兀鹫 *Gypaetus barbatus*（Bearded Vuture）

隶属于隼形目鹰科。体长在100—115厘米，体重3.5—5.5千克。分布于欧洲南部、非洲、亚洲中部和南部，以及中国西北、华北、西南等地区。栖息在高原、荒漠、戈壁等荒山野岭。大多结群活动。主要以动物为食，也捕食鸟类。繁殖期为10月至翌年1月，筑巢在峭壁上的缝隙、岩洞等凹处，每窝产卵2枚，孵化期为53天，育雏期为110天。

兀鹫 *Gyps fulvus*（Griffon Vulture）

隶属于隼形目鹰科。体长95—110厘米，体重6—11千克。分布于从欧洲南部、非洲北部、亚洲中部、阿富汗、印度西北部等地。栖息于山地、高原和半沙漠等地带。结群活动。以大型兽类的尸体为食，有时也吃鼠类等。繁殖期为12—3月，筑巢于悬崖上，每窝产卵1枚，孵化期50—58天，雄、雌鸟轮流孵卵，育雏期为110—130天。

兀鹫

高山兀鹫 *Gyps himalayensis*（Himalayan Griffon）

隶属于隼形目鹰科。体长为120—140厘米，体重8—12千克。分布于亚洲中部的阿富汗、塔吉克斯坦、吉尔吉斯斯坦、印度北部和中国西北、西南地区。栖息于高原、草地、荒漠和岩石地带。成群活动。以腐肉和尸体为食，也吃蛙、蜥蜴、鸟类、小型兽类、大的甲虫和蝗虫。繁殖期为2—5月，营巢于高原上的悬崖岩壁的凹处，每窝产卵1枚。

高山兀鹫

秃鹫

秃鹫 *Aegypius monachus*（European Black Vulture）

也叫狗头鹫、坐山雕，隶属于隼形目鹰科。体长100—120厘米，体重5750—9200克。分布于非洲西北部、欧洲南部、亚洲中部、南部和东部。栖息于丘陵和荒原。单独活动，偶尔也成小群。以大型动物的尸体为食，也吃中小型兽类、两栖类、爬行类和鸟类。繁殖期为3—5月，营巢于树上、山坡或悬崖边岩石上，每窝产卵1枚，亲鸟轮流孵卵，孵化期为52—55天，育雏期为90—150天。

短趾雕 *Circaetus gallicus*（Short-toed Eagle）

隶属于隼形目鹰科。体长61—70厘米。分布于欧洲、亚洲和非洲等地。栖息于丘陵和平原地带。单独活动以蛇为食，也吃蜥蜴、蛙等其他动物。4—6月繁殖，营巢于林缘地区，每窝产卵1枚，主要由雌鸟孵卵，孵化期47天，孵出后70—75天后才能离巢。

短趾雕

蛇雕

蛇雕 *Spilornis cheela*（Crested Serpent Eagle）

又叫大冠鹫、白腹蛇雕、凤头捕蛇雕等，隶属于隼形目鹰科。体长55—73厘米，体重1150—1700克。分布于印度、斯里兰卡、缅甸、中南半岛、马来西亚、印度尼西亚、日本、菲律宾和中国华东、华南、西南等地。栖息于山地、森林地带。单独或成对活动。以各种蛇类为食，也吃蜥蜴、蛙、鼠类、鸟类和甲壳动物。4—6月繁殖，营巢于森林中高树上，每窝产卵1枚，雌鸟孵卵，孵化期35天，育雏期为60天。

白尾鹞 *Circus cyaneus*（Hen Harrier）

又叫灰鹰、扑地鹞、灰泽鹞和灰鹞等，隶属于隼形目鹰科。体长41—53厘米，体重310—600克。分布于欧洲，亚洲，非洲北部，美洲北部和中部。栖息于平原和丘陵地带。以小型鸟类、鼠类、蛙、蜥蜴和大型昆虫等动物性食物为食。4—7月繁殖，营巢于芦苇丛、草丛或灌丛间的地面上，每窝产卵4—5枚，雌鸟孵卵，孵卵期为29—31天，育雏期为35—42天。

白尾鹞

草原鹞 *Circus macrourus*（Pallid Harrier）

隶属于隼形目鹰科。体长 40 — 48 厘米，体重 311 — 550 克。分布于欧洲东部、非洲、亚洲中部、印度、斯里兰卡、缅甸、泰国和中国。栖息于草原、荒漠、丘陵和森林地区。以田鼠、黄鼠、跳鼠等啮齿动物，以及野兔、蜥蜴、蝗虫、鸟类、雏鸟和鸟卵为食。4 — 6 月繁殖，营巢于开阔平原的地面上或土堆上，每窝产卵 3 — 5 枚，雌鸟孵卵，孵化期为 30 天，出壳后 35 — 45 天离巢。

草原鹞

白腹鹞

白腹鹞 *Circus spilonotus*（Asian Marsh Harrier）

隶属于隼形目鹰科。体长 50 — 59 厘米，体重 490 — 780 克。分布于亚洲东部和大洋洲的巴布亚新几内亚等地。栖息在江河、湖泊、沼泽等潮湿而开阔的地方。性情机警而孤独，单独或成对活动。以小型鸟类、啮齿类、蛙、蜥蜴、蛇类和大的昆虫为食，有时也吃野鸭、雉类和野兔等，偶尔也吃死尸和腐肉。4 — 6 月繁殖，营巢于芦苇和灌丛中，每窝产卵 4 — 5 枚，雌鸟孵卵，孵化期 33 — 38 天，育雏期为 35 — 40 天。

歌鹰 *Melierax metabates*（Dark Chanting Goshawk）

隶属于隼形目鹰科。体长 45 厘米，体重 646 — 852 克。分布于非洲的马里、塞内加尔、安哥拉、坦桑尼亚、纳米比亚和阿拉伯半岛等地。栖息于阔叶林中。以蜥蜴、蛇和鸟类等为食，也吃鼠、蛙、昆虫和动物尸体等。不同地点的繁殖期不同。筑巢于密林中，巢上常覆盖着蜘蛛网，每窝产卵 1 — 2 枚，孵化期 30 天，育雏期为 36 — 50 天。

歌鹰

鸡鹰 *Accipiter cooperii*（Cooper's Hawk）

隶属于隼形目鹰科。体长 37 — 49 厘米，体重 235 — 598 克。分布于加拿大南部和美国。栖息于茂密的森林中，以及森林的边缘地带。以兽类、鸟类和爬行动物等为食。3 — 7 月繁殖，筑巢于溪流边的树上，每窝产卵 3 — 6 枚，孵化期 30 — 34 天，育雏期为 27 — 30 天。

雀鹰 *Accipiter nisus*（European Sparrow Hawk）

又叫鹞子，隶属于隼形目鹰科。体长 28 — 40 厘米，体重 130 — 300 克。分布于欧洲、亚洲和非洲。栖息于针叶林、混交林、阔叶林等山地森林和林缘地带。单独生活。以小鸟、昆虫和鼠类等为食，也捕鸠鸽类和鹑鸡类等体形稍大的鸟类和野兔、蛇等。5 — 7 月繁殖，营巢于森林中的树上，每窝产卵通常 3 — 4 枚，雌鸟孵化，孵化期为 32 — 35 天，育雏期为 24 — 30 天。

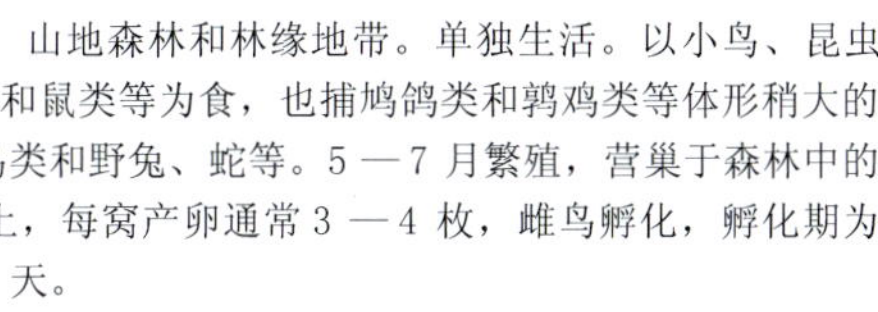

鸡鹰

雀鹰

赤腹鹰 *Accipiter soloensis*（Chinese Goshawk）

赤腹鹰

隶属于隼形目鹰科。体长27—36厘米，体重108—132克。分布于亚洲和非洲。栖息于山地森林和林缘地带。单独或成小群活动。主要以蛙、蜥蜴等动物为食，也吃小型鸟类、鼠类和昆虫。5—7月繁殖，营巢于树上，每窝产卵2—5枚，雌鸟孵卵，孵化期为30天。

条纹鹰 *Accipiter striatus*（Sharp-shinned Hawk）

条纹鹰

隶属于隼形目鹰科。体长25—34厘米，体重82—125克。分布于阿拉斯加、加拿大、美国、墨西哥、古巴、巴拿马、海地、多米尼加和哥斯达黎加等地。栖息于针叶林、混交林和热带雨林等森林中。以鸟类为食，也吃小型兽类、蛙、蜥蜴和昆虫等。繁殖期为1—7月，筑巢于树上，每窝产卵4—5枚，孵化期30—32天，育雏期为38—40天。

凤头鹰 *Accipiter trivirgatus*（Crested Goshawk）

凤头鹰

隶属于隼形目鹰科。体长41—49厘米，体重360—530克。分布于中国华南、西南地区，以及印度、斯里兰卡、马来西亚、缅甸、泰国、印度尼西亚等地。栖息在山地、森林。单独活动，性情机警，善藏匿。主要以蛙、蜥蜴、鼠类、昆虫等动物性食物为食，也吃鸟和小型哺乳动物。4—7月繁殖，营巢于针叶林或阔叶林中高大的树上，每窝通常产卵2—3枚。

松雀鹰 *Accipiter virgatus*（Besra Sparrow Hawk）

松雀鹰

隶属于隼形目鹰科，又叫松子鹰。体长为25—39厘米，体重160—192克。分布于印度、缅甸、斯里兰卡、尼泊尔、孟加拉国、菲律宾、印度尼西亚和中国西南、华南和东南沿海一带。栖息于茂密的针叶林和常绿阔叶林。单独或成对活动，性情机警，飞行迅速。以小鸟为食，也吃蜥蜴、鼠类、蝗虫、蚱蜢、甲虫以及其他昆虫。4—6月繁殖，筑巢于高大树木的上部，每窝产卵3—4枚。

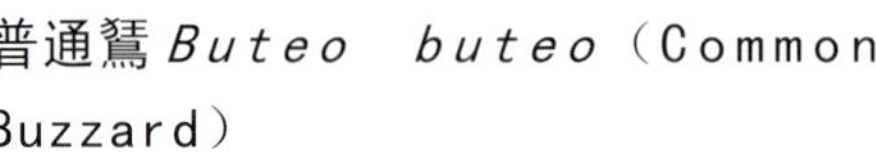

普通鵟 *Buteo buteo*（Common Buzzard）

隶属于隼形目鹰科，又叫土豹子。体长51—59厘米，体重575—1073克。分布于欧亚大陆北部，东达朝鲜和日本一带。栖息于山地森林、平原、荒漠和旷野。单独或结小群活动，性机警，善飞翔，叫声同家猫差不多。以鼠类为食，也吃蛙、蜥蜴、蛇、野兔、小鸟和大型昆虫等。5—7月繁殖，营巢于林缘或森林中高大的树上，每窝产卵2—3枚，雌鸟孵卵为主，孵化期28天，育雏期40—45天。

普通鵟

红尾鵟 *Buteo jamaicensis*（Red-tailed Hawk）

红尾鵟

隶属于隼形目鹰科。体长45—56厘米，体重690—1300克。分布于阿拉斯加、加拿大、美国、墨西哥、尼加拉瓜、哥斯达黎加、巴拿马、古巴和牙买加等地。栖息于沙漠、农田、城郊、温带森林和热带雨林等各种环境中。以小型兽类、鸟类和爬行动物等为食。不同地点的繁殖期不同，筑巢于悬崖和树上，每窝产卵2—9枚，孵化期28—35天，育雏期为42—48天。

毛脚鵟 *Buteo lagopus*（Rough-legged Hawk）

隶属于隼形目鹰科。体长51—60厘米，体重650—1100克。分布于欧洲北部、亚洲中部、北部和东部、北美洲北部。栖息于苔原森林、平原、丘陵和林缘地带。单独活动。以啮齿动物和小型鸟类为食，也捕食野兔、雉鸡、石鸡等较大的动物。5—8月繁殖，营巢于河流两岸悬崖峭壁上或树上，每窝产卵3—4枚，主要由雌鸟孵卵，孵化期28—31天，出壳后41—45天离巢。

毛脚鵟

棕尾鵟 *Buteo rufinus*（Long-legged Buzzard）

棕尾鵟

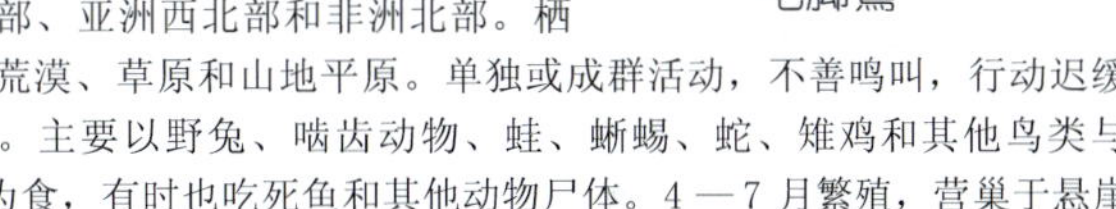

隶属于隼形目鹰科。体长50—65厘米，体重1280克。分布于欧洲东南部、亚洲西北部和非洲北部。栖息于荒漠、草原和山地平原。单独或成群活动，不善鸣叫，行动迟缓而笨重。主要以野兔、啮齿动物、蛙、蜥蜴、蛇、雉鸡和其他鸟类与鸟卵等为食，有时也吃死鱼和其他动物尸体。4—7月繁殖，营巢于悬崖峭壁的岩石或树上，每窝产卵3—5枚。

角雕 *Harpia harpyja*（Harpy Eagle）

隶属于隼形目鹰科。体长89—105厘米，体重4—4.8千克。分布于从墨西哥南部、中美洲一直到南美洲的哥伦比亚、委内瑞拉、圭亚那、玻利维亚、巴西和阿根廷东北部等地。栖息于热带雨林中。以大型兽类、鸟类等为食。6—11月繁殖，筑巢于大树上，每窝产卵2枚，孵化期56天，育雏期12个月。

角雕

楔尾雕 *Aquila audax*（Wedge-tailed Eagle）

楔尾雕

隶属于隼形目鹰科。体长81—104厘米，体重2—5.3千克。分布于澳大利亚、新几内亚南部和塔斯马尼亚岛等地。栖息于沙漠、平原、森林等地。以兽类、鸟类、爬行动物和动物尸体等为食。4—9月繁殖，筑巢于高大的树上，每窝产卵1—4枚，孵化期42—48天，育雏期79—95天。

食猿雕 *Pithecophaga jefferyi*（Philippine Eagle）

隶属于隼形目鹰科。体长86—102厘米，体重4.7—8千克。分布于菲律宾东部和北部。栖息于中低山森林中。以猴类等兽类为食，也吃蛇蜥蜴等动物。9—12月繁殖，筑巢于大树上，每窝产卵1枚，孵化期60—61天，雄鸟和雌鸟轮流孵卵，育雏期5—6个月。

食猿雕

金雕

金雕 *Aquila chrysaetos*（Golden Eagle）

也叫洁白雕，隶属于隼形目鹰科。体长为785—1015厘米，体重2—5.5千克。分布于欧亚大陆、北美洲和非洲北部。栖息在草原、荒漠、河谷和高山针叶林中。单独或成对活动，有时也结小群。以中、大型鸟类和兽类为食。2—3月繁殖，筑巢于高大乔木之上或悬崖峭壁，每窝产卵2枚，雄雌亲鸟共同孵化，但以雌鸟为主，孵化期35—45天，育雏期76—85天。

乌雕 *Aquila clanga*（Great Spotted Eagle）

隶属于隼形目鹰科。体长61—74米，体重1.3—2.1千克。分布于欧洲东部、非洲东北部、亚洲大部分地区。栖息于丘陵和平原地区的森林中。白天活动，性情孤独。主要以野兔、鼠类、野鸭、蛙、蜥蜴、鱼和鸟类等小型动物为食，有时也吃动物尸体和大的昆虫。5—7月繁殖，营巢于高大的乔木上，每窝产卵1—3枚，雌鸟孵卵，孵化期42—44天，育雏期60—65天。

乌雕

白肩雕

白肩雕 *Aquila heliaca*（Imperial Eagle）

也叫御雕，隶属于隼形目鹰科。体长75—84厘米，体重1.1—4千克。分布于欧洲、非洲、亚洲和中国东北、华北、西北、东南沿海一带。栖息于山林、荒漠、草原、沼泽及河谷地带。常单独活动。以中小型兽类和鸟类为食，也吃爬行类和动物尸体。4—6月繁殖，营巢于高大的树上，每窝产卵2—3枚，亲鸟轮流孵化，孵化期43—45天，育雏期55—60天。

草原雕 *Aquila rapax*（Tawny Eagle）

也叫大花雕、角雕，隶属于隼形目鹰科。体长为71—82厘米，体重2—2.9千克。分布于欧洲东部、非洲、亚洲中部和南部和中国大部分地区。栖息于平原、草地、荒漠和低山丘陵地带。以黄鼠、跳鼠、沙土鼠、鼠兔、旱獭、野兔、沙蜥、草蜥、蛇和鸟类等小型脊椎动物和昆虫为食，有时也吃动物尸体。4—6月繁殖，营巢于悬崖上或地面、土堆上，每窝产卵1—3枚，亲鸟轮流孵卵，孵化期约45天，育雏期55—60天。

草原雕

白腹隼雕

白腹隼雕 *Hieraaetus fasciatus*（Bonelli’s Eagle）

隶属于隼形目鹰科。体长70—74厘米，体重1.5—2.5千克。分布于非洲北部、欧洲南部和亚洲的大部分地区。栖息于丘陵和山林中的悬崖和河谷岸边的岩石上。性情凶猛，行动迅速，常单独活动。以鼠类、水鸟、鸡类、岩鸽、斑鸠、鸦类和其他中小型鸟类为食，也吃野兔、爬行类和大的昆虫。3—5月繁殖，营巢于河谷岸边的悬崖或树上，每窝产卵1—3枚，亲鸟轮流孵卵，孵化期42—43天，育雏期60—80天。

长冠雕

长冠雕 *Lophaetus occipitalis*（Long-crested Eagle）

隶属于隼形目鹰科。体长53—58厘米，体重912—1523克。分布于塞内加尔以南的非洲大陆。栖息于森林边缘的沼泽、草地等环境中。以鼠类为食，也吃鸟类、爬行动物、鱼类和果实等。不同地区的繁殖期不同，筑巢于大树上，每窝产卵1—2枚，孵化期42天，育雏期为53—58天。

猛雕

猛雕 *Polemaetus bellicosus*（Martial Eagle）

隶属于隼形目鹰科。体长78—86厘米，体重3—6.2千克。分布于塞内加尔以南的非洲大陆。栖息于沙漠、草地和林地等环境中。以野兔、羚羊、水鸟、雉鸡、蜥蜴动物等为食。不同地区的繁殖期不同。筑巢于大树或悬崖上，每窝产卵1—2枚，孵化期47—51天，育雏期8—12个月。

蛇鹫

蛇鹫 *Sagittarius serpentarius*（Secretary Bird）

隶属于隼形目蛇鹫科。体长125—150厘米，体重3.4—4千克。分布于从塞内加尔、索马里以南的非洲大陆。栖息于开阔草地中。以小型兽类、鸟类、昆虫和蛇类为食。每窝产卵2-3枚，孵化期45天以上。

黑卡拉鹰

黑卡拉鹰 *Daptrius ater*（Yellow-throated Caracara）

隶属于隼形目隼科。体长41—47厘米，体重330—354克。分布于从哥伦比亚东部、委内瑞拉南部、圭亚那到秘鲁东部、玻利维亚东北部和巴西中部等地。栖息于近水地带的森林中。以蛙、鱼、雏鸟、小型兽类、昆虫、蜘蛛动物尸体和植物果实等为食。繁殖期为3—6月，筑巢于树上，每窝产卵2—3枚。

条纹卡拉鹰

条纹卡拉鹰 *Phalcoboenus australis*（Forster’s Caracara）

隶属于隼形目隼科。体长53—65厘米，体重1187克。分布于南美洲的最南端，以及福克兰群岛及其附近岛屿。栖息于海岸潮间带、岩石低山地带等环境中。以海鸟的尸体以及雏鸟等为食，也吃昆虫。筑巢于岩石边或草地上，每窝产卵1—4枚。

凤头卡拉鹰 *Polyborus plancus*（Crested Caracara）

隶属于隼形目隼科。体长49—59厘米，体重834—953克。分布于从美国南部、墨西哥、巴拿马、古巴一直到几乎整个南美洲大陆以及福克兰群岛等地。栖息于山地、平原、湿地和森林。以动物尸体、鱼以及各种无脊椎动物等为食。不同地点的繁殖期不同，筑巢于树上或地面上，每窝产卵1—3枚，孵化期28—32天，育雏期为3个月。

凤头卡拉鹰

笑隼 *Herpetotheres cachinnans*（Laughing Falcon）

隶属于隼形目隼科。体长45—53厘米，体重567—800克。分布于从墨西哥到洪都拉斯、尼加拉瓜、哥伦比亚、秘鲁、巴西、玻利维亚、巴拉圭和阿根廷北部等地。栖息于亚热带、热带森林以及森林边缘等地带。以蛇类为食，也吃鼠、蜥蜴和鸟类等动物。不同地点的繁殖期不同，筑巢于树上，每窝产卵1—2枚，育雏期为57天。

笑隼

斑林隼

斑林隼 *Micrastur ruficollis*（Barred Forest Falcon）

隶属于隼形目隼科。体长33—38厘米，体重161—232克。分布于从墨西哥到尼加拉瓜、哥斯达黎加、巴拿马、哥伦比亚、厄瓜多尔、委内瑞拉、圭亚那、玻利维亚、巴西、巴拉圭和阿根廷北部等地。栖息于热带雨林等森林中。以蜥蜴为食，也吃鸟类、蝙蝠、蛇、蛙和各种无脊椎动物。繁殖期从3月开始，筑巢于树洞中，每窝产卵2—4枚，孵化期35天，育雏期35—44天。

非洲侏隼 *Polihierax semitorquatus*（African Pygmy Falcon）

隶属于隼形目隼科。体长20厘米，体重54—67克。分布于非洲从埃塞俄比亚、索马里、乌干达东北部、肯尼亚到坦桑尼亚北部，以及从安哥拉、纳米比亚到南非西北部一带。栖息于植被稀少的沙漠、半沙漠地带。以小型蜥蜴和大型昆虫为食，也吃鼠类、鸟类和无脊椎动物等。不同地点的繁殖期不同，有时一年繁殖2次，每窝产卵2—4枚，孵化期28—30天，育雏期27—40天。

非洲侏隼

黑白小隼

黑白小隼 *Microhierax melanoleucus*（Pied Falconet）

也叫白腿小隼，隶属于隼形目隼科。体长17—19厘米，体重50克左右。分布于中国长江以南、印度东北部和老挝等地。栖息于低山落叶森林和林缘地区。成群或单独活动。以昆虫、小鸟和鼠类等为食。繁殖期为4—6月，营巢于啄木鸟废弃的洞中，每窝产卵3—4枚。

猎隼

猎隼 *Falco cherrug*（Saker Falcon）

隶属于隼形目隼科。体长46—58厘米，体重0.7—1.2千克。分布于欧洲东部、亚洲中部和北部，非繁殖期也见于非洲北部和亚洲南部。栖息于低山丘陵和山脚平原地区。性情凶猛，飞行迅速。以中小型鸟类、野兔、鼠类等动物为食。繁殖期为4—6月，营巢于悬崖峭壁或树上，每窝产卵3—5枚，雄鸟和雌鸟轮流孵卵，孵化期28—30天，育雏期40—50天。

灰背隼

灰背隼 *Falco columbarius*（Merlin）

隶属于隼形目隼科。体长25—33厘米，体重122—205克。分布于欧洲、亚洲、非洲北部、北美洲和南美洲北部等地。栖息于丘陵、平原、和森林苔原地带。单独活动，叫声尖锐。主要以小型鸟类、鼠类和昆虫等为食，也吃蜥蜴、蛙和小型蛇类。5—7月繁殖，营巢于树上或悬崖岩石上，每窝产卵3—4枚，亲鸟轮流孵卵，孵化期28—32天，育雏期25—30天。

埃莉氏隼

埃莉氏隼 *Falco eleonorae*（Eleonora's Falcon）

隶属于隼形目隼科。体长36—42厘米，体重350—388克。分布于从地中海到非洲东部和马达加斯加岛等地。栖息于海岛、海岸附近的森林和湿地。以体型较大的昆虫和体型较小的鸟类为食。7—8月繁殖，筑巢于海边悬崖上或灌丛中的地面上，每窝产卵1—4枚，孵化期28—30天，育雏期为37天，2—3岁时性成熟。

游隼

游隼 *Falco peregrinus*（Peregrine Falcon）

隶属于隼形目隼科。体长为38—50厘米，体重647—825克。分布几乎遍及世界。栖息于山地、丘陵、荒漠、海岸、草原、河流、沼泽地带。多单独活动，性情凶猛，飞行迅速。主要捕食野鸭、鸥、鸠鸽类、乌鸦和鸡类等中小型鸟类，偶尔也捕食鼠类和野兔等小型哺乳动物。4—6月繁殖，营巢于林间空地、河谷悬崖、沼泽地上，每窝产卵2—4枚，亲鸟轮流孵卵，孵化期28—29天，育雏期 35—42天。

矛隼

矛隼 *Falco rusticolus*（Gyr Falcon）

隶属于隼形目隼科。体长56—61厘米，体重1310—2100克。分布于欧洲北部、亚洲北部和北美洲北部。栖息于海岸、沿海岛屿、临近海岸的河谷和森林苔原地带。以野鸭、鸥、雷鸟、松鸡等各种鸟类为食，也吃少量中小型哺乳动物。5—7月繁殖，营巢于海岸悬崖上，每窝产卵3—4枚，雌鸟孵卵，孵化期28—29天，育雏期46—49天。

美洲隼

美洲隼 *Falco sparverius*（American Kestrel）

隶属于隼形目隼科。体长21—31厘米，体重80—165克。分布于北美洲、中美洲和南美洲的大部分地区。栖息于除苔原外的各种环境。以大型昆虫和小型鼠类为食，也吃蜥蜴等动物。不同地点的繁殖期不同，不筑巢，产卵于树洞中或岩石岸边，每窝产卵3—8枚，孵化期27—32天，育雏期29—31天。

燕隼 *Falco subbuteo*（Northern Hobby）

燕隼

也叫青条子、蚂蚱鹰、青尖等，隶属于隼形目隼科。体长28—35厘米，体重为120—294克。分布于欧洲、非洲西北部、俄罗斯、中国大部分地区、日本、印度、老挝、缅甸等地。栖息于有稀疏树木生长的平原、旷野和林缘地带。单独或成对活动，飞行快速而敏捷。以麻雀、山雀等小鸟为食，也吃蝙蝠和昆虫。5—7月繁殖，营巢于疏林或林缘的高大乔木树上，但通常都是侵占乌鸦和喜鹊的巢。每窝产卵2—4枚，雌鸟孵卵为主，孵化期28天，育雏期28—32天。

红隼 *Falco tinnunculus*（Common Kestrel）

又叫红鹰、茶隼等，隶属于隼形目隼科。体长31—38厘米，体重173—335克。分布于欧洲、非洲、亚洲东北部和中国大部分地区。栖息于森林、丘陵、草原、旷野和村庄附近。常集小群活动。以昆虫为食，也吃鼠类、雀形目鸟类、蛙、蜥蜴、松鼠、蛇等动物。5—7月繁殖，营巢于悬崖、树洞或其它鸟类的旧巢中，每窝产卵4—5枚，主要由雌鸟孵卵，孵化期28—30天，育雏期30天。

红隼

十四、鸡形目（Galliformes）

体形一般与家鸡相似。雄鸟和雌鸟羽色相同或不同，如果不同，雄鸟的羽色通常更为华丽夺目。嘴短而强健，适于啄食。翅膀短圆，并具翅槽，适于短距离飞翔和迅速起飞。尾发达。脚具四趾，三趾在前，大趾在后，适于奔走和在树上栖息。跗跖上有鳞片，雄鸟通常有距。分布于南极洲外的世界各地。共有三个科，即：冢雉科（Megapodiidae）、凤冠雉科（Cracidae）和雉科（Phasianidae）。

眼斑冢雉

眼斑冢雉 *Leipoa ocellata*（Mallee Fowl）

隶属于鸡形目冢雉科。体长60厘米，体重1520—2050克。分布于澳大利亚南部和西南部。栖息于半干旱地区的森林和热带雨林中。以植物的嫩芽、花、果实和种子，以及昆虫、蜘蛛等为食。繁殖期4—10月。由雄鸟用树叶、树枝、树皮和沙土等堆积成馒头状的大巢，将卵埋入其中孵化，巢中温度可达29—38℃。雌鸟每个繁殖期产卵2—34枚，孵化期49—96天。

苏拉冢雉 *Macrocephalon maleo*（Maleo Fowl）

隶属于鸡形目冢雉科。体长52—55厘米。分布于印度尼西亚的苏拉威西岛上。栖息于山地森林中。以落在地面上的果实，以及昆虫和其他无脊椎动物为食。全年均可繁殖。在地面上筑冢状大巢，将卵埋入其中孵化，巢中温度可达32—39℃。每个巢中的卵数为20—60枚，孵化期62—85天。

苏拉冢雉

棕臀稚冠雉 *Ortalis ruficauda*（Rufous-vented Chachalaca）

隶属于鸡形目凤冠雉科。体长53—61厘米。分布于哥伦比亚北部和东北部、委内瑞拉北部、多巴哥及其附近的岛屿上。栖息于山地森林中。以植物叶、芽和果实等为食。全年均可繁殖，筑巢于树上，每窝产卵3—4枚，孵化期28天。

棕臀稚冠雉

眉纹冠雉

眉纹冠雉 *Penelope superciliaris*（Rusty-margined Guan）

隶属于鸡形目凤冠雉科。体长55—73厘米。分布于巴西、玻利维亚东部、巴拉圭东部和阿根廷东北部等地。栖息于密林中，以及林缘地带等。以植物果实为食，有时也吃昆虫等。繁殖期为10—2月，筑巢于树上，每窝产卵3枚，孵化期28天。

普通鸣冠雉

普通鸣冠雉 *Aburria pipile*（Common Piping Guan）

隶属于鸡形目凤冠雉科。体长60—69厘米。分布于特立尼达岛、圭亚那、哥伦比亚、秘鲁、巴西、玻利维亚、巴拉圭等地。栖息于原始森林中。以植物果实和种子为食，有时也吃昆虫等。全年大部分时间均可繁殖，筑巢于树上，每窝产卵2枚。

黑镰翅冠雉

黑镰翅冠雉 *Chamaepetes unicolor*（Black Guan）

隶属于鸡形目凤冠雉科。体长62—69厘米，体重1135克。分布于哥斯达黎加和巴拿马。栖息于山地森林中。以植物果实等为食。繁殖期为2—6月，每窝产卵2—3枚。

角冠雉

角冠雉 *Oreophasis derbianus*（Horned Guan）

隶属于鸡形目凤冠雉科。体长75—91厘米。分布于墨西哥东南部和危地马拉等地。栖息于山地森林中。以植物绿叶、果实等为食，也吃一些无脊椎动物。繁殖期为1—3月，筑巢于树上，每窝产卵2枚，孵化期34—36天。

夜冠雉 *Nothocrax urumutum*（Nocturnal Curassow）

隶属于鸡形目凤冠雉科。体长55—58厘米，体重1250克。分布于哥伦比亚东南部、委内瑞拉南部、厄瓜多尔东部、秘鲁东北部和巴西的西部和中部等地。栖息于密林中。以植物为食。繁殖期为10—2月。筑巢于树上，每窝产卵2枚，孵化期28—29天。

夜冠雉

大凤冠雉 *Crax rubra*（Great Curassow）

隶属于鸡形目凤冠雉科。体长76—96厘米，体重3.6—4.8千克。分布于从墨西哥东部到哥伦比亚西部和厄瓜多尔西部等地。栖息于热带和亚热带密林中。以植物果实、绿叶等为食，也吃无脊椎动物和小型脊椎动物。繁殖期为2—5月，筑巢于树上，每窝产卵2枚，孵化期32天，寿命为24年。

大凤冠雉

吐绶鸡 *Meleagris gallopavo*（Common Turkey）

隶属于鸡形目雉科。体长90—100厘米，体重4—10千克。分布于美国和墨西哥，并引种到欧洲、澳大利亚和新西兰等地。栖息于温带和亚热带森林中。以植物的茎、叶、种子和果实等为食，也吃昆虫等。早春繁殖，筑巢于地面上，每窝产卵10—13枚，孵化期28天。

吐绶鸡

枞树鸡 *Dendragapus canadensis*（Spruce Grouse）

隶属于鸡形目雉科。体长38—43厘米，体重450—650克。分布于阿拉斯加东南部、加拿大东部和美国东部等地。栖息于山地森林中。以针叶树的叶、芽、坚果、灌木浆果等为食，也吃昆虫等无脊椎动物。繁殖期为5—6月，筑巢于地面上，每窝产卵4—10枚，孵化期25—27天。

枞树鸡

柳雷鸟 *Lagopus lagopus*（Willow Ptarmigan）

隶属于鸡形目雉科。体长为33—41厘米，体重400—815克。分布于欧亚大陆北部以及北美洲极北部的北极圈内。栖息于北极冻原带、冻原灌丛森林、多岩石的草甸地带等。成群活动。以乔木的嫩枝、嫩芽、嫩叶、花絮、果实和种子，以及昆虫、小型无脊椎动物等为食。5—7月繁殖，筑巢在冻原、丘陵的灌丛中或山坡上，每窝产卵5—10枚，雌鸟孵卵，孵化期21—22天。

柳雷鸟

岩雷鸟

岩雷鸟 *Lagopus mutus*（Rock Ptarmigan）

隶属于鸡形目雉科。体长36—38厘米，体重380—450克。分布于北美洲的北部、欧亚大陆北部、中国西北部等。栖息于冻原地带，以及森林草原和高山地带。喜结群，严冬藏于雪穴之中。以各种灌木和草本植物的嫩枝、芽苞、嫩叶、花、浆果、种子和果实等为食。6—8月繁殖，营巢于高山苔原或山坡岩石附近，每窝产卵6—13枚，孵化期24—26天。

黑嘴松鸡 *Tetrao parvirostris*（Black-billed Capercaillie）

也叫细嘴松鸡，隶属于鸡形目雉科。体长47—95厘米，体重1.75—4千克。分布于俄罗斯东部、蒙古东北部和中国东北等地。栖息于山地针叶林中。善于行走，少飞翔。以植物的嫩枝、嫩芽、果实和种子等为食，也吃昆虫等。繁殖期为5月，筑巢于地面上，每窝产5—9枚，孵化期23—25天。

黑嘴松鸡

黑琴鸡

黑琴鸡 *Tetrao tetrix*（Black Grouse）

又叫黑鸡、黑野鸡、乌鸡等，隶属于鸡形目雉科。体长为39—61厘米，体重1—1.6千克。分布于从欧亚大陆北部到中国东北、朝鲜等到地。栖息于针叶林、针阔叶混交林或森林草原地区。成群活动，冬季在雪窝中过夜。善奔跑和飞翔，但不能远距离飞翔。以乔、灌木的嫩枝、嫩芽、浆果、花和种子，以及昆虫、蜗牛、蜘蛛等动物为食。一雄多雌，每窝产8—10枚卵，最多可达14枚，雌鸟孵卵，孵化期为24—29天。

普通松鸡 *Tetrao urogallus*(Western Capercaillie)

隶属于鸡形目雉科。体长57—94厘米，体重1.35—5千克。分布于欧洲、亚洲北部、中部、蒙古西北部和中国新疆北部等地。栖息于山地针叶林中。善于行走，少飞翔。以植物的嫩枝、嫩芽、果实和种子等为食，也吃昆虫等。繁殖期为，筑巢于地面上，每窝产卵6—9枚，孵化期24—26天。

普通松鸡

花尾榛鸡

花尾榛鸡 *Bonasa bonasia*（Hazel Grouse）

隶属于鸡形目雉科。体长为26—40厘米，体重302—509克。分布于从欧亚大陆西部到中国东北、华北、新疆等地。栖息于阔叶林或混交林中。有明显的季节性垂直迁移。以植物的嫩枝、嫩芽、果实和种子，以及昆虫、蜗牛等为食。巢筑于树的基部，每窝产卵6—12枚，孵化期21—25天。

斑尾榛鸡

斑尾榛鸡 *Bonasa sewerzowi*（Severtzov's Hazel Grouse）

隶属于鸡形目雉科。体长31—38厘米，体重210—300克。分布于中国四川北部和西部、甘肃东南部和西南部、青海东部和南部、西藏东部和云南西北部等地。栖息于针叶林、阔叶林或混交林中。以植物的嫩枝、嫩芽、果实和种子为食，也吃昆虫、蜗牛等。繁殖期为5月，筑巢于树的基部，每窝产3—8枚，孵化期25—28天。

披肩鸡

披肩鸡 *Bonasa umbellus*（Ruffed Grouse）

隶属于鸡形目雉科。体长43—48厘米，体重500—650克。分布于阿拉斯加、加拿大和美国等地。栖息于森林地带。以植物叶、芽、花和果实等为食，也吃昆虫等。繁殖期从5月开始，筑巢于地面上，每窝产卵8—11枚，孵化期24—25天。

艾草榛鸡

艾草榛鸡 *Centrocercus urophasianus*（Sage Grouse）

隶属于鸡形目雉科。体长48—58厘米，体重1.3—3.2千克。分布于美国西北部等地。栖息于干旱草原等地带。以蒿草等植物为食。繁殖期为4—5月，筑巢于地面上，每窝产卵7—15枚，孵化期25—27天。

草原榛鸡

草原榛鸡 *Tympanuchus cupido*（Prairie Chicken）

隶属于鸡形目雉科。体长40—48厘米，体重815—950克。分布于阿拉斯加、加拿大和美国等地。栖息于草原、荒漠和森林等环境中。以植物的茎、叶、花和果实等为食，也吃昆虫等。繁殖期为4—6月，筑巢于地面上，每窝产卵5—17枚，孵化期23—24天。

尖尾榛鸡

尖尾榛鸡 *Tympanuchus phasianellus*（Sharp-tailed Grouse）

隶属于鸡形目雉科。体长41—47厘米，体重770—990克。分布于美国。栖息于草原和林地中。以植物的叶、芽和种子等为食，也吃昆虫等无脊椎动物。繁殖期为4—6月，筑巢于地面上，每窝产卵5—17枚，孵化期23—25天。

山齿鹑

山齿鹑 *Colinus virginianus*（Northern Bobwhite）

隶属于鸡形目雉科。体长20—27厘米，体重129—173克。分布于美国和墨西哥等地。栖息于林地、农田等环境中。以植物种子等为食，也吃昆虫等无脊椎动物。繁殖期为4—6月，筑巢于地面，每窝产卵10—15枚，孵化期23天。

暗腹雪鸡 *Tetraogallus himalayensis*（Himalayan Snowcock）

也叫高山雪鸡、喜马拉雅雪鸡，隶属于鸡形目雉科。体长52—63厘米，体重2—3.1千克。分布于中国西部、西北部和印度北部、克什米尔、巴基斯坦、阿富汗，以及亚洲中部各国。栖息在高山和亚高山岩石苔原草地和裸岩地区。喜欢集群。以高山植物等为食。4—6月繁殖，营巢于灌丛或草丛掩盖下的岩石凹处或岩洞中，每窝产卵5—8枚，雌鸟孵卵，孵化期29—31天。

暗腹雪鸡

石鸡 *Alectoris chukar*（Chukar Partridge）

隶属于鸡形目雉科。体长27—37厘米，体重440—580克。分布于从欧洲、亚洲中部一直到中国的西北、华北等地。栖息于丘陵、平原、草原、荒漠等地区。喜集群，鸣声高亢。以草本植物和灌木的嫩芽、嫩叶、浆果、种子、苔藓、地衣和昆虫为食。4—5月繁殖，营巢于悬岩基部、山坡和沟谷间的灌丛与草丛中，每窝产卵8—15枚，孵化期22—24天。

石鸡

中华鹧鸪 *Francolinus pintadeanus*（Chinese Francolin）

隶属于鸡形目雉科。体长22—35厘米，体重255—388克。分布于印度、缅甸、泰国、中南半岛和中国长江以南等地。栖息于干燥的山谷内及丘陵的砂坡上。单独或成对活动，飞行快速，性机警。以蚱蜢、蝗虫、蟋蟀、蚂蚁等昆虫为食，也吃各种草本植物，以及灌木的嫩芽、叶、浆果和种子等。3—6月繁殖，营巢于山坡草丛或灌丛中，每窝产卵3—8枚，孵化期21天。

中华鹧鸪

红脚石鸡 *Alectoris rufa*（Red-legged Partridge）

隶属于鸡形目雉科。体长34—38厘米，体重391—547克。分布于法国、意大利西北部和西班牙等地。栖息于低山、平原、草原、荒漠等地区。以植物的叶、种子、根和昆虫等为食。3—6月繁殖，营巢于灌丛与草丛中，每窝产卵11—13枚，孵化期23—24天。

红脚石鸡

斑翅山鹑 *Perdix dauuricae*（Daurian Partridge）

隶属于鸡形目雉科。体长20—41厘米，体重225—410克。分布于俄罗斯东部、蒙古和中国东北、华北和西北等地。栖息于峡谷、山脊、田野等地带。群居，性活泼，善奔跑和飞行。以植物的嫩枝、嫩叶、芽、花和种子等为食，也吃昆虫等无脊椎动物。4—6月繁殖，营巢于草丛中或灌丛下，每窝产卵10—21枚。

斑翅山鹑

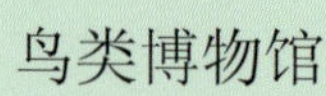

高原山鹑 *Perdix hodgsoniae*（Tibetan Partridge）

高原山鹑

隶属于鸡形目雉科。体长14—39厘米，体重200—550克。分布于中国青藏高原及相邻地区，以及印度、尼泊尔等地。栖息于高山、苔藓高原和亚高山灌丛地带。群居，性活泼，善奔跑和飞行。以植物的嫩枝、嫩叶、芽、花和种子等为食，也吃昆虫等无脊椎动物。4—6月繁殖，营巢于高草丛中或灌丛下，每窝产卵8—15枚。

日本鹌鹑 *Coturnix japonica*（Japanese Quail）

日本鹌鹑

隶属于鸡形目雉科。体长14—20厘米，体重55—109克。分布于从俄罗斯的远东地区、蒙古北部、日本、朝鲜、中国、印度尼西亚等地。栖息于平原、荒地、溪边及山坡丘陵一带。多小群活动，善隐匿。以杂草种子、豆类、谷物及浆果、嫩叶、嫩芽等为食，也吃昆虫等无脊椎动物。5—7月繁殖，营巢于草地、农田或荒坡草丛、灌丛中，每巢产卵7—14枚，孵化期15—17天。

褐鹑 *Coturnix ypsilophorus*（Brown Quail）

褐鹑

隶属于鸡形目雉科。体长17—22厘米，体重75—140克。分布于印度尼西亚、新几内亚、澳大利亚和塔斯马尼亚等地。栖息于草地、灌丛等地带。以杂草种子等为食，也吃昆虫等无脊椎动物。8—4月繁殖，营巢于地面上的草丛中，每巢产卵7—14枚，孵化期21—22天。

蓝胸鹑 *Coturnix chinensis*（Indian Blue Quail）

隶属于鸡形目雉科。体长11—16厘米，体重30—57克。分布于中国南部、印度、斯里兰卡、缅甸、孟加拉国、中南半岛、马来半岛、印度尼西亚，以及澳大利亚等地。栖息于平原以及低山地带。以谷粒、草籽、昆虫、蜘蛛等为食。繁殖于6—8月，营巢于平原、低山丘陵地面的天然凹坑内，每窝产卵4—8枚，孵化期为16天。

蓝胸鹑

海南山鹧鸪 *Arborophila ardens*（Hainan Hill Partridge）

海南山鹧鸪

隶属于鸡形目雉科。体长23—30厘米，体重190—250克。分布于中国海南岛。栖息于常绿阔叶林中。成对或成群活动，性情机警，善藏匿和奔跑。以植物的叶、根、芽、浆果和种子为食，也吃昆虫等无脊椎动物。繁殖期为4—6月，每窝产卵2枚。

白额山鹧鸪 *Arborophila gingica*（Rickett's Hill Partridge）

白额山鹧鸪

隶属于鸡形目雉科。体长为22—29厘米，体重330—380克。分布于中国浙江南部、福建西北部、江西南部、广东北部和广西东北部等地。栖息在低山常绿阔叶林中。成对或小群活动，性机警，善藏匿和奔跑。以植物的叶、根、芽、浆果和种子，以及昆虫、蜗牛、蛞蝓、蜈蚣等小动物为食。4—6月繁殖，营巢于山林地面上的天然凹坑内，每窝产卵5—7枚，孵化期23—24天，雌鸟孵卵。

环颈山鹧鸪 *Arborophila torqueola*（Common Hill Partridge）

隶属于鸡形目雉科。体长26—38厘米，体重261—430克。分布于中国云南和西藏、印度、尼泊尔、克什米尔、缅甸、越南等地。栖息于森林和灌丛中。成对或成群活动，性机警，善藏匿。以植物的叶、根、芽、浆果和种子为食，也吃昆虫等无脊椎动物。4—6月繁殖，营巢于林中地面上，每窝产卵3—5枚，孵化期24天。

环颈山鹧鸪

红头林鹧鸪 *Haematortyx sanguiniceps*（Crimson-headed Wood Partridge）

隶属于鸡形目雉科。体长25厘米，体重330克。分布于印度尼西亚的加里曼丹岛上。栖息于低山森林中。以浆果和昆虫等为食。繁殖期为1月，营巢于地面上，每窝产卵8—9枚，孵化期18—19天。

红头林鹧鸪

灰胸竹鸡 *Bambusicola thoracica*（Chinese Bamboo Partridge）

隶属于鸡形目雉科。体长21—37厘米，体重200—342克。分布于中国长江流域、陕西南部和甘肃南部等地。栖息于竹林、森林、灌丛和农田中。性好结群。以植物的幼芽、嫩枝、嫩叶、浆果、种子，以及昆虫等无脊椎动物为食。4—7月繁殖，营巢于灌丛、草丛、树下或竹林下的地面凹处，每窝产卵5—12枚，孵化期17—18天。

灰胸竹鸡

棕胸竹鸡 *Bambusicola fytchii*（Bamboo Partridge）

隶属于鸡形目雉科。体长30—36厘米，体重238—425克。分布于中国西南部、印度东北部、缅甸及越南北部等地。栖息于竹林、森林、灌丛和杂草丛生的地方。性好结群。以植物的幼芽、嫩枝、嫩叶、浆果、种子等为食，也吃昆虫等无脊椎动物。4—7月繁殖，营巢于灌丛、草丛和竹林的地面凹处，每窝产卵3—7枚，孵化期18—20天。

棕胸竹鸡

血雉 *Ithaginis cruentus*（Blood Pheasant）

隶属于鸡形目雉科。体长36—49厘米，体重410—800克。分布于中国青藏高原、祁连山和秦岭山脉，以及印度、尼泊尔、锡金、不丹和缅甸等地。栖息于高山针叶林、混交林和杜鹃灌丛间。喜结群。以植物的嫩叶、芽苞、花序、嫩枝、浆果、种子，以及苔藓、地衣等为食，也吃昆虫、蜈蚣、蜘蛛等小型无脊椎动物。4—7月繁殖，营巢于灌木丛中和岩石下，每窝产卵3—9枚，孵化期28—29天。

血雉

灰腹角雉 *Tragopan blythii*（Blyth’s Tragopan）

隶属于鸡形目雉科。体长为53—59厘米，体重1650克。分布于中国西藏和云南，以及印度、缅甸和不丹等地。栖息于山地常绿阔叶林中。小群活动。以植物嫩芽、种子、浆果为食，也吃昆虫、小蛙等动物性食物。4—6月繁殖，营巢于森林中的树上，每窝产卵2—5枚。

灰腹角雉

黄腹角雉 *Tragopan caboti*（Cabot’s Tragopan）

隶属于鸡形目雉科。体长为50—70厘米，体重840—1600克。分布于中国浙江、福建、江西、湖南、广东、广西等地。栖息于亚热带常绿阔叶林和混交林等原始森林中。喜单独活动，冬季结小群。以植物的嫩芽、嫩叶、青叶、花、果实和种子等为食，也吃少量动物性食物。筑巢于树上，每窝产卵3—6枚，雌鸟孵卵，孵化期28天。

黄腹角雉

黑头角雉

黑头角雉 *Tragopan melanocephalus*（Western Tragopan）

隶属于鸡形目雉科。体长60—74厘米。分布于印度北部、巴基斯坦北部、克什米尔地区，以及中国西藏。栖息于山地针阔叶混交林及针叶林中。喜单独活动，冬季结小群。主要以植物的嫩芽、嫩叶、青叶、花、果实为食，兼食少量动物性食物。5—7月繁殖，营巢于树上，每窝产卵3—6枚，雌鸟孵卵。

红胸角雉 *Tragopan satyra*（Satyr Tragopan）

隶属于鸡形目雉科。体长57—79厘米。分布于印度北部、尼泊尔、锡金、不丹和中国西藏、云南等地。栖息于山地森林中。性谨慎，善隐匿和奔跑。以植物根、嫩芽、叶、种子、球茎等为食，也吃昆虫和小型爬行动物。5—6月繁殖，营巢于树上，每窝产卵2—6枚。

红胸角雉

红腹角雉 *Tragopan temminckii*（Temminck’s Tragopan）

红腹角雉

隶属于鸡形目雉科，也叫灰斑角雉。体长44—66厘米，体重830—1800克。分布于印度、缅甸、越南和中国西南部等地。栖息于阔叶林、针阔叶混交林中。单独活动，偶而结小群。性情机警。叫声响亮，很像婴儿啼哭。以植物的嫩芽、嫩叶、青叶、花、果实为食，也吃少量动物性食物。筑巢于树上，每窝产卵3—5枚，雌鸟孵卵，孵化期28—30天。

勺鸡

勺鸡 *Pucrasia macrolopha*（Koklass Pheasant）

隶属于鸡形目雉科。体长33—63厘米，体重760—1300克。分布于阿富汗、巴基斯坦、克什米尔、印度北部、尼泊尔和中国。栖息于山地针叶林和针阔叶混合林内。单独或成对活动。性情机警。以植物的嫩芽、嫩叶、花以及果实为食，也吃少量昆虫、蜗牛等动物性食物。3—6月繁殖，巢置于灌丛间的地面上，每窝产卵4—8枚，孵化期26—27天。

棕尾虹雉 *Lophophorus impeyanus*（Himalayan Monal Pheasant）

棕尾虹雉

也叫“九色鸟”，隶属于鸡形目雉科。体长为55—69厘米，体重1.5—2千克。分布于阿富汗、巴基斯坦、尼泊尔、不丹、印度、缅甸和中国西藏南部和东南部等地。栖息于高山针叶林和灌丛中。成群活动。以植物的嫩芽、嫩叶、嫩枝、块根、果实为食，也吃昆虫等动物性食物。4—6月繁殖，营巢于有岩石和灌木下或树洞中，每窝产卵3—8枚，孵化期28天。

绿尾虹雉

绿尾虹雉 *Lophophorus lhuysii*（Chinese Monal Pheasant）

隶属于鸡形目雉科。体长为74—81厘米，体重1650—3250克。分布于中国四川、云南、西藏、甘肃和青海等地。栖息于高山草甸、灌丛和裸岩地带。成对或小群活动，性机警。以植物的嫩叶、花蕾、嫩枝、幼芽、嫩茎、细根、球茎、果实为食。4—6月繁殖，营巢于灌木下或树洞中，每窝产卵3—5枚，孵化期28天。

白尾梢虹雉 *Lophophorus sclateri*（Sclater's Monal Pheasant

白尾梢虹雉

也叫“雪鹅”，隶属于鸡形目雉科。体长为56—70厘米，体重2—2.8千克。分布于中国云南、西藏，以及印度、缅甸等地。栖息于高山森林、灌丛、草地。小群活动。以植物的叶、茎、幼芽和根为食，也吃少量蠕虫和昆虫等动物性食物。4—6月繁殖，营巢于树洞中，每窝产卵2—5枚。

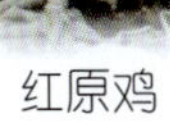

红原鸡

红原鸡 *Gallus gallus*（Red Junglefowl）

隶属于鸡形目雉科。体长为38—71厘米，体重435—1050克。分布于印度、缅甸、泰国、马来西亚、印度尼西亚和中国广西、云南、广东和海南等地。栖息于热带雨林、季雨林、灌丛、草坡、竹林中。结群活动，性机警。以植物的花、嫩叶、嫩枝等为食，也吃昆虫、蚯蚓等动物性食物。2—5月繁殖，巢为地面简陋的浅坑，每窝产卵4—12枚，孵化期19—21天。

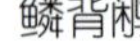

鳞背鹇

鳞背鹇 *Lophura bulweri*（Bulwer's Pheasant）

隶属于鸡形目雉科。体长55—80厘米，体重916—1800克。分布于印度尼西亚的加里曼丹岛等地。栖息于山地森林中。以植物的芽、种子，以及昆虫等无脊椎动物为食。4—8月繁殖，营巢于大树根下，每窝产卵1—5枚，孵化期24—25天。

泰国火背鹇 *Lophura diardi*（Siamese Fireback Pheasant）

隶属于鸡形目雉科。体长60—80厘米，体重680—1420克。分布于缅甸、泰国、老挝、柬埔寨和越南等地。栖息于低山森林中。以植物的浆果、果实，以及昆虫等无脊椎动物为食。4—6月繁殖，营巢于林下地面上，每窝产卵4—8枚，孵化期24—25天。

泰国火背鹇

白鹇 *Lophura nycthemera*（Silver Pheasant）

隶属于鸡形目雉科，也叫银雉。体长52—113厘米，体重880—2000克。分布于中国长江以南各省，以及缅甸、泰国等地。栖息于亚热带常绿阔叶林中。结群活动。以植物的嫩叶、幼芽、花、茎、浆果、种子、根和苔藓等为食，也吃蝗虫、蚂蚁、蚯蚓等动物性食物。4—6月繁殖，每窝产卵4—8枚，孵化期24—26天。

白鹇

爱德华氏鹇 *Lophura edwardsi*（Edwards' Pheasant）

隶属于鸡形目雉科。体长55—65厘米，体重1050—1115克。分布于越南。栖息于低山常绿阔叶林和竹林中。每窝产卵4—7枚，孵化期21—22天。

爱德华氏鹇

凤冠火背鹇 *Lophura ignita*（Crested Fireback Pheasant）

隶属于鸡形目雉科。体长56—70厘米，体重1.6—2.6千克。分布于泰国、马来西亚和印度尼西亚的加里曼丹、苏门答腊等岛屿上。栖息于平原和低山森林中。以植物的叶、种子，以及昆虫等无脊椎动物为食。4—7月繁殖，每窝产卵4—8枚，孵化期为24天。

凤冠火背鹇

黑鹇 *Lophura leucomelana*（Kalij Pheasant）

隶属于鸡形目雉科。体长为57—66厘米，体重770—1600克。分布于中国云南、西藏，以及印度、缅甸、泰国、尼泊尔、不丹、巴基斯坦等地。栖息于山地森林中。成对或成群活动。以植物嫩叶、芽苞和种子为食，也吃昆虫。5—6月繁殖，每窝产卵5—15枚，孵化期为24—25天。

黑鹇

蓝鹇

蓝鹇 *Lophura swinhoii*（Swinhoe's Pheasant）

隶属于鸡形目雉科，也叫蓝腹鹇。体长51—79厘米。分布于中国台湾。栖息于山地森林中。单独活动，性机警，善行走和奔跑。以植物的嫩叶、幼芽、花、茎、浆果、果实、种子以及根和苔藓等为食，也吃蛴螬、蚯蚓、蚂蚁、蝗虫、蛙和石龙子等动物。2—7月繁殖，每窝产卵3—8枚，孵化期25—29天。

蓝马鸡 *Crossoptilon auritum*（Blue Eared Pheasant）

隶属于鸡形目雉科。体长为74—103厘米，体重1450—2110克。分布于中国内蒙古、西藏、宁夏、四川、甘肃、青海等地。栖息于山地针叶林、混交林中。喜集群，性机警。以植物的芽、茎、叶、根、花蕾、果实和种子为食，也吃昆虫等动物。4—7月繁殖，营巢于灌木、苔草、树堆或倒木下，每窝产卵5—12枚，孵化期为26—28天。

蓝马鸡

藏马鸡 *Crossoptilon crossoptilon*（White Eared Pheasant）

也叫白马鸡，隶属于鸡形目雉科。体长为69—102厘米，体重1017—3000克。分布于中国四川、西藏、甘肃南部、青海和云南西北部等地。栖息于高山和亚高山针叶林和针阔叶混交林带。喜集群。以植物的嫩叶、幼芽、根、花蕾和种子为食，也吃昆虫、蜘蛛、蜈蚣、步行虫等动物。5—7月繁殖，营巢于灌丛中或岩洞中，每窝产卵4—7枚，孵化期为24—25天。

藏马鸡

褐马鸡 *Crossoptilon mantchuricum*（Brown Eared Pheasant）

隶属于鸡形目雉科。体长为93-108厘米，体重1400-2050克。分布于中国山西、河北、北京、陕西等地。栖息于中低山针阔混交林或阔叶林内。结群活动，在秋、冬季有较大的游荡性。飞行缓慢、善奔走。以植物的块茎、根芽、嫩枝、浆果和种子为食，也吃昆虫、蠕虫等动物性食物。筑巢于灌丛中，每窝产卵4—17枚，孵化期26—27天。

褐马鸡

彩雉

彩雉 *Catreus wallichii*（Cheer Pheasant）

隶属于鸡形目雉科。体长61—112厘米，体重900—1800克。分布于巴基斯坦东北部和印度北部等地。栖息于中、高山森林中。以植物的根、茎、芽、种子，以及昆虫等为食。4—6月繁殖，营巢于岩石下的地面上，每窝产卵9—14枚，孵化期为26天。

白颈长尾雉 *Syrmaticus ellioti*（Elliot’s Pheasant）

隶属于鸡形目雉科。体长48—84厘米，体重605—1050克。分布于中国福建、贵州、浙江、安徽、江西、湖南、广东、广西等地。栖息于丘陵地区的阔叶林、混交和灌丛地带。喜集群，性胆怯而机警。以植物叶、茎、芽、花、果实、种子为食，也吃昆虫等。4—6月繁殖，筑巢于地面上，每窝产卵5—8枚，孵化期25天。

白颈长尾雉

黑颈长尾雉

黑颈长尾雉 *Syrmaticus humiae*（Mrs Hume’s Pheasant）

隶属于鸡形目雉科。体长为47—105厘米，体重620—975克。分布于中国广西、云南，以及印度、缅甸和泰国。栖息于中低山阔叶林、针阔叶混交林中。成对或小群活动，性机警。以橡实、浆果、种子、根、嫩叶、幼芽等植物为食，也吃昆虫等。3—7月繁殖，营巢于灌木中，每窝产卵5—12枚，孵化期27—28天。

白冠长尾雉 *Syrmaticus reevesii*（Reeves’ Pheasant）

隶属于鸡形目雉科。体长为56—200厘米，体重0.7—1.9千克。分布于中国河北、江苏、安徽、山西、河南、湖北、湖南、四川、贵州、云南、陕西、甘肃等地。栖息于中低山阔叶林、针阔叶混交林，以及林缘斜坡上。单独或小群活动，性机警而胆怯，善奔跑。以植物的幼根、竹笋和昆虫等为食。3—5月繁殖，筑巢于地面，每窝产卵6—10枚，孵化期24—25天。

白冠长尾雉

黑长尾雉 *Syrmaticus mikado*（Mikado Pheasant）

也叫帝雉，隶属于鸡形目雉科。体长53—90厘米。分布于中国台湾中部。栖息于阔叶林和针叶林中。单独活动。以植物的叶、根、茎、花、果实和种子为食，也吃蚂蚁、蚯蚓、昆虫等。3—7月繁殖，营巢于林下草丛中，每窝产卵3—10枚，孵化期26—28天。

黑长尾雉

雉鸡 *Phasianus colchicus*（Common Pheasant）

雉鸡

也叫山鸡、野鸡、环颈雉等，隶属于鸡形目雉科。体长46—100厘米，体重410—1990克。分布于欧洲、亚洲西部和中部、中国、越南北部、缅甸北部等地。栖息于中、低山丘陵的灌丛和草丛中。善奔跑和飞行。以植物的嫩叶、嫩芽、草茎、果实和种子为食，也吃昆虫和小型无脊椎动物。2—5月繁殖，营巢于灌丛、芦苇丛或草丛中，每窝产卵6—22枚，孵化期24—25天。

绿雉 *Phasianus versicolor*（Green Pheasant）

隶属于鸡形目雉科。体长58—82厘米，体重692—1400克。分布于日本。栖息于平原林地和农田中。以植物的浆果、果实和种子等为食。4—5月繁殖，营巢于大树下和灌丛中，每窝产卵6—12枚，孵化期23—25天。

绿雉

白腹锦鸡

白腹锦鸡 *Chrysolophus amherstiae*（Lady Amherst's Pheasant）

又叫铜鸡，隶属于鸡形目雉科。体长54—145厘米，体重585—960克。分布于缅甸北部和中国广西、贵州、西藏东部、四川、云南等地。栖息于阔叶林、针阔叶混交林和针叶林中。集群活动，极善奔走。以植物的茎、叶、花、果实、种子为食，也吃部分昆虫。4—6月繁殖，一雄多雌，营巢于灌丛或草丛中，每窝产卵5—9枚，孵化期22—23天。

红腹锦鸡 *Chrysolophus pictus*（Golden Pheasant）

又叫金鸡，隶属于鸡形目雉科。体长54—145厘米，体重550—960克。分布于中国河南、云南、西藏、青海、宁夏、湖北、湖南、广西、四川、贵州、陕西和甘肃等地。栖息于阔叶林、针阔叶混交林和针叶林中。集群活动，极善奔走。以植物的茎、叶、花、果实和种子为食，也吃各种昆虫和小型无脊椎动物。4—6月繁殖，一雄多雌，每窝产卵5—12枚，孵化期22天。

红腹锦鸡

灰孔雀雉

灰孔雀雉 *Polyplectron bicalcaratum*（Burmese Peacock Pheasant）

隶属于鸡形目雉科。体长33—67厘米，体重456—710克。分布于印度东北部、缅甸、老挝、越南北部、泰国北部和中国云南、西藏、海南等地。栖息在山地热带雨林、季雨林及竹林中。单独活动，性机敏。以植物、昆虫和蠕虫等为食。巢筑于树根下，每窝产卵2—5枚，孵化期为21—22天。

巴拉望孔雀雉 *Polyplectron emphanum*（Palawan Peacock Pheasant）

隶属于鸡形目雉科。体长40—50厘米，体重322—436克。分布于菲律宾西南部巴拉望岛等地。栖息于海滨和山地丛林中。每窝产卵2枚，孵化期为18—20天。

巴拉望孔雀雉

大眼斑雉 *Argusianus argus*（Great Argus Pheasant）

隶属于鸡形目雉科。体长72—220厘米，体重1590—2725克。分布于泰国南部、马来西亚和印度尼西亚的苏门答腊、加里曼丹等地。栖息于低山林地中。以植物的果实和昆虫等为食。5—7月繁殖，营巢于草丛中，每窝产卵2枚，孵化期24—25天。

大眼斑雉

绿孔雀 *Pavo muticus*（Green Peafowl）

隶属于鸡形目雉科。体长为1—2米，体重为6千克。分布于印度东北部、缅甸、泰国、马来西亚、印度尼西亚和中国云南、西藏等地。栖息于热带、亚热带阔叶林和混交林中。单独、成对或小群活动，性机警，善奔走。以植物的果实、嫩叶、芽苞，以及昆虫、蚯蚓、蜥蜴、蛙类等动物为食。3—6月繁殖，营巢于灌丛中的凹坑中，每窝产卵4—6枚，雌鸟孵化，孵化期27—30天。

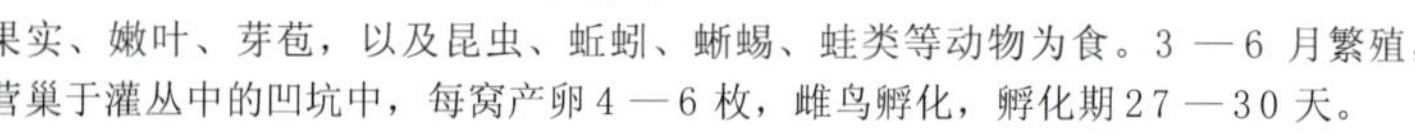

绿孔雀

蓝孔雀

蓝孔雀 *Pavo cristatus*（Common Peafowl）

隶属于鸡形目雉科。体长为91—228厘米，体重为2.7—6千克。分布于印度、斯里兰卡、巴基斯坦和尼泊尔等地。栖息于从平原到高山地带的森林、灌丛中。以植物和昆虫、蜥蜴等小动物为食。6—12月繁殖，营巢于灌丛中的凹坑中，每窝产卵4—8枚，孵化期28—30天。

刚果孔雀 *Afropavo congensis*（Congo Peafowl）

隶属于鸡形目雉科。体长60—70厘米，体重1135—1475克。分布于非洲扎伊尔中部和东部等地。栖息于刚果盆地内的山地热带雨林中。以植物的果实、种子和昆虫等为食。每窝产卵3—4枚，孵化期为25—27天。

刚果孔雀

普通珠鸡 *Numida meleagris*（Helmeted Guineafowl）

隶属于鸡形目雉科。体长40—45厘米，体重815克。分布于非洲从塞拉利昂、利比亚到纳米比亚、加纳一带。栖息于热带雨林中。以植物的果实和昆虫等为食。10-5月繁殖，每窝产卵12枚。

普通珠鸡

鹫珠鸡 *Acryllium vulturinum*（Vulturine Guineafowl）

隶属于鸡形目雉科。体长60—72厘米，体重1026—1645克。分布于非洲的埃塞俄比亚、索马里、肯尼亚、坦桑尼亚等地。栖息于干旱和半干旱稀树草地和林地中。以杂草和植物的果实、嫩芽和昆虫、蜘蛛等动物为食。繁殖期为6月、12—1月，营巢于地面上，每窝产卵13—15枚，孵化期为23—25天。

鹫珠鸡

十五、鹤形目（Gruiformes）

涉禽。头顶裸露无羽。嘴长、直而稍侧扁。鼻孔呈裂缝状，被膜，鼻孔位于鼻沟的基部。颈甚长。翅宽阔而强。尾短，尾上覆羽长，覆盖其上。跗跖裸露无羽，前缘有鳞片。三趾或四趾。后趾退化或缺失，存在时位置较前三趾为高。爪短，不具蹼或微具蹼。分布于世界各个地区。共有十二个科，即：拟鹑科（Mesitornithidae）、三趾鹑科（Turnicidae）、领鹑科（Pedionomidae）、鹤科（Gruidae）、秧鹤科（Aramidae）、喇叭鸟科（Psophiidae）、秧鸡科（Rallidae）、日鹛科（Heliornithidae）、鹭鹤科（Rhynochetidae）、日鳽科（Eurypygidae）、叫鹤科（Cariamidae）和鸨科（Otidae）。

褐拟鹑 *Mesitornis unicolor*（Brown Mesite）

隶属于鹤形目拟鹑科。分布于马达加斯加岛东部。以昆虫和种子等为食。巢筑于灌丛和小树上，每窝产卵1—3枚，卵较大，近圆形。雏鸟为早成性，孵出后很快离巢随亲鸟活动。

褐拟鹑

棕三趾鹑 *Turnix suscitator*（Bustard Quail）

隶属于鹤形目三趾鹑科。体长14—17厘米，体重54—70克。分布于中国云南、贵州、广西、广东、福建、海南岛、香港、台湾，以及印度、斯里兰卡、印度尼西亚、日本等地。栖息于丘陵和平原地带。单独活动，性机警，善藏匿。以植物果实、种子、草籽、谷粒、昆虫和小型无脊椎动物等为食。4—6月繁殖，营巢于草丛和灌丛中，每窝产卵4枚。

棕三趾鹑

黄脚三趾鹑

黄脚三趾鹑 *Turnix tanki*（Yellow-legged Button Quail）

隶属于鹤形目三趾鹑科。体长12—18厘米，体重35—120克。分布于中国东北、华北、华中、华东、华南、西南、陕西，以及印度、印度尼西亚、缅甸、中南半岛等地。栖息于灌丛、草地、疏林和农田中。单独或成对活动，性胆怯，善奔走。以植物嫩芽、浆果、草籽、谷粒、昆虫和其他小型无脊推动物为食。繁殖期为5—8月，营巢于地上草丛中，每窝产卵3—4枚。

领鹑 *Pedionomus torquatus*（Plains Wanderer）

隶属于鹤形目领鹑科。体长15—18厘米。分布于澳大利亚东南部等地。栖息于草原、田野等地带。以草籽、谷粒和昆虫等为食。繁殖期为9—1月，营巢于地面草丛中，每窝产卵4枚。

领鹑

赤颈鹤 *Grus antigone*（Sarus Crane）

隶属于鹤形目鹤科。体长为140—152厘米，体重12千克。分布于印度、缅甸、泰国、马来西亚、澳大利亚和中国云南南部等地。栖息于平原、草地、沼泽、湖边浅滩等地带。单独或族群活动。性胆小而机警。以鱼、蛙、虾、蜥蜴、谷粒和水生植物为食。5—8月繁殖，营巢于平原草地和沼泽地上，每窝产卵2枚。

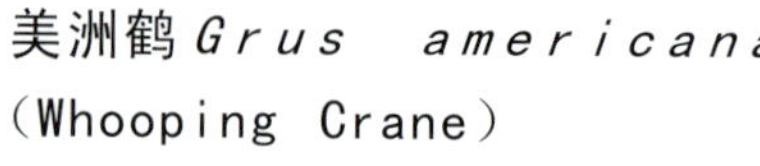

美洲鹤 *Grus americana*（Whooping Crane）

隶属于鹤形目鹤科。体长114—127厘米。分布于美国和加拿大等地。栖息于海岸平原和内地沼泽地带。以水生植物和昆虫、甲壳动物、软体动物、蛙类等为食。每窝产卵2枚，孵化期为28—34天。

赤颈鹤

美洲鹤

灰鹤

灰鹤 *Grus grus*（Common Crane）

也叫玄鹤，隶属于鹤形目鹤科。体长100—137厘米，体重3—5.5千克。分布于欧洲、亚洲和非洲北部等地。栖息于平原、草地、沼泽、河滩、农田地带。小群活动，性机警。以植物的叶、茎、嫩芽、块茎，以及软体动物、昆虫、蛙、蜥蜴、鱼类等为食。4—7月繁殖，营巢于沼泽中的干燥地面上，每窝产卵2枚，雄、雌鸟轮流孵化，孵化期28—30天。

沙丘鹤 *Grus canadensis*（Sandhill Crane）

也叫棕鹤、加拿大鹤，隶属于鹤形目鹤科。体长 100 — 110 厘米。分布于俄罗斯极北部、加拿大、美国和古巴等地。栖息于平原、沼泽、水塘等地带。族群活动，性机警而胆小。以植物的叶、芽、草籽和谷粒等为食，也吃昆虫。5 — 7 月繁殖，营巢于水边的灌丛或沙坑内，每窝产卵 1 — 2 枚。

沙丘鹤

丹顶鹤 *Grus japonensis*（Red-crowned Crane）

也叫仙鹤，隶属于鹤形目鹤科。体长为 120 — 152 厘米，体重 7 — 10 千克。分布于俄罗斯远东地区、日本、朝鲜和中国东北至长江中、下游地区。栖息于平原、沼泽、湖泊、草地等地带。成对或小群活动。以鱼、虾、水生昆虫、软体动物、蝌蚪、沙蚕、蛤蜊、钉螺以及水生植物的茎、叶、块根、球茎和果实等为食。营巢于沼泽地上或水草丛中，每窝产卵 2 枚，雄、雌鸟轮流孵化，孵化期 30 — 33 天。

丹顶鹤

白鹤 *Grus leucogeranus*（Siberian White Crane）

也叫黑袖鹤、西伯利亚鹤、修女鹤等，隶属于鹤形目鹤科。体长 130 — 140 厘米。分布于俄罗斯东部、印度、伊朗、阿富汗、日本和中国东北至长江中下游地区。栖息于沼泽、草地、湖泊岸边等浅水地带。单独、成对或族群活动。性情胆怯而机警。以植物的茎和块根为食，也吃水生植物的叶、嫩芽和蚌、螺、昆虫、甲壳动物等。6—8 月繁殖，营巢于沼泽地带的土丘或小岛上，每窝产卵 2 枚。

白鹤

白头鹤 *Grus monacha*（Hooded Crane）

隶属于鹤形目鹤科。体长 92 — 97 厘米，体重 3.3 — 4.9 千克。分布于俄罗斯东部、朝鲜、日本和中国东北至长江中下游地区及东南沿海。栖息于河流、湖泊、沼泽和湿草地中。成对或族群活动，性机警。以甲壳类、小鱼、软体动物、昆虫和植物嫩叶、块根，小麦、稻谷等为食。5 — 7 月繁殖，营巢于沼泽地上，每窝产卵 2 枚。

白头鹤

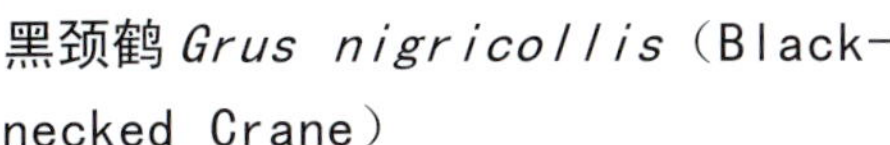

黑颈鹤 *Grus nigricollis*（Black-necked Crane）

隶属于鹤形目鹤科。体长 110 — 120 厘米，体重 4 — 6 千克。分布于印度东北部和中国西藏、青海、甘肃、四川北部、贵州、云南等地。栖息于高原沼泽地带。以植物叶、茎、块茎、根、种子等为食。筑巢于四周环水的草墩上和芦苇丛中，每窝产卵 2 枚，雄、雌鸟轮流孵化，孵化期 30 — 33 天。

黑颈鹤

澳洲鹤

澳洲鹤 *Grus rubicunda*（Brolga）

隶属于鹤形目鹤科。体长100厘米。分布于澳大利亚、新几内亚西南部等地。栖息于沼泽等湿地环境。叫声响亮。成对或小群活动。以小型水生动物和植物的茎、叶、根为食。繁殖期为9—6月，营巢于地面草丛中，每窝产卵2枚。

白枕鹤 *Grus vipio*（White-naped Crane）

也叫红脸鹤、红面鹤，隶属于鹤形目鹤科。体长120—150厘米，体重4.7—6.5千克。分布于俄罗斯东部、朝鲜、日本和中国东北至长江中下游一带。栖息于沼泽地带。成对或小群活动，性机警。以植物种子、草根、嫩叶、嫩芽、谷粒、鱼、蛙、蜥蜴、蝌蚪、虾、软体动物和昆虫等为食。5—7月繁殖，营巢于沼泽中，每窝产卵2枚，亲鸟共同孵化，但以雌鸟为主，孵化期29—30天。

白枕鹤

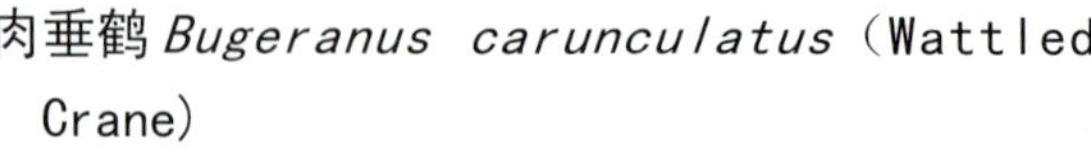

肉垂鹤 *Bugeranus carunculatus*（Wattled Crane）

肉垂鹤

隶属于鹤形目鹤科。体长132厘米。分布于非洲埃塞俄比亚、扎伊尔、坦桑尼亚、赞比亚、马拉维、津巴布韦、安哥拉、博茨瓦纳、纳米比亚、莫桑比克、南非等地。栖息于湿地环境。以鱼、大型昆虫、爬行动物等为食。不同地点的繁殖期不同，营巢于地面上，每窝产卵1—2枚，孵化期为32～40天。

蓝鹤 *Anthropoides paradisea*（Blue Crane）

隶属于鹤形目鹤科。体长106厘米。分布于非洲赞比亚、纳米比亚、莫桑比克、南非等地。栖息于草原地带。以鱼、大型昆虫、爬行动物和各种植物嫩芽为食。繁殖期为10—2月，营巢于地面上，每窝产卵2枚，孵化期29—33天。

蓝鹤

蓑羽鹤 *Anthropoides virgo*（Demoiselle Crane）

隶属于鹤形目鹤科。体长68—92厘米。分布于欧洲、亚洲和非洲北部。栖息于开阔平原、草地、沼泽、湖泊、河谷等地区。族群或小群活动，性机警，善奔走。以鱼类、虾、蛙、蝌蚪、水生昆虫、植物嫩芽、叶、草籽等为食。4—6月繁殖，不营巢，直接产卵于干燥的盐碱地上，每窝产卵1—3枚，雄、雌鸟共同孵卵，孵化期30天。

蓑羽鹤

西非冕鹤 *Balearica pavonina*（West African Crowned Crane）

隶属于鹤形目鹤科。体长70—90厘米，体重2—4千克。分布于非洲塞内加尔、乍得、扎伊尔、苏丹、埃塞俄比亚、乌干达、肯尼亚、坦桑尼亚等地。栖息于热带草原和沼泽地带。集群生活。以小鱼、昆虫、小型爬行动物、蛙类和各种植物嫩芽为食。7—10月繁殖，营巢于沼泽地或树上，每窝产卵2—5枚，雌、雄轮流孵化，孵化期27—30天。

西非冕鹤

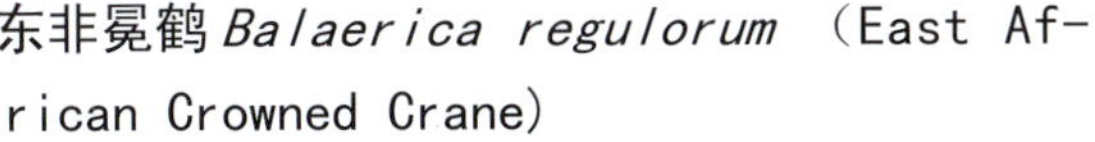

东非冕鹤 *Balaerica regulorum*（East African Crowned Crane）

隶属于鹤形目鹤科。体长127厘米。分布于非洲乌干达、刚果、肯尼亚、坦桑尼亚、莫桑比克、安哥拉、南非等地。栖息于沼泽地带。集群生活。以鱼、昆虫、蛙等小型水生动物和各种植物嫩芽为食。繁殖期为9—3月，营巢于沼泽地或树顶上，每窝产卵2—3枚，孵化期26—31天。

东非冕鹤

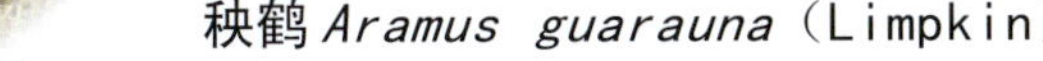

秧鹤 *Aramus guarauna*（Limpkin）

隶属于鹤形目秧鹤科。体长64—71厘米。分布于从美国南部、墨西哥，到巴拿马、玻利维亚、乌拉圭和阿根廷北部等地。栖息于沼泽地带的树林中。以软体动物、水生昆虫、蛙等小型动物为食。营巢于水生植物或低矮的树上，每窝产卵5—8枚。

秧鹤

灰翅喇叭鸟 *Psophia crepitans*（Grey-winged Trumpeter）

隶属于鹤形目喇叭鸟科。分布于南美洲的委内瑞拉、圭亚那和巴西等地。栖息于地面上。结群活动，奔跑速度很快。雌鸟孵卵，雏鸟离巢后由雄鸟和雌鸟共同抚育。

灰翅喇叭鸟

白喉秧鸡 *Canirallus cuvieri*（White-throated Rail）

隶属于鹤形目秧鸡科。分布于非洲马达加斯加、毛里求斯等地。

白喉秧鸡

灰颈林秧鸡 *Eulabeornis cajaneus*（Grey-necked Wood Rail）

隶属于鹤形目秧鸡科。体长38—43厘米。分布于墨西哥中部、巴拿马、危地马拉、洪都拉斯、尼加拉瓜、哥斯达黎加、玻利维亚、阿根廷北部和乌拉圭等地。栖息于水塘、沼泽附近的林地中。以甲壳动物、植物种子等为食。营巢于水面的矮树或灌丛上，每窝产卵3—5枚。

灰颈林秧鸡

普通秧鸡 *Rallus aquaticus*（Water Rail）

隶属于鹤形目秧鸡科。体长24—28厘米，体重85—195克。分布于欧洲、非洲、亚洲。栖息于平原、低山地带的水塘、湖泊、沼泽附近的灌丛中。单独或成群活动，性谨慎。以昆虫、虾、蟹、软体动物、小鱼等为食，也吃植物果实、种子等。繁殖期为5—7月，营巢于草丛或沼泽地中，每窝产卵6—9枚，孵化期为19—20天。

普通秧鸡

弗吉尼亚秧鸡

弗吉尼亚秧鸡 *Rallus limicola*（Virginia Rail）

隶属于鹤形目秧鸡科。体长21—24厘米。分布于美国、墨西哥、哥伦比亚、厄瓜多尔和秘鲁等地。栖息于水塘、沼泽等地带。以昆虫、甲壳动物、植物果实、种子等为食。营巢于沼泽草丛中，每窝产卵5—12枚。

长嘴秧鸡 *Rallus longirostris*（Clapper Rail）

隶属于鹤形目秧鸡科。体长33—42厘米。分布于美国、墨西哥、哥伦比亚、巴哈马、古巴、牙买加、委内瑞拉、圭亚那、厄瓜多尔、秘鲁和巴西等地。栖息于沼泽、草地等地带。以昆虫、甲壳动物、植物果实、种子等为食。营巢于沼泽草丛中，每窝产卵4—6枚。

长嘴秧鸡

蓝胸秧鸡

蓝胸秧鸡 *Rallus striatus*（Blue-breasted Banded Rail）

隶属于鹤形目秧鸡科。体长25—29厘米，体重100—155克。分布于中国长江中下游以南地区，以及印度、缅甸、马来西亚、印度尼西亚和菲律宾等地。栖息于水田、溪畔、水塘、湖岸、沼泽地带。单独或呈家族群活动，性谨慎，奔跑急速，会游泳和潜水，飞行能力弱。主要以水生昆虫、虾、蟹、螺、蚂蚁、金龟子等动物为食，也吃植物嫩叶、幼芽、根、坚果和种子等。营巢于水边草丛中，每窝产卵5—9枚。

白喉斑秧鸡 *Rallina eurizonoides*（Banded Crake）

隶属于鹤形目秧鸡科。体长24—25厘米。分布于中国广西、海南和台湾，以及印度、缅甸、马来西亚、印度尼西亚、菲律宾、日本等地。栖息于平原、水塘、沼泽地带。单独活动，性谨慎。以昆虫、软体动物等为食。营巢于树上或灌丛间，每窝产卵4—8枚。

白喉斑秧鸡

黑脸田鸡 *Porzana carolina*（Sora Crake）

隶属于鹤形目秧鸡科。体长20—21厘米。分布于从加拿大、美国、墨西哥、巴拿马，到圭亚那、委内瑞拉、秘鲁等地。栖息于水塘、沼泽等地带。以昆虫、软体动物和植物种子等为食。营巢于水边的草丛中，每窝产卵6—12枚。

黑脸田鸡

红胸田鸡

红胸田鸡 *Porzana fusca*（Ruddy-breasted Crake）

隶属于鹤形目秧鸡科。体长19—23厘米，体重65—85克。分布于中国、日本、印度、斯里兰卡、泰国、菲律宾和印度尼西亚等地。栖息于河边草丛、灌丛和沼泽地带。性谨慎。以水生昆虫、软体动物和水生植物的叶、芽、种子等为食。繁殖期为3—7月，营巢于水边的草丛或灌丛中，每窝产卵5—9枚。

小田鸡 *Porzana pusilla*（Baillon's Crake）

隶属于鹤形目秧鸡科。体长16—19厘米。分布于欧洲南部、非洲东部和南部、亚洲大部和新几内亚、澳大利亚、新西兰等地。栖息于平原、低山地带的水塘、湖泊、沼泽地带。单独活动，性谨慎。以水生昆虫、甲壳动物、软体动物等为食。繁殖期为5—7月，营巢于水边的草丛或灌丛中，每窝产卵6—9枚，孵化期20—21天。

小田鸡

非洲黑田鸡

非洲黑田鸡 *Porzana flavirostra*（African Black Crake）

隶属于鹤形目秧鸡科。体长22厘米。分布于非洲从冈比亚、苏丹一直到南非一带。栖息于水塘、沼泽等地带。以昆虫、甲壳动物等为食。营巢于地面上或灌丛上，每窝产卵3—6枚。

红脚苦恶鸟 *Amaurornis akool*（Brown Crake）

隶属于鹤形目秧鸡科。体长25—28厘米。分布于中国华东、华南地区，以及印度、缅甸、泰国、越南和老挝等地。栖息于平原、低山地带的沼泽地带。行动谨慎。以昆虫、软体动物等为食。繁殖期为5—9月，营巢于水边的草丛或灌丛中，每窝产卵4—6枚。

红脚苦恶鸟

白胸苦恶鸟

白胸苦恶鸟 *Amaurornis phoenicurus*（White-breasted Water Hen）

隶属于鹤形目秧鸡科。体长27—33厘米，体重163—258克。分布于中国长江以南地区，以及印度、斯里兰卡、缅甸、泰国、马来西亚和印度尼西亚等地。栖息于沼泽、水塘、溪流、水田等地带。单独或成对活动，性谨慎。以昆虫、软体动物，以及植物种子、花等为食。繁殖期为4—7月，营巢于水边的草丛或灌丛中，每窝产卵4—8枚。

董鸡 *Gallicrex cinerea*（Water Cock）

隶属于鹤形目秧鸡科。体长32—52厘米，体重210—550克。分布于中国、朝鲜、日本、印度、缅甸、泰国、马来西亚和印度尼西亚等地。栖息于沼泽、水塘、溪流、水田等地带。单独或成对活动，性谨慎。以昆虫、甲壳动物、软体动物，以及植物种子、嫩叶等为食。繁殖期为6—9月，营巢于水田或芦苇塘中，每窝产卵3—8枚。

董鸡

黑水鸡

黑水鸡 *Gallinula chloropus*（Moorhen）

隶属于鹤形目秧鸡科。体长30—35厘米，体重141—400克。分布于欧洲、非洲、亚洲、北美洲和南美洲等地。栖息于沼泽、湖泊、水塘、水田等地带。成对或小群活动，性谨慎。以昆虫、软体动物，以及植物种子、嫩叶、根、茎等为食。繁殖期为4—7月，营巢于水田或芦苇塘中，每窝产卵6—10枚，孵化期为19—22天。

紫青水鸡 *Gallinula martinica*（American Purple Gallinule）

隶属于鹤形目秧鸡科。体长28—33厘米。分布于从美国东南部、墨西哥，到智利北部和阿根廷北部等地。栖息于沼泽、水塘等地带。以昆虫、植物种子、嫩叶等为食。营巢于沼泽草丛中。每窝产卵4—10枚。

紫青水鸡

紫水鸡

紫水鸡 *Porphyrio porphyrio*（Purple Swamphen）

隶属于鹤形目秧鸡科。体长45—50厘米，体重550克。分布于欧洲南部、非洲、亚洲，包括中国云南、广东、福建等地。栖息于湖泊、溪流、水渠、沼泽的灌丛地带。成对或族群活动，性温顺而胆小，善行走和奔跑。以水生植物的嫩叶、幼芽、种子为食，也吃陆生和水生昆虫、昆虫幼虫和软体动物等。繁殖期为4—7月，营巢于芦苇丛和水草丛中，每窝产卵3—7枚。

短翅水鸡 *Porphyrio mantelli*（Takahe）

隶属于鹤形目秧鸡科。体长63厘米，体重3000克。分布于新西兰等地。栖息于林缘、岸边和草地等环境中。以植物、苔藓等为食。繁殖期为10—12月。每窝产卵1—3枚。孵化期29—31天。

短翅水鸡

白骨顶

白骨顶 *Fulica atra*（Black Coot）

隶属于鹤形目秧鸡科。体长36—43厘米，体重430—835克。分布于欧洲、非洲、亚洲、大洋洲等地。栖息于低山、平原地带的沼泽、湖泊、水塘、水田等处。成群活动，行动谨慎。以鱼、甲壳动物、软体动物、昆虫，以及植物种子、嫩叶和藻类等为食。繁殖期为5—7月，营巢于草丛或芦苇丛中，每窝产卵7—12枚，孵化期为24天。

凤头瓣蹼鸡 *Fulica cristata*（Crested Coot）

隶属于鹤形目秧鸡科。体长41厘米。分布于从西班牙南部、摩洛哥一直到安哥拉、南非、马达加斯加等地。栖息于沼泽、湖泊、水塘等处。以昆虫、软体动物，以及植物种子等为食。全年均有繁殖记录，营巢于草丛或芦苇丛中，每窝产卵4—8枚。

凤头瓣蹼鸡

日鷉

日鷉 *Heliornis fulica*（Sungrebe）

隶属于鹤形目日鷉科。体长26—29厘米。分布于从墨西哥、巴拿马，到玻利维亚、巴拉圭、厄瓜多尔、巴西东南部和阿根廷北部等地。栖息于热带沼泽、湖泊附近的森林中。单独或成对活动。以昆虫、软体动物等为食。繁殖期为12—1月或4—5月。

鹭鹤 *Rhynochetos jubatus*（Kagu）

隶属于鹤形目鹭鹤科。体长51—61厘米。分布于南太平洋的新喀里多尼亚岛上。栖息于山地森林中。以蚯蚓、昆虫和其他无脊椎动物等为食。营巢于地面上，每窝产卵1枚，孵化期为35—40天。

鹭鹤

日鳽

日鳽 *Eurypyga helias*（Sun Bittern）

隶属于鹤形目日鳽科。体长46厘米。分布于从墨西哥南部到玻利维亚、哥伦比亚、危地马拉、厄瓜多尔、秘鲁、圭亚那和巴西等地。栖息于近水的森林地带。以小鱼、昆虫、甲壳动物等为食。营巢于树杈上，每窝产卵2—3枚，孵化期为27天。

红腿叫鹤 *Cariama cristata*（Red-legged Seriema）

隶属于鹤形目叫鹤科。体长82厘米。分布于巴西、乌拉圭和阿根廷北部一带。栖息于草原地带。以昆虫、蛇、蜥蜴、小型兽类和植物果实等为食。营巢于地面上，每窝产卵2枚，孵化期25—26天。

红腿叫鹤

小鸨 *Tetrax tetrax*（Little Bustard）

隶属于鹤形目鸨科。体长40—45厘米，体重525—910克。分布于欧洲南部、非洲北部、俄罗斯、中国新疆、伊朗、阿富汗、印度和日本琉球群岛等地。栖息于平原、草地、牧场和荒漠地区。成群活动，性机警，善奔跑，飞行能力强。以植物的嫩叶、嫩芽、嫩草、种子以及昆虫等小型无脊椎动物为食。5—6月繁殖，营巢于草地上，每窝产卵3—5枚，孵化期20—21天。

小鸨

大鸨 *Otis tarda*（Great Bustard）

隶属于鹤形目鸨科。体长50—105厘米，体重4—15千克。分布于欧洲、亚洲，包括中国北方的大部分地区和非洲北部。栖息于平原、草原和半荒漠地区。成群活动，性机警，善奔跑，飞行能力强。以植物的嫩叶、嫩芽、嫩草、种子以及昆虫、蚱蜢、蛙等动物为食。5—7月繁殖，营巢于草原上的天然凹坑内，每窝产卵2—4枚，孵化期为25—28天。

大鸨

灰颈鹭鸨 *Ardeotis kori*（Kori Bustard）

隶属于鹤形目鸨科。体长105—128厘米。分布于非洲东部和安哥拉、南非等地。栖息于草地等环境中。成小群活动。以植物的嫩叶、种子等为食。繁殖期为9—2月，营巢于原野地面上，每窝产卵2枚。

灰颈鹭鸨

黑冠鹭鸨 *Choriotis nigriceps*（Great Indian Bustard）

隶属于鹤形目鸨科。体长122厘米。分布于印度、巴基斯坦等地。栖息于草地等环境中小群活动。以植物的嫩叶、种子等为食。

黑冠鹭鸨

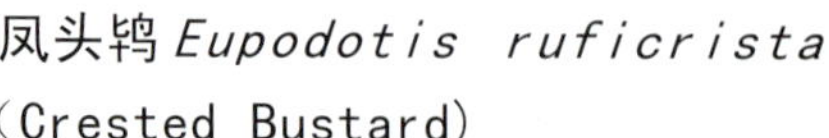

凤头鸨 *Eupodotis ruficrista*（Crested Bustard）

隶属于鹤形目鸨科。体长46—53厘米。分布于非洲从塞内加尔、苏丹，到安哥拉、莫桑比克等地。栖息于灌丛地带。以植物的嫩叶、种子等为食。繁殖期为10—3月，营巢于原野地面上，每窝产卵1—2枚。

凤头鸨

哈劳氏鸨

哈劳氏鸨 *Eupodotis hartlaubii*（Hartlaub's Bustard）

隶属于鹤形目鸨科。体长61—71厘米。分布于非洲苏丹东部、埃塞俄比亚南部、肯尼亚南部和坦桑尼亚北部等地。栖息于草原地带。单独或成对活动。

小黑鸨 *Eupodotis afra*（Little Black Bustard）

隶属于鹤形目鸨科。分布于非洲博茨瓦纳、纳米比亚和南非等地。栖息于灌丛地带。以植物的嫩叶、种子等为食。繁殖期为8—3月，每窝产卵1枚。

小黑鸨

十六、鸻形目（Charadriiformes）

涉禽。两性相似。嘴形变化较大，大多较长。全鼻或裂鼻型。蜡膜存在或较小。翅尖长，有8枚初级飞羽，第1枚初级飞羽退化。尾大多短圆形，尾羽12枚。脚长，胫下部裸出。趾间具全蹼、半蹼或基部具膜或裂片。后趾形小或退化。分布于世界各地。共有十六个科，即：雉鸻科（Jacanidae）、彩鹬科（Rostratulidae）、蟹鸻科（Dromadidae）、蛎鹬科（Haematopodidae）、鹮嘴鹬科（Ibidorhynchidae）、反嘴鹬科（Recurvirostridae）、石鸻科（Burhinidae）、燕鸻科（Glareolidae）、鸻科（Charadriidae）、鹬科（Scolopacidae）、籽鹬科（Thinocoridae）、鞘嘴鸥科（Chionididae）、贼鸥科（Stercorariidae）、鸥科（Laridae）、剪嘴鸥科（Rynchopidae）和海雀科（Alcidae）。

长脚雉鸻

长脚雉鸻 *Actophilornis africana*（African Jacana）

隶属于鸻形目雉鸻科。体长23—30厘米。分布于非洲从塞内加尔、苏丹到南非的广大地区。栖息于富有挺水植物和漂浮植物的淡水湖泊、池塘、沼泽等地。成群活动。以植物种子和昆虫、软体动物等为食。全年均可繁殖，营巢于水生植物上，每窝产卵2—5枚，孵化期21—24天。

水雉 *Hydrophasianus chirurgus*（Pheasant-tailed Jacana）

隶属于鸻形目雉鸻科。体长31—58厘米。分布于中国长江以南地区、印度、缅甸、泰国、中南半岛、马来西亚、菲律宾和印度尼西亚等地。栖息于淡水湖泊、池塘、沼泽等地。单独或小群活动。以水生植物和昆虫、甲壳动物、软体动物等为食。4—9月繁殖，营巢于水生植物上，每窝产卵4枚，孵化期26天。

水雉

铜翅水雉 *Metopidius indicus*（Bronze-winged Jacana）

隶属于鸻形目雉鸻科。体长28—31厘米。分布于中国云南南部、印度、缅甸、泰国、越南、马来西亚和印度尼西亚等地。栖息于淡水湖泊、池塘等地。单独或小群活动。以水生植物和昆虫、软体动物等为食。繁殖期为6—9月，营巢于水生植物上，每窝产卵4—6枚。

铜翅水雉

彩鹬

彩鹬 *Rostratula benghalensis*（Painted Snipe）

隶属于鸻形目彩鹬科。体长24—28厘米，体重103—180克。分布于中国东北南部、华北和长江流域以南地区、印度、缅甸、菲律宾、印度尼西亚、澳大利亚和非洲等地。栖息于平原、山地沼泽、水塘和水田等地。单独或小群活动。以植物叶、芽、种子和昆虫、软体动物、甲壳动物等为食。5—7月繁殖，营巢于芦苇或水草丛中，每窝产卵3—6枚，孵化期为19天。

蟹鸻 *Dromas ardeola*（Crab Plover）

隶属于鸻形目蟹鸻科。体长39厘米。分布于非洲东部、马达加斯加岛、亚洲西部和印度等地。栖息于海岸附近湿地中。成群活动。以甲壳动物等为食。营巢于海岸沙地洞穴中，每窝产卵1枚。

蟹鸻

白脚蛎鹬

白脚蛎鹬 *Haematopus leucopodus*（Magellanic Oystercatcher）

隶属于鸻形目蛎鹬科。体长44厘米。分布于南美洲的智利、阿根廷和福克兰群岛等地。栖息于海岸和山区湿地中。成群活动。以腔肠动物、软体动物等为食。9—2月繁殖，营巢于沙地或水边，每窝产卵2枚。

蛎鹬 *Haematopus ostralegus*（Palaearctic Oystercatcher）

隶属于鸻形目蛎鹬科。体长43—50厘米，体重515—590克。分布于欧洲、亚洲和非洲等广大地区。栖息于海岸、河口、沼泽和水田等地。单独或小群活动。以昆虫、软体动物、甲壳动物等为食。繁殖期为5—7月，营巢于沼泽、沙滩、草丛等处，每窝产卵3枚，孵化期22—24天。

蛎鹬

黑翅长脚鹬 *Himantopus himantopus*（Black-winged Stilt）

隶属于鸻形目反嘴鹬科。体长34—40厘米，体重116—200克。分布于从欧洲东南部到非洲和亚洲东南部等地。栖息于湖泊、沼泽等地带。单独、成对或小群活动。以昆虫、软体动物、甲壳动物、小鱼等为食。5—7月繁殖，营巢于沼泽、草地上，每窝产卵3—4枚，孵化期16—18天。

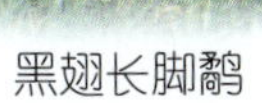
黑翅长脚鹬

鹮嘴鹬 *Ibidorhyncha struthersii*（Ibis Bill）

隶属于鸻形目鹮嘴鹬科。体长38—41厘米，体重253—337克。分布于亚洲中部、印度、尼泊尔和中国西南部等地。栖息于山地、高原的河流沿岸地带。单独或成小群活动。以昆虫、软体动物、甲壳动物、小鱼等为食。繁殖期为5—7月，营巢于河岸砾石间，每窝产卵3—4枚。

鹮嘴鹬

黑长脚鹬 *Himantopus novaezelandiae*（New Zealand Stilt）

隶属于鸻形目反嘴鹬科。体长38厘米。分布于新西兰南岛。栖息于溪流岸边等地带。以小型无脊椎动物等为食。营巢于溪流岸边。

黑长脚鹬

反嘴鹬 *Recurvirostra avosetta*（Pied Avocet）

隶属于鸻形目反嘴鹬科。体长42—45厘米，体重275—395克。分布于欧洲、非洲、亚洲。栖息于平原和半荒漠地区的湖泊、沼泽等地带。单独、成对或成群活动。以昆虫、软体动物、甲壳动物等为食。繁殖期为5—7月，营巢于沼泽或岸边沙滩上，每窝产卵3—5枚，孵化期22—24天。

反嘴鹬

欧石鸻 *Burhinus oedicnemus*（Stone Curlew）

隶属于鸻形目石鸻科。体长42厘米。分布于欧洲、非洲北部、亚洲西部和南部。栖息于农田、草地和半荒漠等地带。以昆虫、小型动物等为食。

欧石鸻

大石鸻 *Esacus recurvirostris*（Great Stone Plover）

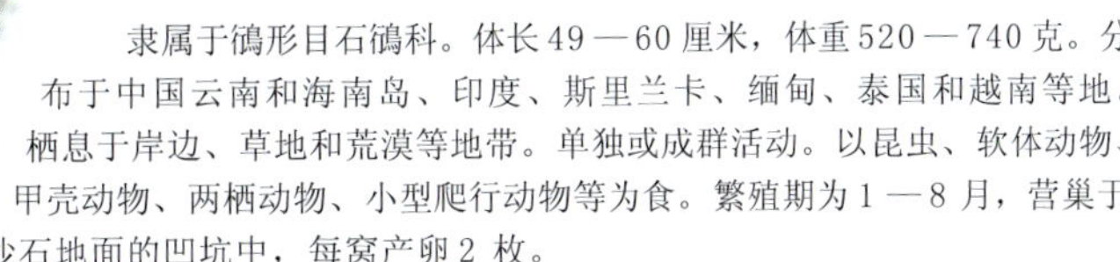
隶属于鸻形目石鸻科。体长49—60厘米，体重520—740克。分布于中国云南和海南岛、印度、斯里兰卡、缅甸、泰国和越南等地。栖息于岸边、草地和荒漠等地带。单独或成群活动。以昆虫、软体动物、甲壳动物、两栖动物、小型爬行动物等为食。繁殖期为1—8月，营巢于沙石地面的凹坑中，每窝产卵2枚。

大石鸻

报讯鸟

报讯鸟 *Pluvianus aegyptius*（Egyptian Plover）

隶属于鸻形目燕鸻科。体长20厘米。分布于非洲从塞内加尔、安哥拉、扎伊尔到埃及等地。栖息于河流沿岸等地带。成群活动。以昆虫、小型无脊椎动物等为食。营巢于岸边沙地上。

印度走鸻

印度走鸻 *Cursorius coromandelicus*（Indian Courser）

隶属于鸻形目燕鸻科。体长23厘米。分布于巴基斯坦西部、印度和斯里兰卡等地。栖息于开阔的荒地、岩石等地带。成对或成小群活动。以昆虫、小型无脊椎动物等为食。

普通燕鸻

普通燕鸻 *Glareola maldivarus*（Eastern Collared Pratincole）

隶属于鸻形目燕鸻科。体长20—28厘米，体重53—101克。分布于俄罗斯东南部、蒙古、中国东部、印度、缅甸、泰国、马来西亚、印度尼西亚和越南等地。栖息于沼泽、湖泊和水田等地带。单独、成对或成群活动。以昆虫、软体动物、甲壳动物等为食。繁殖期为5—7月，营巢于岸边沙地上，每窝产卵2—4枚。

凤头距翅麦鸡

凤头距翅麦鸡 *Vanellus chilensis*（Southern Lapwing）

隶属于鸻形目鸻科。体长33厘米。分布于南美洲。栖息于草原等地带。成群活动。以昆虫、蚯蚓和其他小型无脊椎动物等为食。营巢于草地上，每窝产卵3—4枚，孵化期27天。

灰头麦鸡

灰头麦鸡 *Vanellus cinereus*（Grey-headed Lapwing）

隶属于鸻形目鸻科。体长32—36厘米，体重236—413克。分布于中国、日本、朝鲜、印度、泰国、马来西亚等地。栖息于沼泽、湖畔和水田等地带。成对或成小群活动。以昆虫、蚯蚓、软体动物等为食。繁殖期为5—7月，营巢于岸边草地上，每窝产卵4枚，孵化期27—30天。

长脚麦鸡

长脚麦鸡 *Vanellus gregarius*（Sociable Plover）

隶属于鸻形目鸻科。体长29厘米。分布于欧洲、俄罗斯、哈萨克斯坦、非洲东北部、伊朗、印度西部和斯里兰卡等地。栖息于平原、高原的草地、荒地等地带。成小群活动。以昆虫和少量植物性食物为食。营巢于草地上，每窝产卵4—5枚，孵化期为25天。

肉垂麦鸡 *Vanellus indicus*（Red-wattled Lapwing）

隶属于鸻形目鸻科。体长32—35厘米，体重170—210克。分布于亚洲西部、伊拉克、阿富汗、中国云南、印度、斯里兰卡、孟加拉国、缅甸、泰国、马来西亚和印度尼西亚等地。栖息于草原、牧场、沼泽和水田等地带。成对或小群活动。以昆虫、甲壳动物、软体动物等为食。繁殖期为4—7月，营巢于草地或沙地上，每窝产卵3—4枚。

肉垂麦鸡

三色麦鸡 *Vanellus tricolor*（Banded Plover）

隶属于鸻形目鸻科。体长27—30厘米。分布于澳大利亚和塔斯马尼亚岛等地。栖息于草地、荒地等地带。成群活动。以昆虫、无脊椎动物，以及植物种子等为食。营巢于草地上，每窝产卵3—4枚，孵化期为28天。

三色麦鸡

凤头麦鸡 *Vanellus vanellus*（Northern Lapwing）

隶属于鸻形目鸻科。体长29—34厘米，体重180—275克。分布于欧洲、俄罗斯、中国、印度北部、日本和北美洲等地。栖息于湖泊、水塘、沼泽和水田等地带。成群活动。以昆虫、蚯蚓、软体动物等为食。繁殖期为5—7月，营巢于草地或盐碱地上，每窝产卵3—5枚，孵化期25—28天。

凤头麦鸡

欧金斑鸻 *Pluvialis apricaria*（European Golden Plover）

隶属于鸻形目鸻科。体长28厘米。分布于欧洲、亚洲北部、印度北部等地。栖息于苔原、沼泽等环境。成群活动。以昆虫、无脊椎动物，以及少量植物性食物为食。营巢于地面上，每窝产卵3—5枚，孵化期27—34天。

欧金斑鸻

灰斑鸻 *Pluvialis squatarola*（Grey Plover）

隶属于鸻形目鸻科。体长27—32厘米，体重175—230克。分布于从环北极地区一直到非洲、大洋洲和南美洲等地。栖息于海滨、河口、湖泊、水塘和沼泽。成群活动。以昆虫、甲壳动物、软体动物等为食。繁殖期为6—8月，营巢于北极苔原地面上，每窝产卵3—4枚。

灰斑鸻

环颈鸻

环颈鸻 *Charadrius alexandrinus*（Kentish Plover）

隶属于鸻形目鸻科。体长19—21厘米，体重44—63克。分布于欧洲、亚洲、非洲和大洋洲等地。栖息于海滨、河岸、湖泊和沼泽等环境。单独或成小群活动。以昆虫、甲壳动物、软体动物等为食。繁殖期为5—8月，营巢于苔原、岸边等处，每窝产卵3—5枚，孵化期23—25天。

金眶鸻 *Charadrius dubius*（Little Ringed Plover）

隶属于鸻形目鸻科。体长15—18厘米，体重28—48克。分布于欧洲、亚洲和非洲北部等地。栖息于平原和山地的湖畔、河岸、草地和沼泽等环境。单独、成对或小群活动。以昆虫、甲壳动物、软体动物等为食。繁殖期为5—7月，营巢于河岸、沙洲等处，每窝产卵3—5枚，孵化期24—26天。

金眶鸻

剑鸻

剑鸻 *Charadrius hiaticula*（Ringed Plover）

隶属于鸻形目鸻科。体长18—24厘米，体重57—81克。分布于俄罗斯东部、中国、日本、朝鲜、印度、尼泊尔、孟加拉国、缅甸、泰国、越南、老挝和马来西亚等地。栖息于湖畔、河岸、沙滩和沼泽。单独或小群活动。以昆虫、蚯蚓、软体动物等为食。5—7月繁殖，营巢于岸边沙地上，每窝产卵3—4枚，孵化期25—27天。

黑额鸻 *Charadrius melanops*（Black-fronted Plover）

隶属于鸻形目鸻科。体长17厘米。分布于澳大利亚、塔斯马尼亚岛和新西兰等地。栖息于河岸、沼泽等环境。单独、成对或小群活动。以昆虫、软体动物和植物种子等为食。繁殖期为1月，营巢于岸边沙地上，每窝产卵2—3枚，孵化期25—26天。

黑额鸻

笛鸻

笛鸻 *Charadrius melodus*（Piping Plover）

隶属于鸻形目鸻科。体长18厘米。分布于加拿大南部、美国东部和墨西哥北部等地。栖息于海岸、湖畔、沼泽等处。以昆虫、软体动物等为食。繁殖期为3月，营巢于岸边沙地或草地上，每窝产卵2—4枚，孵化期27—31天。

黑巾鸻

黑巾鸻 *Charadrius rubricollis*（Hooded Plover）

隶属于鸻形目鸻科。体长20厘米。分布于澳大利亚南部、塔斯马尼亚岛等地。栖息于海岸、湖畔等处。成对或小群活动。以昆虫、小型无脊椎动物等为食。繁殖期为8—1月，营巢于岸边沙地上，每窝产卵2—3枚。

小嘴鸻

小嘴鸻 *Eudromias morinellus*（Dotterel）

隶属于鸻形目鸻科。体长20—22厘米。分布于欧洲、非洲北部、亚洲西部、俄罗斯、中国新疆西北部、日本和美国等地。栖息于苔原、荒山、草原和农田等处。成对或小群活动。以昆虫、甲壳动物、软体动物等为食。6—8月繁殖，营巢于地面凹坑内，每窝产卵2—4枚，孵化期21—25天。

云石塍鹬

云石塍鹬 *Limosa fedoa*（Marbled Godwit）

隶属于鸻形目鹬科。体长40—44厘米。分布于北美洲、中美洲和南美洲等地。栖息于岸边、沼泽等湿地环境。成群活动。以昆虫、软体动物等为食。营巢于草地上，每窝产卵4—5枚，孵化期21—23天。

斑尾塍鹬 *Limosa lapponica*（Bar-tailed Godwit）

隶属于鸻形目鹬科。体长37—41厘米，体重245——320克。分布于欧洲、非洲、亚洲、大洋洲和北美洲等地。栖息于苔原、沼泽、海滨和河口等处。单独或小群活动。以昆虫、环节动物、甲壳动物、软体动物等为食。6—8月繁殖，营巢于苔原或沼泽地带，每窝产卵4枚，孵化期21天。

斑尾塍鹬

黑尾塍鹬 *Limosa limosa*（Black-tailed Godwit）

隶属于鸻形目鹬科。体长36—44厘米，体重170—370克。分布于欧洲西部和北部、亚洲西部和北部、非洲南部等地。栖息于草地、沼泽、湿地、湖边和附近的草地与低湿地上。单独或小群活动。主要以水生和陆生昆虫、昆虫幼虫、甲壳类和软体动物为食。5—7月繁殖，营巢于水边的草丛与灌木间，每窝产卵4枚，雌、雄轮流孵卵，孵化期24天。

黑尾塍鹬

长嘴杓鹬 *Numenius americanus* （Long-billed Curlew）

隶属于鸻形目鹬科。体长58 厘米。分布于从加拿大、美国到墨西哥北部、危地马拉等地。栖息于苔原、沼泽等环境中。以昆虫、甲壳动物和软体动物等为食。营巢于地面上，每窝产卵4 枚。

长嘴杓鹬

红腰杓鹬 *Numenius madagascariensis* （Far Eastern Curlew）

隶属于鸻形目鹬科。体长54—64 厘米，体重725—1100 克。分布于俄罗斯东部、蒙古、中国、菲律宾、新几内亚和澳大利亚等地。栖息于湖泊、沼泽、水塘、河流、农田等地带。单独或小群活动。以昆虫、甲壳动物、软体动物、鱼、两栖动物和爬行动物等为食。繁殖期为4—7 月，营巢于岸边、沼泽中，每窝产卵4 枚。

红腰杓鹬

中杓鹬 *Numenius phaeopus*（Whimbrel）

隶属于鸻形目鹬科。体长40—46 厘米，体重315—475 克。分布于欧洲北部、亚洲东部、非洲、北美洲和南美洲。栖息于苔原森林、海滩、沙洲、湖泊、沼泽等地。单独或小群活动。主要以昆虫、蟹、螺、甲壳类和软体动物等小型无脊椎动物为食。5—7 月繁殖，营巢于岸边或沼泽地上，每窝产卵3—5 枚，雌、雄轮流孵卵，孵化期24 天。

中杓鹬

高原鹬

高原鹬 *Bartramia longicauda*（Upland Sandpiper）

隶属于鸻形目鹬科。体长28—30 厘米。分布于北美洲阿拉斯加、加拿大和美国等地。栖息于草地、沼泽等环境中。成群活动。以昆虫、蚯蚓、软体动物和植物种子等为食。繁殖期为4—6 月，营巢于草地上，每窝产卵4 枚，孵化期24 天。

小黄脚鹬 *Tringa flavipes* （Lesser Yellowlegs）

隶属于鸻形目鹬科。体长23—25 厘米。分布于北美洲、南美洲、亚洲东部、欧洲南部和西部、非洲和大洋洲等地。栖息于沼泽、水塘和河流等环境。成群活动。以昆虫和水生小型无脊椎动物为食。繁殖期为5—8 月，营巢于疏林中的地面上，每窝产卵3—4 枚。

小黄脚鹬

小青脚鹬 *Tringa guttifer*（Spotted Green Shank）

隶属于鸻形目鹬科。体长29—32厘米。分布于俄罗斯东部、中国东部和南部、印度、缅甸、泰国、马来西亚和印度尼西亚等地。栖息于松林中的沼泽、水塘和湿地等环境。单独活动，性机警。主要以水生小型无脊椎动物和小型鱼类为食。繁殖期为6—8月，营巢于松林中的沼泽、水塘或林缘湿地。

小青脚鹬

翘嘴鹬

翘嘴鹬 *Xenus cinereus*（Terek Sandpiper）

隶属于鸻形目鹬科。体长22—25厘米，体重63—109克。分布于欧洲、非洲东部、亚洲北部、东部和东南部、大洋洲等地。栖息于苔原、海岸、沼泽和河流等处。单独或小群活动。以昆虫、甲壳动物、软体动物等为食。繁殖期为5—7月，营巢于岸边草丛中，每窝产卵4枚。

翻石鹬 *Arenaria interpres*（Ruddy Turnstone）

隶属于鸻形目鹬科。体长21—25厘米，体重82—135克。分布于欧洲、非洲、亚洲、北美洲、南美洲和大洋洲等地。栖息于海滨、沼泽和河岸等处。单独或小群活动。以昆虫、蚯蚓、甲壳动物、软体动物等为食。6—8月繁殖，营巢于海岸岩石下或沙地上，每窝产卵3—5枚。

翻石鹬

灰瓣蹼鹬

灰瓣蹼鹬 *Phalaropus fulicarius*（Grey Phalarope）

隶属于鸻形目鹬科。体长20—22厘米，体重33—59克。分布于欧洲、非洲西部、亚洲东部、北美洲和南美洲西部等地。栖息于苔原、海滨、沼泽和河岸等处。单独或小群活动。以昆虫、甲壳动物、软体动物和浮游生物等为食。繁殖期为6—8月，营巢于沼泽地面上，每窝产卵3—6枚，孵化期14—16天。

丘鹬 *Scolopax rusticola*（Eurasian Woodcock）

隶属于鸻形目鹬科。体长33—35厘米，体重205—336克。分布于欧洲、亚洲和非洲北部等地。栖息于灌丛、草地上。单独活动。以昆虫、蚯蚓、软体动物等为食。繁殖期为5—7月，营巢于灌木或草丛中，每窝产卵3—5枚，孵化期22—24天。

丘鹬

大沙锥

大沙锥 *Gallinago megala*（Swinhoe's Snipe）

隶属于鸻形目鹬科。体长27—29厘米，体重112—164克。分布于俄罗斯、蒙古、中国、印度、菲律宾、中南半岛、印度尼西亚、新几内亚和澳大利亚等地。栖息于林间河谷、草地和沼泽地带。单独、成对或小群活动。以昆虫、蚯蚓、甲壳动物等为食。繁殖期为5—7月，营巢于林间空地上，每窝产卵2—5枚。

短嘴半蹼鹬

短嘴半蹼鹬 *Limnodromus griseus*（Short-billed Dowitcher）

隶属于鸻形目鹬科。体长26—30厘米。分布于从阿拉斯加、加拿大、美国一直到中美洲和南美洲的秘鲁、巴西等地。栖息于沼泽等湿地环境。成对或小群活动。以昆虫、小型无脊椎动物等为食。营巢于岸边草地上，每窝产卵4—5枚，孵化期为21天。

滨浪鹬

滨浪鹬 *Aphriza virgata*（Surf Bird）

隶属于鸻形目鹬科。体长20—21厘米，体重48—84克。分布于从阿拉斯加南部到智利南部一带。栖息于苔原、草地、海岸和沼泽地带。成群活动。以昆虫、软体动物、甲壳动物等为食。繁殖期为6—8月，营巢于苔原、沼泽和岸边等地，每窝产卵3—4枚，孵化期23—24天。

三趾滨鹬

三趾滨鹬 *Calidris alba*（Sanderling）

隶属于鸻形目鹬科。体长20厘米。分布于北美洲、南美洲、俄罗斯、中国、印度、亚洲东南部、非洲和澳大利亚等地。栖息于苔原、草地、海岸和沼泽等地带。成群活动。以昆虫、小型无脊椎动物等为食。繁殖期为5—6月，营巢于苔原等较为开阔的地带，每窝产卵3—4枚，孵化期24—31天。

勺嘴鹬

勺嘴鹬 *Eurynorhynchus pygmeus*（Spoon-billed Sandpiper）

隶属于鸻形目鹬科。体长14—16厘米。分布于俄罗斯、中国、朝鲜、日本、印度、中南半岛、马来西亚和新加坡等地。栖息于苔原、岸边和沼泽地带。单独活动。以昆虫、甲壳动物等为食。繁殖期为6—7月，营巢于苔原、沼泽和岸边草丛中，每窝产卵3—4枚。

黑腹滨鹬 *Calidris alpina*（Dunlin）

隶属于鸻形目鹬科。体长16—22厘米，体重45—83克。分布于欧洲、非洲北部和东部、俄罗斯、蒙古、中国、日本、亚洲南部、印度尼西亚和北美洲等地。栖息于苔原、岸边和沼泽地带。成群活动。以昆虫、软体动物、甲壳动物等为食。5—8月繁殖，营巢于苔原、沼泽的草丛中，每窝产卵2—6枚，孵化期21—22天。

黑腹滨鹬

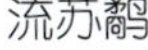

流苏鹬

流苏鹬 *Philomachus pugnax*（Ruff）

隶属于鸻形目鹬科。体长26—32厘米。分布于欧洲、非洲、俄罗斯、中国、亚洲东南部和澳大利亚等地。栖息于苔原、岸边和沼泽地带。成群活动。以昆虫、蚯蚓、蠕虫等为食。繁殖期为5—8月，营巢于沼泽和岸边草丛中，每窝产卵3—4枚，孵化期20—21天。

小籽鹬 *Thinocorus rumicivorus*（Least Seed Snipe）

隶属于鸻形目籽鹬科。体长18厘米。分布于厄瓜多尔、秘鲁、智利、玻利维亚、乌拉圭和阿根廷等地。栖息于开阔草地等环境中。成小群活动。以种子、杂草等为食。营巢于地面上。每窝产卵2—4枚。

小籽鹬

白鞘嘴鸥 *Chionis alba*（Snowy Sheathbill）

隶属于鸻形目鞘嘴鸥科。体长40厘米。分布于阿根廷南部，以及福克兰群岛、南乔治岛等岛屿上。栖息于海洋、海岸和岛屿等地带。以植物及小型海洋动物等为食。繁殖期为12—1月。

白鞘嘴鸥

大贼鸥 *Catharacta skua*（Great Skua）

隶属于鸻形目贼鸥科。体长53—66厘米。分布于北极、南极附近地区和全球各大洲。栖息于海洋、海岸和岛屿等地带。单独或成对活动。以海鸟、小型兽类和动物尸体等为食。繁殖期为5—7月或12—3月，营巢于开阔的草地上，每窝产卵1—4枚。

大贼鸥

长尾贼鸥

长尾贼鸥 *Stercorarius longicaudus*（Long-tailed Skua）

隶属于鸻形目贼鸥科。体长51—58厘米。分布于北极附近和非洲西部、美国、日本、中国香港等。栖息于海洋、海岸和岛屿等地带。单独或成对活动。以海鸟、小型兽类和各种无脊椎动物等为食。繁殖期为6—7月，营巢于苔原、海岸的地面上，每窝产卵1—3枚，孵化期为23天。

太平洋鸥

太平洋鸥 *Gabianus pacificus*（Pacific Gull）

隶属于鸻形目鸥科。体长58—66厘米。分布于澳大利亚南部和东南部一带。栖息于海岸、岛屿等地带。以鱼、小型无脊椎动物等为食。繁殖期为10—1月。

银鸥

银鸥 *Larus argentatus*（Herring Gull）

隶属于鸻形目鸥科。体长55-67厘米，体重775—1775克。分布于欧洲、亚洲、非洲和北美洲等地。栖息于海岸、湖泊和沼泽等地带。成对或小群活动。以鱼、小型无脊椎动物和动物尸体等为食。繁殖期为4—7月，营巢于海岸悬崖或地面上，每窝产卵2—3枚，孵化期25—27天。

灰头鸥

灰头鸥 *Larus cirrocephalus*（Grey-headed Gull）

隶属于鸻形目鸥科。体长41—43厘米。分布于非洲西部、中部、南部和南美洲的厄瓜多尔、玻利维亚、秘鲁、智利、巴西和阿根廷等地。栖息于海岸、湖泊和沼泽等地带。以鱼、小型无脊椎动物和动物尸体等为食。

黑尾鸥

黑尾鸥 *Larus crassirostris*（Black-tailed Gull）

隶属于鸻形目鸥科。体长43—51厘米，体重400—675克。分布于俄罗斯远东地区、日本、朝鲜和中国东部、南部地区。栖息于沙滩、悬崖、湖泊、河流和沼泽地带。成群活动。以鱼、虾、软体动物和水生昆虫为食。繁殖期4—7月，营巢于的地上，每窝产卵2枚，雌、雄轮流孵卵，孵化期25—27天。

小黑背鸥

小黑背鸥 *Larus fuscus*（Lesser Black-backed Gull）

隶属于鸻形目鸥科。体长51—61厘米。分布于欧洲南部、亚洲西部、非洲和北美洲东部等地。栖息于海岸、湖泊和沼泽等地带。以鱼、小型无脊椎动物和动物尸体等为食。繁殖期为4—6月。

渔鸥

渔鸥 *Larus ichthyaetus*（Great Black-headed Gull）

隶属于鸻形目鸥科。体长63—70厘米，体重2000克。分布于欧洲南部、亚洲西部和中部、俄罗斯、蒙古、中国、印度和缅甸等地。栖息于海岸、海岛、湖泊和河流等地带。单独或小群活动。以鱼、小型无脊椎动物等为食。繁殖期为4—6月，营巢于海岸、湖边的悬崖或沙地上，每窝产卵2—4枚。

红嘴鸥 *Larus ridibundus*（Black-headed Gull）

隶属于鸻形目鸥科。体长35—43厘米，体重205—374克。分布于欧洲、非洲北部、亚洲。栖息于湖泊、河流、海岸附近等地带。成群活动。以鱼、鼠和小型无脊椎动物等为食。繁殖期为4—6月，营巢于岸边草丛中，每窝产卵2—4枚，孵化期20—26天。

红嘴鸥

三趾鸥 *Rissa tridactyla*（Black-legged Kittiwake）

隶属于鸻形目鸥科。体长38—47厘米，体重310—500克。分布于欧洲、非洲西部、北美洲、俄罗斯、朝鲜、日本和中国东北、华北、华东等地。栖息于海岸附近等地带。成群活动。以鱼、甲壳动物和软体动物等为食。繁殖期为6—7月，营巢于岸边的悬崖上，每窝产卵1—3枚，孵化期21—25天。

三趾鸥

黑嘴鸥 *Larus saundersi*（Saunders' Gull）

隶属于鸻形目鸥科。体长31—39厘米，体重170—230克。分布于俄罗斯东南部、日本、朝鲜、中国、越南等地。栖息于沿海滩涂、沼泽及河口地带。小群活动。以昆虫、昆虫幼虫、甲壳类，蠕虫等水生无脊推动物为食。繁殖期为5—6月，营巢于沿海滩涂地带，每窝产卵1—3枚。

黑嘴鸥

叉尾鸥

叉尾鸥 *Xema sabini*（Sabine's Gull）

隶属于鸻形目鸥科。体长33—36厘米。分布于欧洲、非洲西部、北美洲、南美洲西部等地。栖息于海岸附近等地带。以鱼、小型无脊椎动物等为食。

白翅浮鸥 *Chlidonias leucoptera*（White-winged Black Tern）

隶属于鸻形目鸥科。体长20—26厘米，体重62—80克。分布于欧洲南部、非洲、俄罗斯、亚洲中部和南部、中国和澳大利亚等地。栖息于河流、湖泊、沼泽等地带。成群活动。以鱼、昆虫和甲壳动物等为食。繁殖期为6—8月，营巢于水生植物上，每窝产卵1—4枚。

白翅浮鸥

白额燕鸥 *Sterna albifrons*（Little Tern）

白额燕鸥

隶属于鸻形目鸥科。体长23—28厘米，体重40—108克。分布于欧洲、非洲、亚洲和大洋洲等地。栖息于河流、湖泊、沼泽、海岸等地带。成群活动。以鱼、昆虫、甲壳动物和软体动物等为食。繁殖期为5—7月，营巢于岸边沙石地上，每窝产卵2—4枚，孵化期20—22天。

粉红燕鸥 *Sterna dougallii*（Roseate Tern）

粉红燕鸥

隶属于鸻形目鸥科。体长31—38厘米。分布于欧洲南部、非洲、亚洲大部、大洋洲、北美洲、中美洲和南美洲等地。栖息于海岸、海岛等地带。成群活动。以小鱼等为食。繁殖期为4—7月，营巢于海岸的岩礁或草地上，每窝产卵1—3枚，孵化期21—26天。

北极燕鸥 *Sterna paradisaea*（Arctic Tern）

北极燕鸥

隶属于鸻形目鸥科。体长33—38厘米。分布于欧洲、非洲西部、亚洲北部、北美洲、南美洲、大洋洲和南极洲等地。栖息于沼泽、海岸等地带。成群活动。以鱼、甲壳动物等为食。繁殖期为6—7月。

王凤头燕鸥 *Thalasseus maximus*（Royal Tern）

王凤头燕鸥

隶属于鸻形目鸥科。体长46—53厘米。分布于非洲西部、北美洲南部、中美洲和南美洲等地的沿岸地带。栖息于海岸、海岛等地带。以小鱼等为食。繁殖期为4—7月。

白顶黑燕鸥 *Anous stolidus*（Common Noddy）

白顶黑燕鸥

隶属于鸻形目鸥科。体长40—45厘米。分布于非洲东部和西部、亚洲南部和东南部、大洋洲北部、北美洲南部、中美洲和南美洲北部等地。栖息于海岸、沼泽等地带。以鱼、甲壳动物等为食。

全年均可繁殖。

印加燕鸥 *Larosterna inca*（Inca Tern）

印加燕鸥

隶属于鸻形目鸥科。体长40—42厘米。分布于南美洲西部厄瓜多尔、智利等的沿岸地带。栖息于海岸、岛屿等地带。以鱼、甲壳动物等为食。

黑剪嘴鸥 *Rynchops niger*（Black Skimmer）

隶属于鸻形目剪嘴鸥科。体长40—50厘米。分布于北美洲南部、中美洲和南美洲等地的沿岸地带。栖息于海岸、岛屿等地带。以鱼、甲壳动物等为食。繁殖期为3—9月。

黑剪嘴鸥

刀嘴海雀

刀嘴海雀 *Alca torda*（Razorbill）

隶属于鸻形目海雀科。体长40—45厘米。分布于欧洲北部和西部、俄罗斯北部和北美洲北部等地。栖息于海洋、海岸、岛屿等地。以小鱼、海洋无脊椎动物等为食。繁殖期为3—7月。

黑海鸽 *Cepphus grylle*（Black Guillemot）

隶属于鸻形目海雀科。体长30—36厘米。分布于欧洲、俄罗斯和北美洲等地。栖息于海洋、海岸、岛屿等地。以小鱼、海洋无脊椎动物等为食。繁殖期为5—7月。

黑海鸽

厚嘴海鸦 *Uria lomvia*（Brunnich's Guillemot）

隶属于鸻形目海雀科。体长43—48厘米。分布于欧洲、俄罗斯和北美洲等地。栖息于海洋、海岸、岛屿等地。以小鱼、海洋无脊椎动物等为食。繁殖期为6—8月。

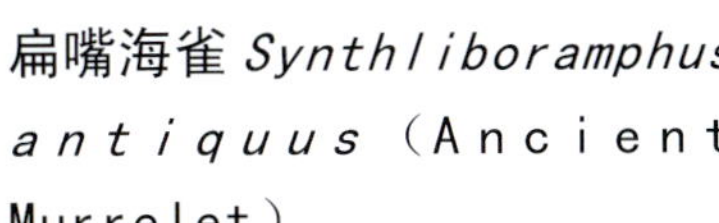
厚嘴海鸦

扁嘴海雀 *Synthliboramphus antiquus*（Ancient Murrelet）

隶属于鸻形目海雀科。体长21—27厘米，体重158—210克。分布于俄罗斯东部、中国东北和东部、南部沿海地带。栖息于海洋、海岸、岛屿等地。以小鱼、海洋无脊椎动物等为食。繁殖期为5—7月，营巢于海岸悬崖的岩缝间，每窝产卵1—2枚。

扁嘴海雀

斑海雀

斑海雀 *Brachyramphus marmoratus*（Marbled Murrelet）

隶属于鸻形目海雀科。体长25—29厘米，体重100—140克。分布于俄罗斯西伯利亚、堪察加半岛、萨哈林岛、鄂霍次克海岸、中国东北、北美洲等地。栖息于海岸、岛屿等地。主要以小鱼为食，也吃虾、甲壳类和软体动物。繁殖期为6—7月，营巢于海岛松树杈上，每窝产卵1枚。

角嘴海雀

角嘴海雀 *Cerorhinca monocerata*（Rhinoceros Auklet）

隶属于鸻形目海雀科。体长32—41厘米。分布于俄罗斯东部、中国东北、朝鲜、韩国、日本、阿拉斯加等地。栖息于海洋、海岸、岛屿等地。以小鱼、甲壳动物等为食。繁殖期为5—7月，营巢于海岛地面洞穴中，每窝产卵1枚。

北极海鹦

北极海鹦 *Fratercula arctica*（Atlantic Puffin）

隶属于鸻形目海雀科。体长28—30厘米。分布于欧洲西北部、北美洲东北部等地。栖息于海洋、海岸、岛屿等地。以小鱼、海洋无脊椎动物等为食。繁殖期为5—7月。

花魁鸟

花魁鸟 *Lunda cirrhata*（Tufted Puffin）

隶属于鸻形目海雀科。体长36—41厘米。分布于北美洲西部、俄罗斯东部等地。栖息于海洋、海岸、岛屿等地。以小鱼、海洋无脊椎动物等为食。繁殖期为6—7月。

十七、鸽形目（Columbiformes）

陆禽。两性相似。头稍小。体羽柔软而稠密。嘴短细，嘴基多具有软的皮肤形成的皮质膜或蜡膜。颈短。翅长，第5枚次级飞羽缺如。尾圆形或楔形。脚短而强，四趾型，在同一平面上，趾间无蹼，有些种类被羽，也有些种类为三趾型。分布于亚洲、欧洲、非洲、大洋洲等热带和温带地区。共有两个科，即：沙鸡科（Pteroclididae）和鸠鸽科（Columbidae）。

西藏毛腿沙鸡 *Syrrhaptes tibetanus*（Tibetan Sandgrouse）

隶属于鸽形目沙鸡科。体长37—45厘米，体重354—450克。分布于中国青海、新疆西部、四川西北部、西藏，以及亚洲中部、蒙古、印度和巴基斯坦等地。栖息于高原草地、荒漠和半荒漠地区。小群活动，性大胆，飞行敏捷。以青草、植物果实、种子和嫩芽为食，也吃部分昆虫。繁殖期为5—8月，营巢于高原荒漠地上，每窝产卵3枚，雄、雌鸟轮流孵化。

西藏毛腿沙鸡

白腹沙鸡 *Pterocles alchata*（Pintailed Sandgrouse）

隶属于鸽形目沙鸡科。体长 31 — 39 厘米。分布于西班牙南部、意大利南部、非洲北部、亚洲西部和印度等地。栖息于草地、荒漠和半荒漠等地区。以植物种子等为食。

白腹沙鸡

花彩沙鸡 *Pterocles indicus*（Painted Sandgrouse）

隶属于鸽形目沙鸡科。体长 28 厘米。分布于印度等地。栖息于低山岩石、草地等环境中。成小群活动。全年均可繁殖。营巢于地面灌丛、草丛中。

花彩沙鸡

雪鸽

雪鸽 *Columba leuconota*（Snow Pigeon）

隶属于鸽形目鸠鸽科。体长 26 — 36 厘米，体重 253 — 350 克。分布于亚洲中部、阿富汗、印度北部和中国西北、西南等地。栖息于高山裸岩地带。成群活动。以植物种子和浆果等为食。繁殖期为 4 — 7 月，营巢于高山悬崖峭壁的石缝中，每窝产卵 2 枚，雌、雄鸟轮流孵卵，孵化期 17 — 19 天。

原鸽 *Columba livia*（Feral Rock Pigeon）

隶属于鸽形目鸠鸽科。体长 29 — 35 厘米，体重 194 — 347 克。分布于欧洲、非洲北部、亚洲中部、印度、斯里兰卡、缅甸、泰国和中国西北、华北等地。栖息于平原、荒漠和山地岩石地带。成群活动。以各种植物种子和农作物为食。繁殖期 4 — 8 月，营巢于悬崖峭壁的石缝和洞穴中，每窝产卵 2 枚，雌、雄共同孵卵，孵化期 17 — 18 天。

原鸽

粉红鸽 *Columba mayeri*（Pink Pigeon）

隶属于鸽形目鸠鸽科。体长 32 厘米。分布于非洲毛里求斯岛上。栖息于山地森林地带。单独、成对或小群活动。以各种植物种子、果实等为食。营巢于树上，每窝产卵 2 枚，孵化期 13 — 18 天。

粉红鸽

岩鸽 *Columba rupestris*（Eastern Rock Pigeon）

隶属于鸽形目鸠鸽科。体长 23 — 35 厘米，体重 180 — 305 克。分布于亚洲中部、蒙古、俄罗斯、中国、朝鲜、阿富汗、尼泊尔、印度、锡金等地。栖息于山地岩石地带。成群活动，性情温顺。以植物种子、果实、球茎、块根等为食。繁殖期 4 — 7 月，营巢于悬崖峭壁的石缝和洞中，每窝产卵 2 枚，雌、雄轮流孵卵，孵化期 18 天。

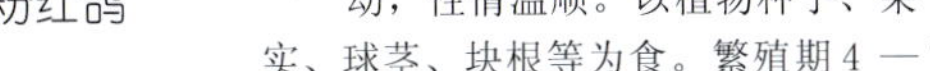

岩鸽

珠颈斑鸠

珠颈斑鸠 *Streptopelia chinensis*（Spotted Dove）

隶属于鸽形目鸠鸽科。体长27—34厘米，体重120—205克。分布于中国华东、华中、华南和西南地区，以及印度、斯里兰卡、孟加拉国、缅甸、中南半岛和印度尼西亚等地。栖息于平原、草地、丘陵和农田地带。小群活动，飞行快速。以植物种子等为食，也吃蝇蛆、蜗牛、昆虫等动物性食物。繁殖期3—7月，营巢于树丛或灌丛间，每窝产卵2枚，雌、雄轮流孵卵，孵化期18天。

灰斑鸠 *Streptopelia decaocto*（Collared Dove）

隶属于鸽形目鸠鸽科。体长25—34厘米，体重150—200克。分布于欧洲东南部、亚洲中部、中国、印度、缅甸、日本等地。栖息于平原、山麓和丘陵地带，也常出现于农田、果园、城镇和村庄附近。小群活动。以植物果实与种子为食，也吃昆虫等。繁殖期4—8月，营巢于树上或灌丛中，每窝产卵2枚，孵化期14—16天。

灰斑鸠

山斑鸠 *Streptopelia orientalis*（Eastern Turtle Dove）

隶属于鸽形目鸠鸽科。体长28—35厘米，体重175—323克。分布于俄罗斯、中国、日本、朝鲜、印度、缅甸、泰国和中南半岛等地。栖息于丘陵、平原的阔叶林、混交林、果园和农田。成对或小群活动。以植物的果实、种子、草子、嫩叶、幼芽等为食，也吃昆虫等。繁殖期4—7月，营巢于树上，每窝产卵2枚，雌、雄轮流孵卵，孵化期18—19天。

山斑鸠

火斑鸠 *Streptopelia tranquebarica* （Red-collared Dove）

隶属于鸽形目鸠鸽科。体长20—25厘米，体重84—135克。分布于中国大部分地区、印度、尼泊尔、不丹、孟加拉国、缅甸、中南半岛、泰国、斯里兰卡和菲律宾等地。栖息于平原、田野、村庄、果园和山麓地带。成对或成群活动。以植物浆果、种子和果实为食，也吃白蚁、蛹和昆虫等动物性食物。繁殖期2—8月，营巢于乔木树上，每窝产卵2枚。

火斑鸠

斑尾鹃鸠

斑尾鹃鸠 *Macropygia unchall* （Bar tailed Cuckoo Dove）

隶属于鸽形目鸠鸽科。体长37—38厘米，体重160—230克。分布于中国华东、华南、西南地区和克什米尔、印度、尼泊尔、不丹、孟加拉国、缅甸、中南半岛、马来半岛和印度尼西亚等地。栖息于山地森林中。成对活动。主要以榕树的果实和其他植物的浆果、种子、草子等为食，有时也吃稻谷等农作物。繁殖期为5—8月，营巢于树枝上或竹枝上，每窝产卵1枚。

绿背金鸠 *Chalcophaps indica*（Emerald Dove）

隶属于鸽形目鸠鸽科。体长22—25厘米。分布于亚洲的中部和南部，以及中国的云南、四川、广西、广东、香港、海南和台湾。栖息于山地森林中。单独或成对活动。以植物果实和种子为食，也吃白蚁和昆虫等。繁殖期为3—5月，营巢于灌丛与竹丛中，每窝产卵2枚。

绿背金鸠

冠鸠 *Ocyphaps lophotes*（Crested Pigeon）

隶属于鸽形目鸠鸽科。体长31—35厘米。分布于澳大利亚。栖息于平原、山区和水域附近的开阔林地中。成对或小群活动。以植物种子等为食。全年均可繁殖，营巢于树木或灌丛上，每窝产卵2枚。

冠鸠

宝石姬地鸠

宝石姬地鸠 *Geopelia cuneata*（Diamond Dove）

隶属于鸽形目鸠鸽科。体长19—20厘米。分布于澳大利亚。栖息于平原、山区水域附近的林地中。以植物种子、嫩芽等为食。营巢于树木或灌丛上，每窝产卵2枚，孵化期12—13天。

哀鸽 *Zenaida macroura*（Mourning Dove）

隶属于鸽形目鸠鸽科。体长30厘米。分布于加拿大南部、美国、墨西哥、古巴、巴哈马和中美洲各地。栖息于开阔的林地中。单独、成对或小群活动。以植物种子等为食。营巢于树林或灌丛中，每窝产卵2枚，孵化期14—15天。

哀鸽

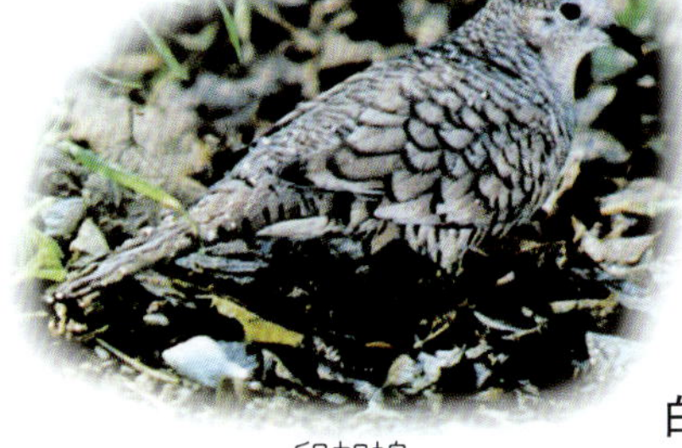

印加鸠

印加鸠 *Scardafella inca*（Inca Dove）

隶属于鸽形目鸠鸽科。体长20—23厘米。分布于美国南部、墨西哥、尼加拉瓜、洪都拉斯和哥斯达黎加等地。栖息于开阔的林地中。成对或小群活动。以植物种子等为食。全年均可繁殖，营巢于树林或灌丛中，每窝产卵2枚。

白额棕翅鸠 *Leptotila verreauxi*（White-fronted Dove）

隶属于鸽形目鸠鸽科。体长28—30厘米。分布于从美国南部、墨西哥，到巴西、乌拉圭和阿根廷东部一带。栖息于林缘、灌丛等地带。单独或成对活动。以植物种子、浆果等为食。全年均可繁殖，营巢于树木或灌丛上，每窝产卵2枚，孵化期14天。

白额棕翅鸠

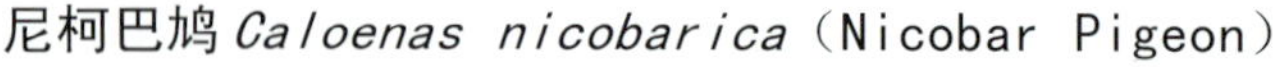

尼柯巴鸠 *Caloenas nicobarica*（Nicobar Pigeon）

隶属于鸽形目鸠鸽科。体长34—40厘米。分布于菲律宾、印度尼西亚、新几内亚和所罗门群岛等地。栖息于岛屿的林地中。以植物种子、果实，以及小型无脊椎动物等为食。集群营巢于树林或灌丛中。

尼柯巴鸠

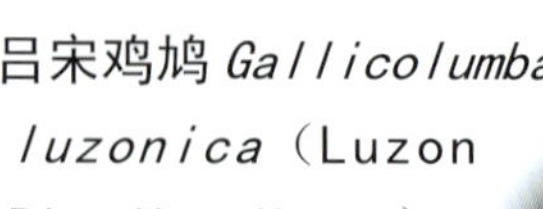

吕宋鸡鸠 *Gallicolumba luzonica*（Luzon Bleeding Heart）

隶属于鸽形目鸠鸽科。体长30厘米。分布于菲律宾吕宋岛、波利罗群岛等地。栖息于森林中。以植物种子、浆果，以及昆虫、小型无脊椎动物等为食。营巢于树木或灌丛上。每窝产卵2枚。孵化期为17天。

吕宋鸡鸠

维多利亚凤冠鸠

维多利亚凤冠鸠 *Goura victoria*（Victoria Crowned Pigeon）

隶属于鸽形目鸠鸽科。体长66厘米。分布于新几内亚西北部及其附近岛屿。栖息于森林地带。小群活动。以植物种子、果实，以及软体动物等为食。营巢于树上，每窝产卵1枚，孵化期30天。

蓝凤冠鸠 *Goura cristata*（Blue Crowned Pigeon）

隶属于鸽形目鸠鸽科。体长66—80厘米。分布于新几内亚西北部及其附近岛屿。栖息于海拔较低的林地，以及沼泽地带。以植物种子、果实，以及软体动物等为食。营巢于树上，每窝产卵1枚，孵化期28—29天。

蓝凤冠鸠

黄脚绿鸠 *Treron phoenicoptera*（Yellow-legged Green Pigeon）

隶属于鸽形目鸠鸽科。体长27—34厘米，体重230—295克。分布于印度、缅甸、泰国、中南半岛和中国云南一带。栖息于丘陵地区的常绿阔叶林及灌丛中。单独或成对活动。以榕树的果实为食，也吃其他植物的果实。繁殖期为4—8月，筑巢于树杈上，每窝产卵2枚，雄、雌轮流孵卵，孵化期14天。

黄脚绿鸠

十八、鹦形目（Psittaciformes）

攀禽。嘴短厚而强。上嘴钩曲，两侧缘有缺刻，能活动，嘴基部具蜡膜，嘴峰圆形。舌多肉质而柔软，并具一个角质匙状端。翅略呈尖形， 第5枚次级飞羽缺如。尾长短不一，楔形或圆形，尾羽通常12枚。跗跖短健，具粒状鳞。脚为对趾型，前后各有2趾。爪尖锐弯曲。 分布于澳大利亚、太平洋岛屿、非洲、中美洲、加勒比海、南亚和东南亚等热带、亚热带地区。共有三个科，即：吸蜜鹦鹉科（Loriidae）、凤头鹦鹉科（Cacatuidae）和鹦鹉科（Psittacidae）。

黑色吸蜜鹦鹉 *Chalcopsitta atra*（Black Lory）

隶属于鹦形目吸蜜鹦鹉科。体长32厘米。分布于新几内亚西部极其附近岛屿。栖息于林缘地带和平原草地。集群活动，叫声很尖而有颤音。每窝产卵2枚，孵化期21天。

黑色吸蜜鹦鹉

深红吸蜜鹦鹉

深红吸蜜鹦鹉 *Chalcopsitta cardinalis*（Cardinal Lory）

隶属于鹦形目吸蜜鹦鹉科。体长31厘米。分布于大洋洲的所罗门群岛及其附近岛屿上。栖息于沿海平原树林内。结群活动。以树木的花、果实等为食。繁殖期从9月开始。

红色吸蜜鹦鹉 *Eos bornea*（Red Lory）

隶属于鹦形目吸蜜鹦鹉科。体长31厘米。分布于印度尼西亚的斯兰岛、布鲁岛，以及安汶岛和卡伊群岛一带。栖息于沿海及低山树林内。结群活动。以树木的花、果实等为食。繁殖期从12月开始，筑巢于树洞中，每窝产卵2枚。

红色吸蜜鹦鹉

黑翅吸蜜鹦鹉

黑翅吸蜜鹦鹉 *Eos cyanogenia*（Black-winged Lory）

隶属于鹦形目吸蜜鹦鹉科。体长30厘米。分布于印度尼西亚的比阿克岛极其附近岛屿上。栖息于沿海树林内。结小群活动。

紫颈吸蜜鹦鹉 *Eos squamata*（Violet-necked Lory）

隶属于鹦形目吸蜜鹦鹉科。体长27厘米。分布于印度尼西亚的马鲁古群岛等岛屿上。栖息于岛屿上的树林内。结群活动。以树木的花蜜等为食。每窝产卵2枚。

紫颈吸蜜鹦鹉

鳞胸吸蜜鹦鹉

鳞胸吸蜜鹦鹉 *Trichoglossus chlorolepidotus*（Scaly-breasted Lorikeet）

隶属于鹦形目吸蜜鹦鹉科。体长 23 厘米。分布于澳大利亚东北部一带。栖息于平原地带。结群活动。以树木的花、果实、浆果和种子等为食。繁殖期为 5—2 月，筑巢于树洞中，每窝产卵 2 枚，孵化期为 25 天。

暗色吸蜜鹦鹉

暗色吸蜜鹦鹉 *Pseudeos fuscata*（Dusky Lory）

隶属于鹦形目吸蜜鹦鹉科。体长 25 厘米。分布于新几内亚和印度尼西亚的苏拉维西岛等地。栖息于沿海树林及沼泽地带。以树木的花、果实、种子等为食。繁殖期为 9—10 月，每窝产卵 2 枚，孵化期 27 天。

虹彩吸蜜鹦鹉

虹彩吸蜜鹦鹉 *Trichoglossus haematodus*（Rainbow Lory）

隶属于鹦形目吸蜜鹦鹉科。体长 25—30 厘米。分布于印度尼西亚、帝汶和澳大利亚东部、北部等地。栖息于低地森林、公园和庭院等地。成对或集群活动。活泼好动，叫声嘈杂。以树木的花、果实、种子、嫩芽，以及昆虫等为食。全年均有繁殖记录，筑巢于树洞中，每窝产卵 2 枚，孵化期 25 天。

戈迪氏吸蜜鹦鹉

戈迪氏吸蜜鹦鹉 *Trichoglossus goldiei*（Goldie’s Lorikeet）

隶属于鹦形目吸蜜鹦鹉科。体长 19 厘米。分布于新几内亚极其附近岛屿。栖息于山地森林中。结群活动。以树木的花、果实、浆果等为食。每窝产卵 2 枚。

约翰氏吸蜜鹦鹉

约翰氏吸蜜鹦鹉 *Trichoglossus johnstoniae*（Johnstone’s Lorikeet）

隶属于鹦形目吸蜜鹦鹉科。体长 20 厘米。分布于菲律宾的棉兰老岛等地。栖息于山地森林中。集群活动。以树木的花、果实等为食。繁殖期为 3—5 月，每窝产卵 2 枚，孵化期为 21 天。

华丽吸蜜鹦鹉

华丽吸蜜鹦鹉 *Trichoglossus ornatus*（Ornate Lorikeet）

隶属于鹦形目吸蜜鹦鹉科。体长 25 厘米。分布于印度尼西亚苏拉威西岛极其附近岛屿。栖息于沿岸、低山森林中。成对或小群活动。以树木的花、果实、种子、嫩芽等为食。繁殖期为 9—10 月，每窝产卵 2 枚，孵化期为 27 天。

杂色吸蜜鹦鹉 *Trichoglossus versicolor*（Varied Lorikeet）

隶属于鹦形目吸蜜鹦鹉科。体长 19 厘米。分布于澳大利亚北部一带。栖息于沿岸、低山森林中。集群活动。以树木的花、果实等为食。全年均可繁殖，营巢于树洞中，每窝产卵 2 —4 枚，孵化期 20 天。

杂色吸蜜鹦鹉

喋喋吸蜜鹦鹉

喋喋吸蜜鹦鹉 *Lorius garrulus*（Chattering Lory）

隶属于鹦形目吸蜜鹦鹉科。体长 30 厘米。分布于印度尼西亚的马鲁古群岛、哈马黑拉岛等岛屿上。栖息于热带森林中。成对或结群活动。以植物的花、果实、种子、嫩芽等为食。繁殖期为 6 —7 月，筑巢于树洞中，每窝产卵 2 枚，孵化期为 26 天。

黑顶吸蜜鹦鹉 *Lorius lory*（Black-capped Lory）

隶属于鹦形目吸蜜鹦鹉科。体长 31 厘米。分布于新几内亚及其附近岛屿上。栖息于山地雨林中。成对或结群活动。以植物的花、果实、种子、嫩芽，以及昆虫等为食。繁殖期为 5 —7 月，筑巢于树洞中，每窝产卵 2 枚，孵化期为 24 天。

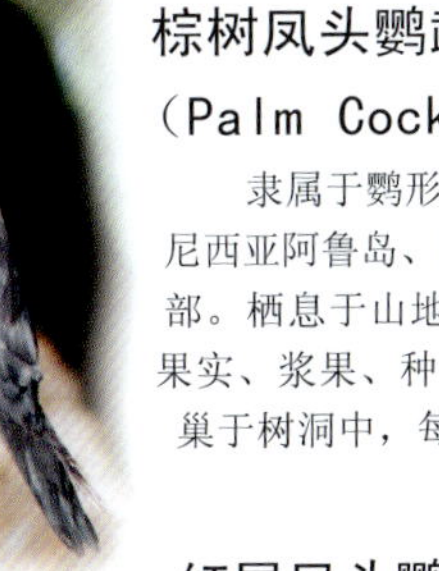

棕树凤头鹦鹉

棕树凤头鹦鹉 *Probosciger aterrimus*（Palm Cockatoo）

隶属于鹦形目凤头鹦鹉科。体长 60 厘米。分布于印度尼西亚阿鲁岛、新几内亚及其附近岛屿，以及澳大利亚东北部。栖息于山地森林中。成对或小群活动。以树木的花、果实、浆果、种子、嫩芽等为食。繁殖期为 8 —1 月，筑巢于树洞中，每窝产卵 1 枚，孵化期 31 —35 天。

黑顶吸蜜鹦鹉

红尾凤头鹦鹉 *Calyptorhynchus magnificus*（Red—tailed Cockatoo）

隶属于鹦形目凤头鹦鹉科。体长 60 厘米。分布于澳大利亚东部、北部和西部等地。栖息于灌丛和森林中。成对或结群活动。以树木的果实、种子等为食。全年均有繁殖期记录，筑巢于树洞中，每窝产卵 1 —2 枚，孵化期为 30 天。

黑色凤头鹦鹉 *Calyptorhynchus funereus*（Black Cockatoo）

隶属于鹦形目凤头鹦鹉科。体长 67 厘米。分布于澳大利亚东南部和西南部一带。栖息于草地、灌丛和森林中。单独、成对或小群活动。以树木的花、果实、种子，以及昆虫等为食。繁殖期为 1 —11 月，筑巢于树洞中，每窝产卵 1 —2 枚，孵化期 28 天。

黑色凤头鹦鹉

红尾凤头鹦鹉

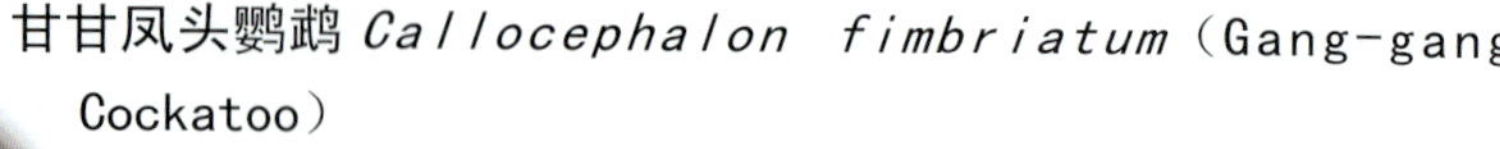

甘甘凤头鹦鹉 *Callocephalon fimbriatum*（Gang-gang Cockatoo）

甘甘凤头鹦鹉

隶属于鹦形目凤头鹦鹉科。体长 34 厘米。分布于澳大利亚东南部和塔斯马尼亚岛等地。栖息于沿岸和山地森林中。成对或小群活动。以树木的果实、种子、浆果，以及昆虫等为食。繁殖期为 10 —1 月，营巢于树洞中，每窝产卵 2 枚，孵化期为 30 天。

粉红凤头鹦鹉 *Eolophus roseicapillus*（Galah）

隶属于鹦形目凤头鹦鹉科。体长 35 厘米。分布于澳大利亚。栖息于草原、沼泽、山地森林等环境。结小群活动。以树木的果实、种子、嫩芽，以及昆虫等为食。繁殖期为 6 —1 月，筑巢于树洞中，每窝产卵 2 —5 枚，孵化期 28 天。

粉红凤头鹦鹉

戈芬氏凤头鹦鹉 *Cacatua goffini*（Goffin's Cockatoo）

戈芬氏凤头鹦鹉

隶属于鹦形目凤头鹦鹉科。体长 32 厘米。分布于印度尼西亚的塔宁巴尔群岛等地。栖息于水域附近。以花、种子、果实、浆果，以及昆虫等为食。繁殖期为 6 —10 月，筑巢于树洞中，每窝产卵 2 枚。

白凤头鹦鹉 *Cacatua alba*（White Cockatoo）

隶属于鹦形目凤头鹦鹉科。体长 46 厘米。分布于印度尼西亚的马鲁古群岛等地。栖息于林地中。成对或小群活动。以种子、果实、浆果，以及昆虫等为食。筑巢于树洞中，每窝产卵 2 枚，孵化期 28 天。

白凤头鹦鹉

葵花凤头鹦鹉 *Cacatua galerita*（Sulphur-crested Cockatoo）

葵花凤头鹦鹉

隶属于鹦形目凤头鹦鹉科。体长 50 厘米。分布于澳大利亚东部、北部、新几内亚及其附近岛屿。栖息于平原、沼泽等地附近。成对或小群活动。以种子、果实、浆果，以及昆虫等为食。全年均有繁殖记录，筑巢于树洞或岩洞中，每窝产卵 2 —3 枚，孵化期为 30 天。

米切氏凤头鹦鹉 *Cacatua leadbeateri*（Major Mitchell's Cockatoo）

隶属于鹦形目凤头鹦鹉科。体长 35 厘米。分布于澳大利亚中部和西部一带。栖息于草地、森林等地带。成对或小群活动。以种子、果实等为食。繁殖期为 8 —12 月，筑巢于树洞中，每窝产卵 2 —4 枚，孵化期为 30 天。

米切氏凤头鹦鹉

小白凤头鹦鹉 *Cacatua sanguinea*（Little Corella）

隶属于鹦形目凤头鹦鹉科。体长38 厘米。分布于澳大利亚和新几内亚南部等地。栖息于各种开阔的生境中。集群活动。以植物种子、果实、浆果、花、根、茎，以及昆虫等为食。繁殖期为5 —12 月，筑巢于树洞中，每窝产卵3 —4 枚。

小白凤头鹦鹉

鲑色凤头鹦鹉 *Cacatua moluccensis*（Salmon-crested Cockatoo）

隶属于鹦形目凤头鹦鹉科。体长52 厘米。分布于印度尼西亚的马鲁古群岛南部等地。栖息于沿海、低山等地带。以花、种子、果实、浆果，以及昆虫等为食。繁殖期为5 月，营巢于树洞中。

鲑色凤头鹦鹉

小葵花凤头鹦鹉 *Cacatua sulphurea*（Lesser Sulphur-crested Cockatoo）

隶属于鹦形目凤头鹦鹉科。体长33 厘米。分布于印度尼西亚的苏拉威西岛，以及帝汶岛和附近岛屿上。栖息于树林中。结群活动。以植物种子、坚果、浆果、嫩芽、嫩枝为食。繁殖期为9 —10 月，筑巢于树洞或岩洞中，每窝产卵3 枚，孵化期为24 天。

小葵花凤头鹦鹉

鸡尾鹦鹉

鸡尾鹦鹉 *Nymphicus hollandicus*（Cockatiel）

隶属于鹦形目凤头鹦鹉科。体长32 厘米。分布于澳大利亚。栖息于草原、树林及农田中。结群活动。以植物果实、种子、嫩芽等为食。繁殖期为8 —12 月，筑巢于树洞或岩洞中，每窝产卵4 —7 枚，孵化期为18 —20 天。

啄羊鹦鹉

啄羊鹦鹉 *Nestor notabilis*（Kea）

隶属于鹦形目鹦鹉科。体长48 厘米。分布于新西兰南岛。栖息于山地森林。结群活动。以植物果实、种子、嫩芽、花，以及昆虫等为食，有时袭击羊。繁殖期为7 —1 月，筑巢于石缝、树根旁或地面凹处，每窝产卵2 —4 枚，孵化期21 —28 天。

双眼无花果鹦鹉 *Opopsitta diophthalma*（Double-eyed Fig Parrot）

隶属于鹦形目鹦鹉科。体长14 厘米。分布于印度尼西亚阿鲁群岛、新几内亚极其附近岛屿、澳大利亚东北部等地。栖息于森林地带。成对或小群活动。以植物果实、种子、浆果，以及昆虫等为食。繁殖期为6 —8 月，筑巢于树洞中。

双眼无花果鹦鹉

蓝腰鹦鹉 *Psittinus cyanurus*（Blue-rumped Parrot）

隶属于鹦形目鹦鹉科。体长 18 厘米。分布于泰国西南部、缅甸南部、马来西亚和印度尼西亚的苏门答腊岛、加里曼丹岛等地。栖息于森林中。成对或小群活动。以植物果实、种子、花等为食。繁殖期为 2—9 月，筑巢于树洞中，每窝产卵 2—3 枚。

蓝腰鹦鹉

布鲁盘尾鹦鹉

布鲁盘尾鹦鹉 *Prioniturus mada*（Buru Racket-tailed Parrot）

隶属于鹦形目鹦鹉科。体长 32 厘米。分布于印度尼西亚的布鲁岛上。栖息于山地森林中。结群活动。以植物果实、种子等为食。繁殖期为 12—2 月，筑巢于树洞中。

巨嘴鹦鹉 *Tanygnathus megalorhynchos*（Great-billed Parrot）

隶属于鹦形目鹦鹉科。体长 41 厘米。分布于印度尼西亚马鲁古群岛、塔宁巴尔群岛等地。栖息于沿海地带。以植物果实等为食。繁殖期为 12 月，筑巢于树洞或岩洞中。

巨嘴鹦鹉

折衷鹦鹉

折衷鹦鹉 *Eclectus roratus*（Eclectus Parrot）

隶属于鹦形目鹦鹉科。体长 35 厘米。分布于印度尼西亚、新几内亚及澳大利亚等地。栖息于低地的森林和热带雨林中。成对或小群活动，叫声粗厉而沙哑，善飞翔。以植物果实、浆果、种子、花、嫩芽等为食。繁殖期为 7—12 月，营巢于树洞中，每窝产卵 2 枚，孵化期 26 天。

彼斯奎氏鹦鹉 *Psittrichas fulgidus*（Pesquet's Parrot）

隶属于鹦形目鹦鹉科。体长 46 厘米。分布于新几内亚及其附近岛屿。栖息于山地森林中。单独、成对或小群活动。以植物果实、浆果、种子、花等为食。繁殖期为 2—5 月，每窝产卵 2 枚。

澳洲王鹦鹉 *Alisterus scapularis*（Australian King Parrot）

隶属于鹦形目鹦鹉科。体长 43 厘米。分布于澳大利亚东部一带。栖息于热带雨林中。成对或小群活动。以植物果实、浆果、种子、花等为食。繁殖期为 9—1 月，营巢于树洞中，每窝产卵 3—6 枚，孵化期 20 天。

彼斯奎氏鹦鹉

澳洲王鹦鹉

红翅鹦鹉 *Aprosmictus erythropterus*（Red-winged Parrot）

隶属于鹦形目鹦鹉科。体长 32 厘米。分布于澳大利亚东部、东北部和新几内亚南部一带。栖息于开阔的林地中。成对或小群活动。以植物种子、果实、嫩芽等为食。营巢于树洞中，每窝产卵 3 —6 枚，孵化期 21 天。

红翅鹦鹉

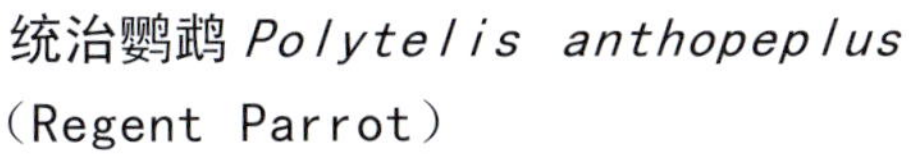

统治鹦鹉 *Polytelis anthopeplus*（Regent Parrot）

隶属于鹦形目鹦鹉科。体长 40 厘米。分布于澳大利亚西南部和南部等地。栖息于灌丛等地带。成对或结成小群活动。以植物果实、种子、花、嫩芽等为食。繁殖期为 8 —1 月，营巢于树洞中，每窝产卵 4 —6 枚。

统治鹦鹉

马里环颈鹦鹉 *Barnardius barnardi*（Mallee Ringneck Parrot）

隶属于鹦形目鹦鹉科。体长 33 厘米。分布于澳大利亚东部一带。栖息于在开阔林地中。以植物果实、种子、花、嫩叶，以及昆虫等为食。繁殖期为 8 月，营巢于树洞中，每窝产卵 4 —6 枚，孵化期 20 天。

马里环颈鹦鹉

深红玫瑰鹦鹉 *Platycercus elegans*（Crimson Rosella）

隶属于鹦形目鹦鹉科。体长 33 —36 厘米。分布于澳大利亚东部和东南部等地。栖息于林木茂盛的多种生境中。集群活动。飞行速度慢。以植物果实、种子、花，以及昆虫等为食。繁殖期为 8 —2 月，营巢于树洞中，每窝产卵 5 —8 枚。

深红玫瑰鹦鹉

东玫瑰鹦鹉 *Platycercus eximius*（Eastern Rosella）

隶属于鹦形目鹦鹉科。体长 30 厘米。分布于澳大利亚东南部和塔斯马尼亚岛等地。栖息于林地、田野、城郊和公园等地。成对或小群活动。以植物果实、种子、浆果等为食。繁殖期为 9 —5 月，营巢于树洞中，每窝产卵 4 —9 枚。

东玫瑰鹦鹉

黄玫瑰鹦鹉 *Platycercus flaveolus*（Yellow Rosella）

隶属于鹦形目鹦鹉科。体长 33 厘米。分布于澳大利亚东南部一带。栖息于在密林中。集群活动。飞行速度慢。以植物果实、种子、花，以及昆虫等为食。繁殖期为 8—1 月，营巢于树洞中，每窝产卵 4 —5 枚。

黄玫瑰鹦鹉

西玫瑰鹦鹉 *Platycercus icterotis*（Western Rosella）

隶属于鹦形目鹦鹉科。体长 25 厘米。分布于澳大利亚西南部一带。生活于疏林、旷野、草地、农田等地带。成对或小群活动。以植物果实、种子、花，以及昆虫等为食。繁殖期为 8 — 12 月，营巢于树洞中，每窝产卵 3 — 7 枚，孵化期为 20 天。

西玫瑰鹦鹉

角鹦鹉 *Cyanoramphus cornutus*（Horned Parakeet）

隶属于鹦形目鹦鹉科。体长 32 厘米。分布于南太平洋的法属新喀里多尼亚岛及其附近岛屿上。栖息于森林中。成对或小群活动。以植物果实和种子等为食。繁殖期为 10 — 12 月，营巢于树洞中，每窝产卵 2 — 4 枚。

角鹦鹉

蓝帽鹦鹉 *Psephotus haematogaster*（Blue Bonnet）

隶属于鹦形目鹦鹉科。体长 28 厘米。分布于澳大利亚南部一带。生活于平原、灌丛、草地、林缘等地带。成对或小群活动。以植物果实、种子、花、浆果等为食。繁殖期为 7 — 12 月，营巢于树洞中，每窝产卵 4 — 7 枚，孵化期 19 天。

青绿鹦鹉 *Neophema pulchella*（Turquoise Parrot）

隶属于鹦形目鹦鹉科。体长 20 厘米。分布于澳大利亚东南部一带。栖息于山地开阔的森林、草地上。以植物种子、嫩叶等为食。繁殖期为 8 — 12 月，营巢于树洞中，每窝产卵 4 — 5 枚，孵化期为 20 天。

青绿鹦鹉

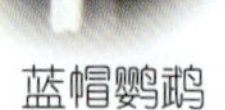
蓝帽鹦鹉

红额鹦鹉 *Cyanoramphus novaezelandiae*（Red-fronted Parakeet）

隶属于鹦形目鹦鹉科。体长 27 厘米。分布于新西兰，以及附近的奥克兰群岛、克马德克群岛、查塔姆群岛和诺福克群岛等地。栖息于森林中。以植物果实、种子、花、浆果、嫩叶等为食。繁殖期为 10 — 4 月，营巢于树洞中，每窝产卵 5 — 9 枚，孵化期为 20 天。

红额鹦鹉

伯克氏鹦鹉 *Neophema bourkii*（Bourke’s Parrot）

隶属于鹦形目鹦鹉科。体长 20 — 23 厘米。分布于澳大利亚中部和南部一带。栖息于稀树草原。集大群活动，飞行敏捷。以植物种子、嫩叶等为食。繁殖期为 8 — 12 月，营巢于树洞中，每窝产卵 3 — 6 枚，孵化期为 18 天。

伯克氏鹦鹉

马岛鹦鹉

非洲灰鹦鹉

马岛鹦鹉 *Coracopsis vasa*（Vasa Parrot）

隶属于鹦形目鹦鹉科。体长50厘米。分布于马达加斯加岛、科摩罗群岛等地。栖息于沿岸沼泽、草地和森林等环境。小群活动。以植物种子、果实、浆果等为食。繁殖期为10—12月，营巢于树洞中，每窝产卵3枚。

非洲灰鹦鹉 *Psittacus erithacus*（Grey Parrot）

隶属于鹦形目鹦鹉科。体长33—36厘米。分布于非洲的几内亚、安哥拉、肯尼亚一带，以及普林西比岛等。栖息于平原、沼泽等地的林中。以植物种子、果实、浆果等为食。全年均有繁殖记录，营巢于树洞中，每窝产卵3—4枚。

虎皮鹦鹉 *Melopsittacus undulatus*（Budgerigar）

隶属于鹦形目鹦鹉科。体长16—18厘米。分布于澳大利亚。栖息于林缘、草地等处。结群活动。以植物种子等为食。繁殖期为6—1月，营巢于树洞中，每窝产卵4—8枚，孵化期为18天。

虎皮鹦鹉

塞内加尔鹦鹉

塞内加尔鹦鹉 *Poicephalus senegalus*（Senegal Parrot）

隶属于鹦形目鹦鹉科。体长23厘米。分布于非洲从塞内加尔、几内亚、马里南部、科特迪瓦、加纳到尼日利亚、乍得西南部和喀麦隆北部等地。生活于热带草原。单只、成对或小群活动。性情胆怯。以植物种子、果实、浆果、嫩芽等为食。繁殖期为9—11月，营巢于树洞中，每窝产卵2—3枚，孵化期25天。

费希氏情侣鹦鹉 *Agapornis fischeri*（Fischer's Lovebird）

隶属于鹦形目鹦鹉科。体长15厘米。分布于非洲肯尼亚南部、坦桑尼亚北部等地。栖息于草地、树林等环境中。小群活动。以植物种子等为食。繁殖期为5—7月，营巢于树洞或建筑物的裂缝，每窝产卵6—8枚，孵化期23天。

费希氏情侣鹦鹉

伪装情侣鹦鹉

伪装情侣鹦鹉 *Agapornis personata*（Masked Lovebird）

隶属于鹦形目鹦鹉科。体长14厘米。分布于非洲坦桑尼亚东北部。栖息于中、低山地带。以草籽和灌木果实等为食。繁殖期为3—8月，营巢于树洞中，每窝产卵4枚，孵化期为23天。

苏拉短尾鹦鹉*Loriculus stigmatus* （Sulawesi Hanging Parrot）

隶属于鹦形目鹦鹉科。体长 15 厘米。分布于印度尼西亚的苏拉威西岛、布敦岛等岛屿上。栖息于沿岸平原、山地。成对或小群活动。以植物花蜜、浆果等为食。繁殖期为 2 月和 8 月，营巢于树洞中，每窝产卵 2 枚。

桃脸情侣鹦鹉 *Agapornis roseicollis*（Peach-faced Lovebird）

隶属于鹦形目鹦鹉科。体长 15 厘米。分布于非洲西南部纳米比亚、安哥拉和南非西北部等地。栖息于沿岸干旱地区。以植物种子、果实等为食。繁殖期为 2 — 3 月，营巢于树洞中，每窝产卵 5 — 8 枚，孵化期为 23 天。

苏拉短尾鹦鹉

桃脸情侣鹦鹉

绯胸鹦鹉*Psittacula alexandri*（Moustached Parakeet）

隶属于鹦形目鹦鹉科。体长 22 — 36 厘米，体重为 85 — 168 克。分布于中国西藏、云南、广西、香港、海南和印度、孟加拉国、缅甸、泰国、中南半岛至印度尼西亚等地。栖息于低山地区的绿阔叶林中。成群活动，善飞行和攀缘，鸣声粗厉而响亮。以植物的果实、种子、花蜜、嫩枝和幼芽等为食，也吃昆虫。繁殖期为 3 — 5 月，营巢于树洞中，每窝产卵 3 — 4 枚，孵化期 28 天。

绯胸鹦鹉

花头鹦鹉

花头鹦鹉 *Psittacula cyanocephala*（Plum-headed Parakeet）

隶属于鹦形目鹦鹉科。体长 33 — 36 厘米。分布于中国广东、广西、香港和云南，以及亚洲南部和东南部等地。栖息于低山及平原的森林地带。成群活动。以种子、浆果、坚果、花、芽、叶等为食。繁殖期为 12 — 4 月和 8 — 9 月，营巢于树洞和建筑物墙洞中，每窝产卵 4 — 6 枚，孵化期 24 天。

毛里求斯鹦鹉 *Psittacula echo*（Mauritius Parakeet）

隶属于鹦形目鹦鹉科。体长 42 厘米。分布于非洲毛里求斯。栖息于岛屿上的森林中。营巢于树洞中。每窝产卵 2 枚。

毛里求斯鹦鹉

阿历山大鹦鹉 *Psittacula eupatria*（Alexandrine Parakeet）

隶属于鹦形目鹦鹉科。体长 58 厘米。分布于斯里兰卡、印度、安达曼群岛、阿富汗、缅甸、泰国北部和西部，以及中南半岛等地。栖息于阔叶林以及林木茂盛的环境中。成群活动。以树木的种子、果实、浆果、花、嫩芽等为食。繁殖期为 9 — 10 月，营筑于树洞中，每窝产卵 4 枚。

阿历山大鹦鹉

大绯胸鹦鹉 *Psittacula derbiana*（Lord Derby's Parakeet）

又叫大紫胸鹦鹉，隶属于鹦形目鹦鹉科。体长 35 — 50 厘米，体重 204 — 290 克。分布于印度北部和中国西藏、四川、云南、广西等地。栖息于山地阔叶林、混交林和针叶林中。呈 30 — 50 只的大群活动。主要以植物的果实与种子为食。繁殖期为 5 — 7 月。

大绯胸鹦鹉

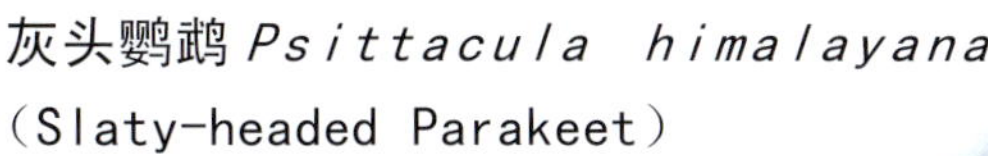

灰头鹦鹉 *Psittacula himalayana*（Slaty-headed Parakeet）

隶属于鹦形目鹦鹉科。体长 25 — 45 厘米，体重 79 — 119 克。分布于巴基斯坦、不丹、印度北部、缅甸、中南半岛和中国四川、云南等地。栖息于山地常绿阔叶林和混交林中。结群活动。主要以无花果和其他植物果实与种子为食，也吃玉米等农作物，夏季也吃甲虫、虫卵等动物性食物。繁殖期为 3 — 6 月，营巢于天然树洞中，每窝产卵 4 — 5 枚。

灰头鹦鹉

红领绿鹦鹉

红领绿鹦鹉 *Psittacula krameri*（Rose-ringed Parakeet）

隶属于鹦形目鹦鹉科。体长 38 — 42 厘米，体重 108 克。分布于从非洲西部往东至亚洲南部、缅甸、越南，以及中国的福建、广东、香港、澳门和附近沿海地区。栖息于疏林地带，以及村庄、农田和乡镇。成群活动，叫声嘈杂，飞行快。以榕果、木棉等植物果实与种子为食，也吃谷物和其他灌木浆果。繁殖期为 2 — 4 月，营巢于树洞或啄木鸟废弃的巢洞中，每窝产卵 4 — 6 枚，雄、雌轮流孵卵，孵化期 22 — 24 天。

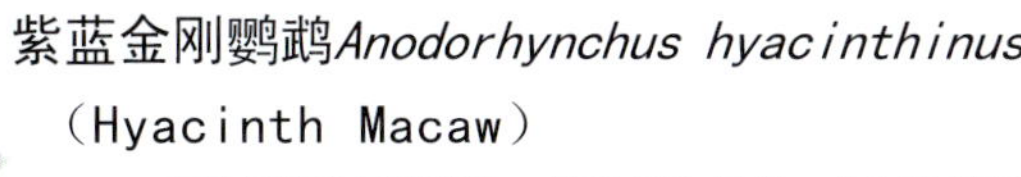

紫蓝金刚鹦鹉 *Anodorhynchus hyacinthinus*（Hyacinth Macaw）

隶属于鹦形目鹦鹉科。体长 100 厘米。分布于巴西和玻利维亚西部一带。栖息在沼泽、森林等地。成对活动。以植物的果实、种子等为食。营巢于树洞中。

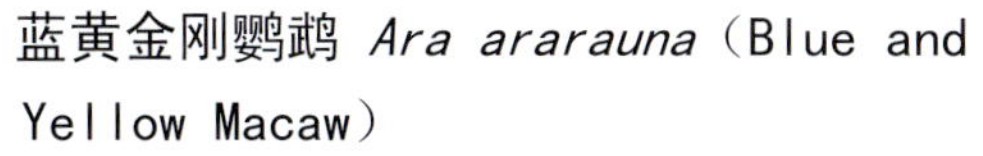

蓝黄金刚鹦鹉 *Ara ararauna*（Blue and Yellow Macaw）

隶属于鹦形目鹦鹉科。体长 80 — 90 厘米。分布于从中美洲和南美洲。栖息在原始森林中。成群活动，叫声响亮，震耳欲聋。以植物的果实、种子、嫩芽等为食。繁殖期为 2 — 6 月，营巢于树洞中，每窝产卵 2 — 3 枚，孵化期为 24 — 26 天。

紫蓝金刚鹦鹉

蓝黄金刚鹦鹉

红绿金刚鹦鹉 *Ara chloroptera* （Green-winged Macaw）

隶属于鹦形目鹦鹉科。体长 90 厘米。分布于从中美洲和南美洲。栖息于密林中。成对或小群活动。以植物的果实、浆果、种子、嫩芽等为食。繁殖期为 11 —4 月，营巢于树洞中，每窝产卵 2 枚。

红绿金刚鹦鹉

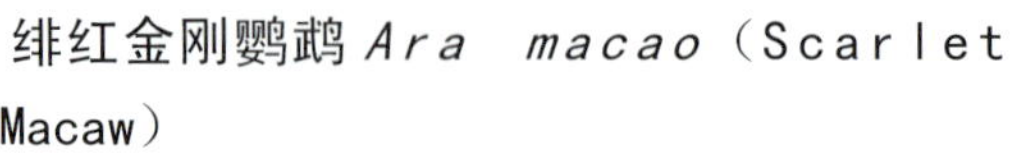

绯红金刚鹦鹉 *Ara macao*（Scarlet Macaw）

隶属于鹦形目鹦鹉科。体长 85 厘米。分布于从墨西哥、哥伦比亚，到圭亚那、秘鲁、玻利维亚和巴西等地。栖息于森林中。成对或小群活动。以植物的果实、种子、浆果等为食。繁殖期为 2 —4 月，营巢于树洞中，每窝产卵 2 枚。

绯红金刚鹦鹉

军用金刚鹦鹉 *Ara militaris*（Military Macaw）

隶属于鹦形目鹦鹉科。体长 70 厘米。分布于墨西哥、哥伦比亚、厄瓜多尔、秘鲁、玻利维亚和阿根廷西北部等地。栖息于森林中。成对或小群活动。以植物的果实、种子、浆果等为食。繁殖期为 3 —7 月，营巢于树洞中，每窝产卵 3 枚。

军用金刚鹦鹉

太阳鹦哥 *Aratinga solstitialis*（Sun Conure）

隶属于鹦形目鹦鹉科。体长 30 厘米。分布于南美洲的圭亚那、巴西等地。栖息于森林、沼泽等地带。成群活动。以植物的果实、浆果、种子、嫩芽等为食。繁殖期为 2 月，营巢于树洞中，每窝产卵 4 枚。

太阳鹦哥

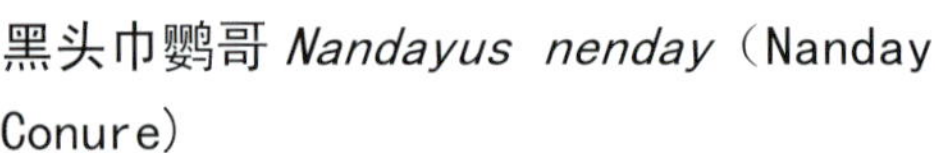

黑头巾鹦哥 *Nandayus nenday*（Nanday Conure）

隶属于鹦形目鹦鹉科。体长 30 厘米。分布于南美洲的玻利维亚、巴拉圭、巴西和阿根廷北部等地。栖息于森林、沼泽等地带。成群活动。以植物的果实、浆果、种子等为食。繁殖期为 11 月，营巢于树洞中，每窝产卵 4 枚。

黑头巾鹦哥

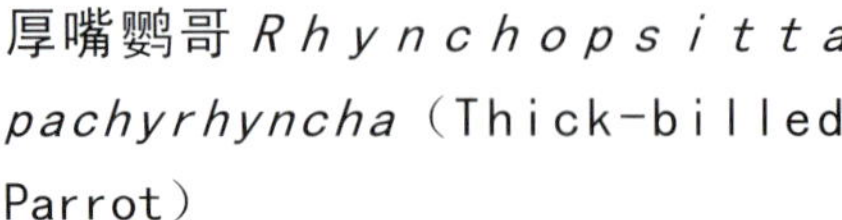

厚嘴鹦哥 *Rhynchopsitta pachyrhyncha*（Thick-billed Parrot）

隶属于鹦形目鹦鹉科。体长 38 厘米。分布于墨西哥北部和中部一带。栖息于森林中。成群活动。以植物的果实、种子等为食。繁殖期为 5 —8 月，营巢于树洞中，每窝产卵 2 枚，孵化期为 26 天。

厚嘴鹦哥

掘穴鹦哥 *Cyanoliseus patagonus* (Patagonian Conure)

隶属于鹦形目鹦鹉科。体长45厘米。分布于智利、阿根廷北部和中部，以及乌拉圭等地。栖息于森林中。成群活动。以植物的果实、种子、嫩叶等为食。繁殖期为9—1月，营巢于岩石地洞中，每窝产卵3枚，孵化期为24—25天。

岩石鹦哥 *Pyrrhura rupicola* (Black capped Conure)

隶属于鹦形目鹦鹉科。体长25厘米。分布于秘鲁、巴西西北部和玻利维亚北部等地。栖息于森林中。成群活动。

掘穴鹦哥

岩石鹦哥

细嘴鹦哥 *Enicognathus leptorhynchus* (Slender-billed Conure)

隶属于鹦形目鹦鹉科。体长40厘米。分布于智利中部。栖息于森林中。成群活动。以植物的果实、种子、浆果、嫩叶、嫩芽等为食。繁殖期为11—12月，营巢于树洞中，每窝产卵2—6枚。

细嘴鹦哥

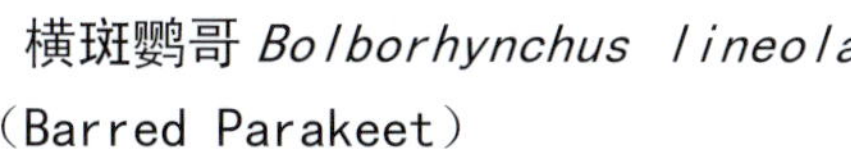

横斑鹦哥 *Bolborhynchus lineola* (Barred Parakeet)

隶属于鹦形目鹦鹉科。体长16厘米。分布于从墨西哥南部、巴拿马，到委内瑞拉西部和秘鲁中部一带。栖息于山地森林中。成对或小群活动。以植物的果实、种子、浆果、花、嫩芽等为食。每窝产卵4枚。

横斑鹦哥

眼镜鹦哥 *Forpus conspicillatus* (Spectacled Parrotlet)

隶属于鹦形目鹦鹉科。体长12厘米。分布于从巴拿马东部、哥伦比亚，到委内瑞拉西部等地。栖息于森林中。成群活动。以植物的果实、种子、浆果、嫩叶、嫩芽等为食。繁殖期为1—2月，营巢于树洞中，每窝产卵2—4枚。

眼镜鹦哥

白腹鹦哥 *Pionites leucogaster* (White—bellied Caique)

隶属于鹦形目鹦鹉科。体长23厘米。分布于巴西、厄瓜多尔和玻利维亚等地。栖息于森林中。成对或小群活动。以植物的果实、种子、浆果等为食。繁殖期为1月，营巢于树洞中，每窝产卵2—4枚，孵化期为28天。

白腹鹦哥

白冠鹦哥 *Pionus senilis* (White-capped Parrot)

隶属于鹦形目鹦鹉科。体长 24 厘米。分布于墨西哥、巴拿马等地。栖息于热带雨林中。小群活动。以植物的果实、浆果、种子、嫩芽等为食。繁殖期为 2 — 5 月，营巢于树洞中，每窝产卵 3 枚。

白冠鹦哥

白额亚马孙鹦哥

白额亚马孙鹦哥 *Amazona albifrons* (White-fronted Amazon)

隶属于鹦形目鹦鹉科。体长 26 厘米。分布于墨西哥、哥斯达黎加西部等地。栖息于沿海、平原、山地林中。成对或小群活动。以植物的果实、浆果、种子、嫩芽等为食。繁殖期为 11 — 4 月，营巢于树洞中。

橙翅亚马孙鹦哥 *Amazona amazonica* (Orange-winged Amazon)

隶属于鹦形目鹦鹉科。体长 31 厘米。分布于委内瑞拉、圭亚那、秘鲁和巴西等地。栖息于森林中。结群活动。以植物的果实、浆果、种子、嫩芽等为食。繁殖期为 2 — 4 月，营巢于树洞中，每窝产卵 2 — 4 枚，孵化期为 21 天。

黄项亚马孙鹦哥 *Amazona auropalliata* (Yellow — naped Amazon)

隶属于鹦形目鹦鹉科。体长 35 厘米。分布于从墨西哥南部到哥斯达黎加西北部一带。栖息于森林中。结群活动。以植物的果实、浆果、种子、嫩芽等为食。繁殖期为 2 — 5 月，营巢于树洞中，每窝产卵 3 — 4 枚。

黄项亚马孙鹦哥

橙翅亚马孙鹦哥

黄头亚马孙鹦哥

黄头亚马孙鹦哥 *Amazona oratrix* (Yellow-headed Amazon)

隶属于鹦形目鹦鹉科。体长 33 厘米。分布于墨西哥等地。栖息于森林中。结群活动。以植物的果实、浆果、种子、嫩芽等为食。繁殖期为 2 — 5 月，营巢于树洞中，每窝产卵 3 — 4 枚。

红眼亚马孙鹦哥 *Amazona autumnalis* (Red-lored Amazon)

隶属于鹦形目鹦鹉科。体长 34 厘米。分布于从墨西哥、尼加拉瓜、洪都拉斯、哥斯达黎加、哥伦比亚到厄瓜多尔、委内瑞拉、巴西一带。栖息于热带雨林中。成对或结群活动。以植物的果实、浆果、种子、嫩芽等为食。繁殖期为 2 — 5 月，营巢于树洞中，孵化期为 25 — 26 天。

红眼亚马孙鹦哥

淡紫冠亚马孙鹦哥 *Amazona finschi*（Lilac-crowned Amazon）

隶属于鹦形目鹦鹉科。体长33 厘米。分布于墨西哥西部一带。栖息于平原、低山树林中。结群活动。以植物的果实、浆果、种子、嫩芽等为食。繁殖期为2 —5 月，营巢于树洞中，每窝产卵2 枚，孵化期为28 天。

红冠亚马孙鹦哥 *Amazona viridigenalis*（Green-cheeked Amazon）

隶属于鹦形目鹦鹉科。体长33 厘米。分布于墨西哥东北部一带。栖息于森林中。结群活动。以植物的果实、浆果、种子、嫩芽等为食。繁殖期为3 —4 月。

红冠亚马孙鹦哥

淡紫冠亚马孙鹦哥

鹰头鹦哥 *Deroptyus accipitrinus*（Hawk-headed Parrot）

隶属于鹦形目鹦鹉科。体长35 厘米。分布于圭亚那、委内瑞拉、巴西和秘鲁等地。栖息于沿海及内陆森林、草原中。成对或小群活动。以棕榈果实等为食。繁殖期为2 —4 月，营巢于啄木鸟的旧树洞中，每窝产卵2 枚，孵化期为28 天。

蓝腹鹦哥 *Triclaria malachitacea*（Blue-bellied Parrot）

隶属于鹦形目鹦鹉科。体长28 厘米。分布于巴西东南部一带。栖息于森林中。以植物的果实、浆果、种子、嫩芽等为食。营巢于树洞中，每窝产卵3 枚，孵化期为21 天。

鹰头鹦哥

蓝腹鹦哥

鸮鹦鹉 *Strigops habroptilus*（Kakapo）

隶属于鹦形目鹦鹉科。体长64 厘米。分布于新西兰及其附近岛屿。栖息于山地森林中。以植物的果实、浆果、种子、嫩芽，以及昆虫等为食。繁殖期为12 —3 月，营巢于地面岩石凹坑洞中，每窝产卵1 —3 枚。

鸮鹦鹉

十九、鹃形目（Cuculiformes）

攀禽。两性相似。嘴长度适中，细长而侧扁，上嘴基部无蜡膜，先端尖而微曲，不具钩。翅短圆或尖长，初级飞羽10 枚。尾一般与翅等长或较翅长，多为凸尾或圆形，尾羽8-10 枚。脚短小细弱，具 4 趾，呈对趾型，外趾能反转。分布几遍全球。共有三个科，即：蕉鹃科（Musophagidae）、麝雉科（Opisthocomidae）和杜鹃科（Cuculidae）。

南非灰蕉鹃 *Corythaixoides concolor*（Go-away Bird）

南非灰蕉鹃

隶属于鹃形目蕉鹃科。体长 48 厘米。分布于坦桑尼亚、莫桑比克、博茨瓦纳和南非等地。栖息于灌丛、树林等地带。呈小群活动。以植物果实、浆果等为食。全年均有繁殖记录，营巢于树木或灌丛上，每窝产卵 2 —3 枚。

蓝冠蕉鹃 *Tauraco hartlaubi*（Hartlaub's Turaco）

隶属于鹃形目蕉鹃科。体长 41 厘米。分布于肯尼亚和坦桑尼亚北部一带。栖息于常绿阔叶林及林缘地带。以植物种子、果实和浆果等为食。

蓝冠蕉鹃

短冠紫蕉鹃 *Musophaga rossae*（Lady Ross's Turaco）

隶属于鹃形目蕉鹃科。体长 51 —54 厘米。分布于非洲从喀麦隆、苏丹，到安哥拉、纳米比亚和博茨瓦纳一带。栖息于林地及林缘地带。成对或小群活动。以植物果实、浆果等为食。繁殖期为 2 —11 月，营巢于树木或灌丛上，每窝产卵 2 枚。

短冠紫蕉鹃

白梢冠蕉鹃 *Tauraco corythaix*（Knysna Turaco）

隶属于鹃形目蕉鹃科。体长 41 —45 厘米。分布于南非的东部和南部一带。栖息于常绿阔叶林及林缘地带。以植物种子、果实和浆果等为食。繁殖期为 11 —1 月，营巢于树木或灌丛上，每窝产卵 2 —5 枚。

白梢冠蕉鹃

紫冠蕉鹃 *Tauraco porphyreolophus*（Violet-crested Turaco）

紫冠蕉鹃

隶属于鹃形目蕉鹃科。体长 47 厘米。分布于肯尼亚、莫桑比克、津巴布韦和南非等地。栖息于开阔林地和灌丛地带。单独或成对活动。以植物果实、浆果等为食。繁殖期为 9 —1 月，营巢于树木或灌丛上，每窝产卵 2 —3 枚。

麝雉 *Opisthocomus hoatzin*（Hoatzin）

也叫臭雉，隶属于鹃形目麝雉科。体长 60 —65 厘米，体重 800 克。仅分布于南美洲的哥伦比亚、委内瑞拉和巴西等地。栖息于热带雨林中。以植物的叶、花和果实等为食。营巢于树上或灌丛中，每窝产卵 2 —3 枚。孵化期为 28 天。

麝雉

红翅凤头鹃 *Clamator cormandus*（Red-winged Crested Cuckoo）

隶属于鹃形目杜鹃科。体长 35 — 42 厘米，体重 67 — 114 克。分布于中国长江流域以南，以及印度、缅甸、斯里兰卡、中南半岛、菲律宾和印度尼西亚等地。栖息于低山和平原的开阔林地和灌丛中。单独或成对活动。以毛虫、甲虫、白蚁等昆虫为食，也吃植物果实等。繁殖期为 5 — 7 月，自己不营巢，产卵于画眉等鸟类的巢中，由义亲代为孵卵。

红翅凤头鹃

大凤头鹃 *Clamator glandarius*（Great Spotted Cuckoo）

隶属于鹃形目杜鹃科。分布于从西班牙到伊朗、非洲一带。栖息于林地、灌丛中。呈小群活动。以昆虫为食。繁殖期为 9 — 2 月，自己不营巢，产卵于椋鸟等鸟类的巢中，由义亲代为孵卵。

大凤头鹃

大杜鹃 *Cuculus canorus*（Eurasian Cuckoo）

隶属于鹃形目杜鹃科。体长 28 — 37 厘米，体重 91 — 153 克。分布于欧洲、亚洲和非洲等地。栖息于山地、平原、城市开阔林地中。单独活动。以松毛虫、蝗虫、蛾等昆虫为食。繁殖期为 5 — 7 月，自己不营巢，产卵于大苇莺、伯劳等鸟类的巢中，由义亲代为孵卵。

大杜鹃

四声杜鹃 *Cuculus micropterus*（Short-winged Cuckoo）

隶属于鹃形目杜鹃科。体长 31 — 34 厘米，体重 90 — 146 克。分布于俄罗斯东部、日本、中国、印度、缅甸、马来西亚和印度尼西亚大巽他群岛等地。栖息于山地、平原森林中。单独或成对活动。以松毛虫、蛾等昆虫为食，也吃植物种子等。繁殖期为 5 — 7 月，自己不营巢，产卵于大苇莺、灰喜鹊等鸟类的巢中，由义亲代为孵卵。

四声杜鹃

中杜鹃 *Cuculus saturatus*（Oriental Cuckoo）

隶属于鹃形目杜鹃科。体长 25 — 34 厘米，体重 71 — 129 克。分布于亚洲中部、俄罗斯东部、日本、朝鲜、中国、印度东北部、缅甸、中南半岛、马来西亚、印度尼西亚和澳大利亚等地。栖息于山地森林中。单独活动。以昆虫等为食。繁殖期为 5 — 7 月，自己不营巢，产卵于柳莺等鸟类的巢中，由义亲代为孵卵。

中杜鹃

小杜鹃 *Cuculus poliocephalus*（Little Cuckoo）

隶属于鹃形目杜鹃科。体长 24 — 26 厘米，体重 50 — 70 克。分布于俄罗斯东部、日本、中国、阿富汗、印度、斯里兰卡、缅甸、中南半岛、马来西亚、印度尼西亚和非洲南部、马达加斯加岛等地。栖息于山地疏林、灌丛中。单独活动。以粉蝶幼虫、春蛾幼虫、尺蠖等为食，也吃植物种子等。繁殖期为 5 — 7 月，自己不营巢，产卵于鹪鹩、柳莺等鸟类的巢中，由义亲代为孵卵。

大鹰鹃

大鹰鹃 *Cuculus sparverioides*（Large Hawk Cuckoo）

隶属于鹃形目杜鹃科。体长 35 — 42 厘米，体重 130 — 168 克。分布于中国长江流域以南地区、印度、缅甸、泰国、中南半岛、菲律宾和印度尼西亚等地。栖息于山地、平原森林中。单独活动。以蝗虫、蚂蚁等昆虫为食。繁殖期为 4 — 7 月，自己不营巢，产卵于钩嘴鹛、喜鹊等鸟类的巢中，由义亲代为孵卵。

小杜鹃

噪鹃 *Eudynamys scolopacea*（Koel）

隶属于鹃形目杜鹃科。体长 40 — 43 厘米，体重 175 — 242 克。分布于中国秦岭和黄河以南地区、印度、缅甸、中南半岛、印度尼西亚、澳大利亚等地。栖息于山地、平原林地中。单独活动。以植物种子、果实，以及毛虫、蚱蜢、甲虫等昆虫为食。繁殖期为 3 — 8 月，自己不营巢，产卵于黑领椋鸟、喜鹊等鸟类的巢中，由义亲代为孵卵。

噪鹃

八声杜鹃

八声杜鹃 *Cacomantis merulinus*（Plaintive Brush Cuckoo）

隶属于鹃形目杜鹃科。体长 21 — 24 厘米，体重 23 — 35 克。分布于中国华南和西南地区、印度、斯里兰卡、缅甸、中南半岛、菲律宾、印度尼西亚等地。栖息于树林和灌丛中。单独或成对活动。以毛虫等昆虫为食。繁殖期为 4 — 9 月，自己不营巢，产卵于缝叶莺等鸟类的巢中，由义亲代为孵卵。

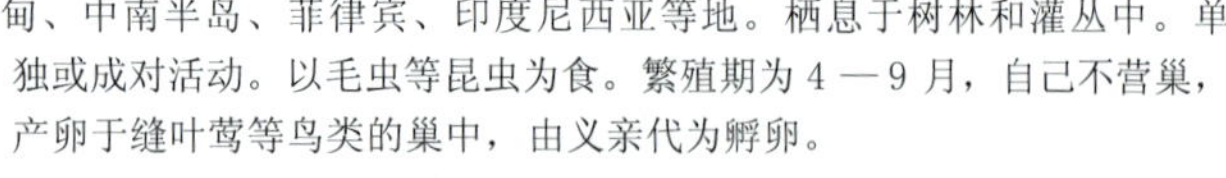

黄嘴美洲鹃 *Coccyzus americanus*（Yellow-billed Cuckoo）

隶属于鹃形目杜鹃科。体长 26 — 32 厘米。分布于从加拿大、美国、墨西哥一直到中美洲和南美洲北部一带。栖息于林地、牧场和果园等环境中。以昆虫等为食。营巢于树上或灌丛上，每窝产卵 2 — 4 枚，孵化期为 18 — 21 天。

黄嘴美洲鹃

红树美洲鹃

红树美洲鹃 *Coccyzus minor*（Mangrove Cuckoo）

隶属于鹃形目杜鹃科。体长 30 — 33 厘米。分布于从美国、墨西哥一直到中美洲和南美洲哥伦比亚、圭亚那、委内瑞拉和巴西北部一带。栖息于林地和林缘地带。以昆虫等为食。营巢于树上或灌丛上，每窝产卵 2 — 3 枚。

滑嘴犀鹃 *Crotophaga ani*（Smooth-billed Ani）

隶属于鹃形目杜鹃科。体长 33 — 37 厘米。分布于从美国、墨西哥、巴哈马、哥斯达黎加、巴拿马一直到厄瓜多尔和阿根廷北部一带。栖息于农田、灌丛等地带。成对或小群活动。以昆虫等为食。营巢于树上或灌丛上，每窝产卵 3 — 5 枚。

滑嘴犀鹃

黑嘴美洲鹃

黑嘴美洲鹃 *Coccyzus erythrophthalmus*（Black-billed Cuckoo）

隶属于鹃形目杜鹃科。体长 27 — 30 厘米。分布于从加拿大、美国、墨西哥一直到中美洲和南美洲西北部一带。栖息于林地、牧场和果园等环境中。以昆虫等为食。营巢于树上或灌丛上，每窝产卵 2 — 4 枚。

走鹃 *Geococcyx califormanus*（Road-runner）

隶属于鹃形目杜鹃科。体长 50 — 61 厘米。分布于美国南部、墨西哥等地。栖息于干旱、半干旱的农田、灌丛等地带。以蛇、蜥蜴、鼠和昆虫等为食。营巢于较矮的灌丛上，每窝产卵 2 — 6 枚。

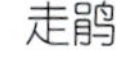

走鹃

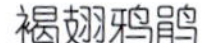

褐翅鸦鹃

褐翅鸦鹃 *Centropus sinensis*（Common Crow-Pheasant

隶属于鹃形目杜鹃科。体长为 40 — 52 厘米，体重 250 — 392 克。分布于中国长江流域以南，以及印度、缅甸、斯里兰卡、中南半岛、菲律宾和印度尼西亚等地。栖息于灌丛、草丛和芦苇丛中。单独或成对活动。以毛虫、蝗虫、蚱蜢、象甲、蜚蠊、蚁和蜂等昆虫为食，也吃蜈蚣、蟹、螺、蚯蚓、甲壳类、软体动物等无脊椎动物，以及蛇、蜥蜴、鼠类、鸟卵和雏鸟等。营巢于草丛、灌丛、芦苇、竹林中，每窝产卵 3 — 5 枚，雄、雌轮流孵卵。

地鹃 *Carpococcyx radiceus*（Ground Cuckoo）

隶属于鹃形目杜鹃科。体长 60 厘米。分布于印度尼西亚的苏门答腊岛、加里曼丹岛等地。栖息于岛屿上的各种环境中。

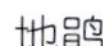

地鹃

蓝头鸦鹃

蓝头鸦鹃 *Centropus monachus*（Blue-headed Coucal）

隶属于鹃形目杜鹃科。体长 46 厘米。分布于非洲从加纳、苏丹到安哥拉、乌干达等地。栖息于草地、沼泽等地带。以蛇、蜥蜴等为食。繁殖期为 12 — 2 月，营巢于较矮的灌丛上，每窝产卵 3 枚。

小鸦鹃 *Centropus toulou*（Black Coucal）

隶属于鹃形目杜鹃科。体长 30—40 厘米，体重 85—167 克。分布于中国华中、华南、西南地区和印度、缅甸、中南半岛、菲律宾和印度尼西亚等地。栖息于丘陵和平原地带的灌丛、草丛、果园和次生林中。单独或成对活动。性机智而隐蔽。主要以蝗虫、蝼蛄、金龟甲、椿象、白蚁、螳螂、蠡斯等昆虫和其他小型动物为食，也吃少量植物果实与种子。繁殖期 3—8 月，营巢于灌丛、竹丛和其他植物丛中，每窝产卵 3—5 枚。

小鸦鹃

雉形鸦鹃 *Centropus phasianinus*（Pheasant Coucal）

隶属于鹃形目杜鹃科。体长 60—80 厘米。分布于澳大利亚北部和西部、新几内亚、帝汶及其附近岛屿上。栖息于草地、沼泽等地带。以蛇、蜥蜴等为食。繁殖期为 10—2 月，营巢于较矮的植物上，每窝产卵 3—4 枚。

雉形鸦鹃

塞内加尔鸦鹃 *Centropus senegalensis*（Senegal Coucal）

隶属于鹃形目杜鹃科。体长 38—41 厘米。分布于非洲从塞内加尔到索马里、安哥拉等地。栖息于草地、灌丛等地带。以蛇、蜥蜴、鼠、昆虫等为食。营巢于较矮的灌丛上，每窝产卵 4 枚。

塞内加尔鸦鹃

二十、鸮形目（Strigiformes）

猛禽。体形大小不一，雌鸟较雄鸟为大。大多具有脸盘。头形宽大。嘴强而曲，成钩状，嘴基具蜡膜。眼大而圆，两眼位置向前，其周围羽毛排列成面盘状。有些种类在头的两侧具有显著突起的耳簇羽。翅外形不一，初级飞羽 11 枚。尾短圆，尾羽 12 枚或 10 枚。脚强健有力，常全部被羽。第 4 趾能前后转动。爪形大而锐利。分布几乎遍及全世界。共有两个科，即：草鸮科（Tytonidae）和鸱鸮科（Strigidae）。

仓鸮

仓鸮 *Tyto alba*（Barn Owl）

隶属于鸮形目草鸮科。体长 34—39 厘米，体重 485 克。分布于亚洲、欧洲、大洋洲、非洲、北美洲、南美洲和中美洲等地。栖息于原野、低山、丘陵、农田和村庄附近森林中。单独活动。以鼠类和野兔等为食，也吃中小型鸟类、青蛙和较大的昆虫等。繁殖期为 3—6 月和 9—12 月，营巢于树洞或岩洞中，每窝产卵 2—7 枚，孵化期 32—34 天。

草鸮

草鸮 *Tyto capensis*（Grass Owl）

也叫猴面鹰，隶属于鸮形目草鸮科。体长为 35 — 44 厘米，体重 400 克。分布于中国长江流域以南和印度、越南、缅甸、菲律宾、印度尼西亚、巴布亚新几内亚、澳大利亚、斐济和非洲等地。栖息于低山丘陵、山坡草地和开阔草原地带。以鼠类和小型哺乳动物为食，也吃蛇、蛙、鸟和昆虫等。每年繁殖 2 次，繁殖期为 4 — 6 月份和 8 — 11 月份，营巢于草丛和大树根凹处，每窝产卵 2 — 4 枚，孵卵期 22 — 25 天。

栗鸮

栗鸮 *Phodilus badius*（Bay Owl）

隶属于鸮形目草鸮科。体长 29 厘米，体重 311 — 360 克。分布于中国、印度、尼泊尔、锡金、缅甸、泰国、越南、菲律宾、马来西亚、印度尼西亚和斯里兰卡等地。栖息于常绿阔叶林、针叶林和次生林中。单独、成对或小群活动。以鼠类、小鸟、蜥蜴、蛙、昆虫等为食。繁殖期为 3 — 7 月，营巢于树洞中，每窝产卵 3 — 5 枚。

领角鸮

领角鸮 *Otus bakkamoena*（Collared Scops Owl）

隶属于鸮形目鸱鸮科。体长 20 — 27 厘米，体重 110 — 205 克。分布于俄罗斯东部、中国、日本、菲律宾、中南半岛、缅甸、泰国、印度、斯里兰卡、马来西亚和印度尼西亚等地。栖息于山地阔叶林和混交林中。单独活动。主要以鼠类、甲虫、蝗虫和鞘翅目昆虫等为食。繁殖期为 3 — 6 月，营巢于天然树洞内，每窝产卵 2 — 6 枚，亲鸟轮流孵卵。

白脸角鸮

白脸角鸮 *Otus leucotis*（White-faced Scops Owl）

隶属于鸮形目鸱鸮科。体长 25 厘米。分布于非洲塞内加尔、埃塞俄比亚、肯尼亚、苏丹、扎伊尔、坦桑尼亚、加蓬、安哥拉和南非等地。栖息于林地、灌丛和草地等环境中。以鼠类、昆虫等为食。繁殖期为 7 — 1 月，营巢于树洞内，每窝产卵 2 — 4 枚。

普通角鸮

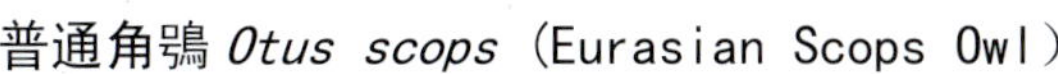

普通角鸮 *Otus scops*（Eurasian Scops Owl）

又叫红角鸮，隶属于鸮形目鸱鸮科。体长 17 — 22 厘米，体重 48 — 105 克。分布于欧洲、非洲、俄罗斯、亚洲中部和东部、印度、斯里兰卡、中南半岛、菲律宾、马来西亚和印度尼西亚等地。栖息于阔叶林和混交林中。以昆虫、小型无脊椎动物和啮齿类动物等为食，也吃两栖类、爬行类和鸟类。繁殖期为 5 — 8 月，营巢于树洞中，每窝产卵 3 — 6 枚，孵化期 24 — 25 天。

乳黄雕鸮 *Bubo lacteus*（Verreaux’s Eagle Owl）

隶属于鸮形目鸱鸮科。体长 58 —66 厘米。分布于非洲从塞内加尔、苏丹、埃塞俄比亚到南非一带。栖息于森林、荒野、灌丛等各类环境。以小型兽类、鸟类和爬行类等为食。繁殖期为 5 —9 月，营巢于树洞中或树枝上，每窝产卵 2 枚。

乳黄雕鸮

雕鸮

雕鸮 *Bubo bubo*（Northern Eagle Owl）

隶属于鸮形目鸱鸮科。体长56—89 厘米，体重 140 —395 克。分布于欧亚大陆和非洲等地。栖息于森林、平原、高山和峭壁等各类环境中。单独活动。以各种鼠类为食，也吃包括狐狸、豪猪、野猫类等在内的兽类、鸟类、鱼类、两栖类和爬行类。繁殖期为 4 —7 月，营巢于树洞中和悬崖凹处，每窝产卵 2 —5 枚，孵化期35 天。

大雕鸮

毛腿渔鸮

大雕鸮 *Bubo virginianus*（Great Horned Owl）

隶属于鸮形目鸱鸮科。体长 49 —63 厘米。分布于阿拉斯加、加拿大、美国、墨西哥、巴拿马、哥伦比亚、厄瓜多尔、委内瑞拉、巴西和秘鲁等地。栖息于森林、荒漠、田野和沼泽等地带。以小型兽类、鸟类、两栖类、爬行类和昆虫等为食。繁殖期从 1 月开始，营巢于树洞中和悬崖凹处，每窝产卵 2—3 枚。

毛腿渔鸮 *Ketupa blakistoni*（Blakiston’s Fish Owl）

隶属于鸮形目鸱鸮科。体长 71 —77 厘米，体重 1500 —5500 克。分布于中国东北、俄罗斯东部、朝鲜和日本北海道等地。栖息于阔叶林、混交林和灌丛地带。单独活动。主要以鱼类为食，也吃喇蛄、虾、蟹等水生动物。繁殖期为 3 —4 月，营巢于树洞或倒木下，每窝产卵 2 枚。

黄腿渔鸮

黄腿渔鸮 *Ketupa flavipes*（Tawny Fish Owl）

隶属于鸮形目鸱鸮科。体长 58 —63 厘米，体重 2 千克。分布于中国、印度、孟加拉国、尼泊尔、锡金、不丹、缅甸和中南半岛等地。栖息于溪流、河谷附近的阔叶林和次生林。单独活动。以鱼类为食，兼食鼠类、昆虫、蛇、蛙、蜥蜴、蟹和鸟类等。繁殖期从 11 —2 月，产卵于地洞或岩洞中，每窝产卵 2 枚。

眼镜鸮 *Pulsatrix perspicillata*（Spectacled Owl）

隶属于鸮形目鸱鸮科。体长 43 —48 厘米。分布于墨西哥、巴拿马、哥斯达黎加、厄瓜多尔、巴西、巴拉圭、玻利维亚和阿根廷北部等地。栖息于森林地带。以小型动物等为食。营巢于树洞中，每窝产卵 2 枚。

眼镜鸮

雪鸮 *Nyctea scandiaca*（Snowy Owl）

雪鸮

隶属于鸮形目鸱鸮科。体长55—63厘米，体重1—1.9千克。分布于环北极的冻土带和岛屿，冬季游荡到欧洲、北美洲、亚洲、朝鲜、日本和中国等地。栖息于北极的冻原带和邻近荒原与沼泽。以旅鼠和雪兔为食，也捕食其他啮齿类和小鸟，甚至雉、鸭和雁等中大型鸟类。繁殖期为5—8月，营巢于苔原的地面上，每窝产卵4—7枚，孵化期32—34天。

猛鸮 *Surnia ulula*（Hawk Owl）

猛鸮

隶属于鸮形目鸱鸮科。体长35－40厘米，体重247—375克。分布于欧洲北部、俄罗斯、中国东北和新疆、阿拉斯加和加拿大等地。栖息于苔原、平原森林地带。以啮齿动物为食，也吃山鸦、松鸡等鸟类、野兔和其他小动物。繁殖期为4—7月，营巢于树洞或乌鸦、喜鹊等鸟类的旧巢中，每窝产卵3—13枚。

领鸺鹠 *Glaucidium brodiei*（Collared Pygmy Owlet）

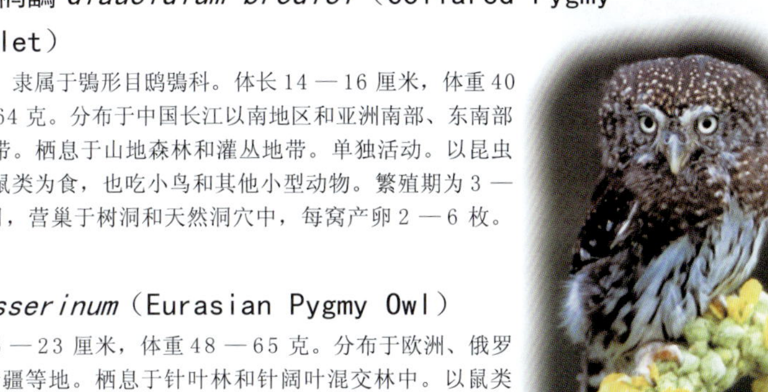

领鸺鹠

隶属于鸮形目鸱鸮科。体长14—16厘米，体重40—64克。分布于中国长江以南地区和亚洲南部、东南部一带。栖息于山地森林和灌丛地带。单独活动。以昆虫和鼠类为食，也吃小鸟和其他小型动物。繁殖期为3—7月，营巢于树洞和天然洞穴中，每窝产卵2—6枚。

花头鸺鹠 *Glaucidium passerinum*（Eurasian Pygmy Owl）

隶属于鸮形目鸱鸮科。体长16—23厘米，体重48—65克。分布于欧洲、俄罗斯、蒙古和中国河北、黑龙江、新疆等地。栖息于针叶林和针阔叶混交林中。以鼠类为食，也吃蜥蜴、小型鸟类和昆虫等。繁殖期为5—7月，营巢于树洞中和树杈之间，每窝产卵4—6枚，孵化期28—29天。

花头鸺鹠

姬鸮 *Micrathene whitneyi*（Elf Owl）

姬鸮

隶属于鸮形目鸱鸮科。体长14—15厘米。分布于美国西南部、墨西哥等地。栖息于荒漠、灌丛等地带。以鼠、蜥蜴、昆虫等为食。繁殖期为2—9月，营巢于树洞中，每窝产卵2—3枚。

布布克鹰鸮 *Ninox novaeseelandiae*（Boobook Owl）

布布克鹰鸮

隶属于鸮形目鸱鸮科。体长29—30厘米。分布于澳大利亚、塔斯马尼亚、新几内亚、新西兰、帝汶及其附近岛屿等地。栖息于森林、灌丛等地带。以小型动物等为食。繁殖期为9—11月，营巢于树洞中，每窝产卵2—3枚。

纵纹腹小鸮 *Athene noctua*（Little Owl）

隶属于鸮形目鸱鸮科。体长 20 — 26 厘米。分布于欧洲、非洲、亚洲和中国西北、西南、华北、东北、华东、华中等地。栖息于低山丘陵、林缘灌丛和平原森林地带。以鼠类和昆虫为食，也吃小鸟、蜥蜴、蛙等小型动物。繁殖期为 5 — 7 月，营巢于悬崖的缝隙、岩洞、废弃建筑物的洞穴等处，每窝产卵 2 — 8 枚，孵化期，28 — 29 天。

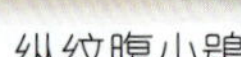
纵纹腹小鸮

灰林鸮

灰林鸮 *Strix aluco*（Eurasian Tawny Owl）

隶属于鸮形目鸱鸮科。体长 37 — 40 厘米，体重 322 — 485 克。分布于欧洲、亚洲、非洲西北部和中国东北、华北、华中、西南和西北等地区。栖息于山地阔叶林和混交林中。成对或单独活动。以啮齿动物为食，也吃小鸟、蛙、小型兽类和昆虫等，偶尔也在水中捕食鱼类。繁殖期为 1 — 4 月，营巢于树洞中，每窝产卵 1 — 8 枚，孵化期 28 — 30 天。

穴鸮

穴鸮 *Athene cunicularia*（Burrowing Owl）

隶属于鸮形目鸱鸮科。体长 23 — 26 厘米。分布于从加拿大、美国、墨西哥、巴哈马，到委内瑞拉、圭亚那、苏里南、巴西、哥伦比亚、厄瓜多尔、玻利维亚、秘鲁和阿根廷等地。栖息于干旱、半干旱的旷野地带。以小型动物等为食。营巢于洞穴中，每窝产卵 7 — 9 枚。

乌林鸮 *Strix nebulosa*（Great Grey Owl）

隶属于鸮形目鸱鸮科。体长 56 — 65 厘米，体重 750 — 1005 克。分布于欧洲、亚洲北部、中国东北和西北地区和北美洲等地。栖息于针叶林和针阔叶混交林中。单独活动。以啮齿动物为食，也吃小鸟和鸡类等中型鸟类。繁殖期为 5 — 7 月，营巢于树上，每窝产卵 3 — 5 枚，孵化期 30 天。

乌林鸮

短耳鸮

短耳鸮 *Asio flammeus*（Short-eared Owl）

隶属于鸮形目鸱鸮科。体长 35 — 38 厘米，体重 326 — 450 克。分布于欧洲、亚洲、非洲北部、北美洲、南美洲、大洋洲等地。栖息于丘陵、苔原、荒漠、平原、沼泽、湖岸等地区。以鼠类为食，也吃小鸟、蜥蜴、昆虫等。繁殖期为 4 — 6 月，营巢于沼泽附近的草丛或朽木洞中，每窝产卵 3 — 8 枚，孵化期 24 — 28 天。

长耳鸮

长耳鸮 *Asio otus*（Long-eared Owl）

也叫猫头鹰、夜猫子，隶属于鸮形目鸱鸮科。体长 35 — 39 厘米，体重 208 — 326 克。分布于欧洲、亚洲、非洲、北美洲等地。栖息于各种类型的森林中。单独或成对活动，有时也结成大群。以鼠类等为食。繁殖期为 4 — 6 月，营巢于森林之中，每窝产卵 3 — 8 枚，孵化期，27 — 28 天。

棕榈鬼鸮 *Aegolius acadicus*（Saw-whet Owl）

隶属于鸮形目鸱鸮科。体长 20 — 22 厘米。分布于加拿大、美国和墨西哥北部等地。栖息于森林中。以鼠类等为食。营巢于树洞中。每窝产卵 5 — 6 枚。

棕榈鬼鸮

二十一、夜鹰目（Caprimulgiformes）

攀禽。两性相似。头大而较平扁，嘴短，口角处有粗长的嘴须。翅狭长或短圆，初级飞羽 10 枚，缺少第 5 枚次级飞羽。尾较长，凸形，尾羽 10 枚。跗跖短，被羽或裸出，向前三趾以微蹼相连或多少有些合并，中趾特别长，具栉缘。分布于世界上的热带和温带地区。共有五个科，即：油鸱科（Steatornithidae）、蟆口鸱科（Podargidae）、林鸱科（Nyctibiidae）、裸鼻鸱科（Aegothelidae）、夜鹰科（Caprimulgidae）。

茶色蟆口鸱 *Podargus strigoides*（Tawny Frogmouth）

隶属于夜鹰目蟆口鸱科。体长 34 — 53 厘米，体重 157 — 680 克。分布于澳大利亚和马斯塔尼亚岛等地。栖息于开阔的林地中。单独、成对或成小群活动。以软体动物、昆虫、蛙、蜥蜴、小鸟，以及植物嫩枝等为食。8 — 12 月繁殖，营巢于树上，每窝产卵 1 — 5 枚，孵化期为 28 — 32 天。

茶色蟆口鸱

林鸱 *Nyctibius griseus*（Common Potoo）

隶属于夜鹰目林鸱科。体长 31 — 41 厘米，体重 145 — 213 克。分布于巴拿马、哥伦比亚、委内瑞拉、厄瓜多尔、巴西、秘鲁、尼加拉瓜、哥斯达黎加、玻利维亚、巴拉圭、阿根廷北部和乌拉圭北部等地。栖息于平原、低山森林中。以甲虫、蛾等昆虫为食。繁殖期为 8 — 5 月。不营巢，产卵于树叉上。每窝产卵 1 枚。双亲孵化，孵化期为 30 — 33 天。

林鸱

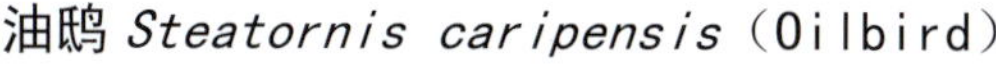

油鸱 *Steatornis caripensis*（Oilbird）

隶属于夜鹰目油鸱科。体长 41 — 48 厘米，体重 273 — 480 克。体羽主要为紫色，具有面盘，嘴特别弯曲。仅分布于南美洲的哥伦比亚、委内瑞拉、圭亚那、厄瓜多尔、玻利维亚、巴拿马和哥斯达黎加等地。栖息于山地、平原森林和灌丛中。夜行性。成对或成群活动。以植物果实等为食。全年均有繁殖记录，营巢于岩洞中，每窝产卵 1 — 4 枚。孵化期为 32 — 35 天。

油鸱

裸鼻鸱 *Aegotheles cristatus*（Owlet-Nightjar）

隶属于夜鹰目裸鼻鸱科。体长 19 — 25 厘米，体重 21 — 65 克。分布于新几内亚南部、澳大利亚和塔斯马尼亚岛等地。栖息于森林中。以甲虫、蛾等昆虫为食。繁殖期为 8 — 12 月，营巢于树上，每窝产卵 2 — 5 枚，孵化期为 25 — 27 天。

裸鼻鸱

小美洲夜鹰

小美洲夜鹰 *Chordeiles acutipennis*（Lesser Nighthawk）

隶属于夜鹰目夜鹰科。体长19—23 厘米，体重 34 — 55 克。分布于美国西南部、墨西哥、巴拿马、哥斯达黎加、危地马拉、洪都拉斯、哥伦比亚、委内瑞拉、圭亚那、玻利维亚、厄瓜多尔、巴西、巴拉圭、秘鲁和智利北部等地。栖息于荒漠、半荒漠和田野等地的林地中。以蚂蚁、夜蛾、甲虫等昆虫为食。1 — 8 月繁殖，产卵于沙地或岩石地面上，每窝产卵 1 — 2 枚，孵化期为 18 — 19 天。

美洲夜鹰 *Chordeiles minor*（Common Nighthawk）

隶属于夜鹰目夜鹰科。体长 22 — 25 厘米，体重 46 — 107 克。分布于加拿大、美国、墨西哥、哥斯达黎加、危地马拉、洪都拉斯、巴西等地。栖息于草原、田野等地的林地中。以蛾、蚊等昆虫为食。4 — 8 月繁殖，产卵于沙地或岩石地面上，每窝产卵 1 — 2 枚，孵化期 17 — 20 天。

美洲夜鹰

帕拉夜鹰 *Nyctidromus albicollis*（Common Pauraque）

隶属于夜鹰目夜鹰科。体长 22 — 28 厘米，体重 43 — 66 克。分布于美国南部、墨西哥、哥斯达黎加、危地马拉、洪都拉斯、巴拿马、哥伦比亚、委内瑞拉、圭亚那、巴西、巴拉圭、秘鲁和阿根廷东北部等地。栖息于森林地带。以甲虫、蚂蚁等昆虫为食。全年均有繁殖记录，产卵于沙石地面上，每窝产卵 1 — 2 枚，孵化期 19 — 20 天。

帕拉夜鹰

印度夜鹰 *Caprimulgus asiaticus*（Indian Nightjar）

隶属于夜鹰目夜鹰科。体长 24 厘米，体重 46 克。分布于巴基斯坦、印度、尼泊尔、孟加拉国、缅甸、泰国、斯里兰卡和中南半岛等地。栖息于平原、低山林地中。以蛾、甲虫等昆虫为食。繁殖期为 1 — 10 月，产卵于地面上，每窝产卵 2 枚。

印度夜鹰

卡罗琳夜鹰

卡罗琳夜鹰 *Caprimulgus carolinensis*（Chuck Will's Widow）

隶属于夜鹰目夜鹰科。体长 27 — 34 厘米，体重 94 — 137 克。分布于美国南部、墨西哥、中美洲和南美洲北部一带。栖息于森林地带。以蛾、蚂蚁等昆虫为食。繁殖期为 3 — 7 月，产卵于地面上，每窝产卵 2 枚，孵化期为 20 天。

欧夜鹰

欧夜鹰 *Caprimulgus europaeus*（European Nightjar）

隶属于夜鹰目夜鹰科。体长 25 — 28 厘米，体重 75 — 100 克。分布于欧洲、非洲、俄罗斯、伊朗、印度西北部和中国西北部地区。栖息于山地、平原森林和灌丛中。单独或成对活动。以蚊、夜蛾、甲虫等昆虫为食。繁殖期为 5—7 月，营巢于林中地面上，每窝产卵 2 枚，孵化期 17 — 18 天。

普通夜鹰

普通夜鹰 *Caprimulgus indicus*（Jungle Nightjar）

隶属于夜鹰目夜鹰科。体长 26 — 28 厘米，体重 85 — 110 克。分布于中国、尼泊尔、印度、斯里兰卡、缅甸、日本、马来西亚和印度尼西亚等地。栖息于山地、平原森林和灌丛中。以天牛、蛾、甲虫等昆虫为食。繁殖期为 5 — 8 月，营巢于林中地面上，每窝产卵 2 枚，孵化期 16 — 17 天。

长尾夜鹰 *Caprimulgus macrurus*（Long-tailed Nightjar）

隶属于夜鹰目夜鹰科。体长 29 — 33 厘米，体重 76 — 93 克。分布于中国西南和华南地区、巴基斯坦、印度、缅甸、中南半岛、菲律宾、印度尼西亚和澳大利亚等地。栖息于山地、平原森林和灌丛中。单独或成对活动。以金龟子、蛾等昆虫为食。繁殖期为 3 — 5 月，营巢于林中地面上，每窝产卵 2 枚。

长尾夜鹰

三声夜鹰

三声夜鹰 *Caprimulgus vociferus*（Whippoorwill）

隶属于夜鹰目夜鹰科。体长 22 — 27 厘米，体重 49 — 69 克。分布于加拿大、美国、墨西哥、古巴、巴拿马、哥斯达黎加、洪都拉斯和危地马拉等地。栖息于森林地带。以蛾、甲虫等昆虫为食。繁殖期为 2 — 7 月，产卵于地面上，每窝产卵 1 — 2 枚，孵化期 19 — 21 天。

加蓬夜鹰

加蓬夜鹰 *Scotornis fossii*（Gabon Nightjar）

隶属于夜鹰目夜鹰科。体长 23 — 24 厘米。分布于加蓬、刚果、扎伊尔、安哥拉、赞比亚、马拉维、莫桑比克、津巴布韦、博茨瓦纳、纳米比亚、南非、乌干达、布隆迪、卢旺达、肯尼亚、坦桑尼亚等地。栖息于林地、灌丛中。以蛾、甲虫等昆虫为食。繁殖期为 8 — 1 月，产卵于地面上，每窝产卵 1 — 2 枚，孵化期 14 — 17 天。

二十二、雨燕目(Apodiformes)

雨燕目为小型鸟类。两性相似。嘴短阔而平扁，稍曲，或纤细如针。无嘴须。翅狭长而尖，次级飞羽短而少，第 5 枚缺如或存在。尾多为叉状，尾羽 10 枚。跗跖较短弱，大多被羽。四趾均向前，或后趾能向前转动。分布几遍世界各地。共有三个科，即：雨燕科（Apodidae）、凤头雨燕科（Hemiprocnidae）、蜂鸟科（Trochilidae）。

白喉针尾雨燕 *Hirundapus caudacuta*（White-throated Spinetailed Swift）

隶属于雨燕目雨燕科。体长 19 — 21 厘米，体重 110 — 150 克。分布于俄罗斯东部、中国、日本、尼泊尔、缅甸、中南半岛、印度尼西亚和澳大利亚等地。栖息于山地森林中。以飞行昆虫为食。繁殖期为 5 — 7 月，营巢于岩石缝或树洞中，每窝产卵 2 — 6 枚。

白喉针尾雨燕

烟囱刺尾雨燕

烟囱刺尾雨燕 *Chaetura pelagica*（Chimney Swift）

隶属于雨燕目雨燕科。体长 12 — 14 厘米。分布于从加拿大南部、美国、墨西哥、洪都拉斯，一直到南美洲中部一带。栖息于林地、城镇等地的空中。成群活动。以飞行昆虫为食。繁殖期为 3 — 9 月，营巢于烟囱内壁，以及岩洞或树洞中，每窝产卵 4 — 5 枚。

白喉叉尾雨燕 *Aeronautes saxatilis*（White-throated Swift）

隶属于雨燕目雨燕科。体长 14 — 15 厘米。分布于加拿大南部、美国、墨西哥、危地马拉和萨尔瓦多等地。栖息于荒漠、峡谷、高原等地区。小群活动。以飞行昆虫为食。繁殖期为 3 — 9 月，营巢于岩石缝隙中，每窝产卵 3 — 5 枚。

白喉叉尾雨燕

棕雨燕 *Cypsiurus parvus*（African Palm Swift）

隶属于雨燕目雨燕科。体长 14 — 16 厘米。分布于塞内加尔、埃塞俄比亚、塞拉里昂、安哥拉、扎伊尔、马拉维、纳米比亚、博茨瓦纳、莫桑比克和马达加斯加岛等地。栖息于棕榈树林地中。以飞行昆虫为食。全年均可繁殖，营巢于棕榈树或香蕉树的叶片上，每窝产卵 1 — 2 枚。

亚洲棕雨燕 *Cypsiurus batasiensis*（Asian Palm Swift）

隶属于雨燕目雨燕科。体长 11 — 12 厘米，体重 9 — 13 克。分布于中国云南和海南、印度、斯里兰卡、缅甸、中南半岛、马来西亚和菲律宾等地。栖息于低山、平原的田间、旷野等地带。以飞行昆虫为食。繁殖期为 5 — 7 月，营巢于屋檐下、棕榈树上或茅草上，每窝产卵 2 — 3 枚。

棕雨燕

亚洲棕雨燕

小白腰雨燕

小白腰雨燕 *Apus affinis*（House Swift）

隶属于雨燕目雨燕科。体长 13 — 14 厘米，体重 25 — 31 克。分布于中国西南和华南地区、印度、尼泊尔、伊朗、斯里兰卡、缅甸、中南半岛、菲律宾、印度尼西亚和非洲等地。栖息于林区、城镇和海岛等地带。以飞行昆虫为食。繁殖期为 4 — 7 月，营巢于岩壁、洞穴和建筑物上，每窝产卵 2 — 4 枚。

楼燕

楼燕 *Apus apus*（Common Swift）

隶属于雨燕目雨燕科。体长 17 — 18 厘米，体重 29 — 41 克。分布于欧洲、非洲、亚洲中部、俄罗斯、中国、印度北部等地。栖息于森林、城镇海岸和荒漠等地带。以飞行昆虫为食。繁殖期为 6 — 7 月，营巢于岩壁、洞穴和建筑物上，每窝产卵 2 — 4 枚，孵化期 21 — 23 天。

非洲白腰雨燕 *Apus caffer*（White-rumped Swift）

隶属于雨燕目雨燕科。体长 14 — 15 厘米。分布于从尼日利亚、苏丹，到安哥拉、南非一带。栖息于海岸等地带。以昆虫等为食。繁殖期为 9 — 3 月，营巢于屋檐下或洞穴中，每窝产卵 2 — 3 枚。

非洲白腰雨燕

白腰雨燕

白腰雨燕 *Apus pacificus*（Northern White-rumped Swift）

隶属于雨燕目雨燕科。体长 17 — 19 厘米，体重 35 — 51 克。分布于俄罗斯东部、中国、日本、印度、缅甸、中南半岛、马来西亚和澳大利亚等地。栖息于山区、河流附近的悬崖峭壁地带。以叶蝉、小蜂、蚊、蝇等昆虫为食。繁殖期为 5 — 7 月，营巢于悬崖峭壁裂缝中，每窝产卵 2 — 3 枚，孵化期 20 — 23 天。

凤头雨燕 *Hemiprocne longipennis*（Crested Tree Swift）

隶属于雨燕目凤头雨燕科。体长 21 — 25 厘米。分布于中国云南南部、印度、缅甸、中南半岛、马来西亚和印度尼西亚等地。栖息于林缘和果园、公园等地的树林中。以飞行昆虫为食。繁殖期为 3 — 6 月，营巢于树上，每窝产卵 1 枚。

凤头雨燕

极乐冠蜂鸟

极乐冠蜂鸟 *Lophornis chalybea*（Festive Coquette）

隶属于雨燕目蜂鸟科。栖息于热带地区。分布于哥伦比亚、玻利维亚、委内瑞拉和巴西等地。

长尾隐蜂鸟 *Phaethornis superciliosus*（Long-tailed Hermit）

隶属于雨燕目蜂鸟科。体长 15 — 18 厘米。分布于墨西哥、洪都拉斯、巴拿马、哥伦比亚、厄瓜多尔、秘鲁、玻利维亚、委内瑞拉、圭亚那和巴西等地。栖息于森林和灌丛中。以花蜜为食。营巢于树叶上。

长尾隐蜂鸟

白尖镰嘴蜂鸟

白尖镰嘴蜂鸟 *Eutoxeres aquila*（White-tipped Sicklebill）

隶属于雨燕目蜂鸟科。体长 14 厘米。分布于哥斯达黎加、巴拿马、哥伦比亚、厄瓜多尔和秘鲁北部等地。栖息于山地森林中。以花蜜为食。

琉璃刀翅蜂鸟 *Campylopterus falcatus*（Lazuline Sabrewing）

隶属于雨燕目蜂鸟科。分布于厄瓜多尔东部、哥伦比亚、委内瑞拉西部等地。

琉璃刀翅蜂鸟

黑蜂鸟 *Melanotrochilus fuscus*（Black Jacobin）

隶属于雨燕目蜂鸟科。分布于巴西东部等地。

黑蜂鸟

绿色紫耳蜂鸟 *Colibri thalassinus*（Green Violetear）

隶属于雨燕目蜂鸟科。体长 11 — 12 厘米。分布于墨西哥、危地马拉、洪都拉斯、哥斯达黎加、巴拿马、厄瓜多尔、委内瑞拉、哥伦比亚、秘鲁和阿根廷北部等地。栖息于森林和林缘地带。以花蜜为食。全年均有繁殖记录。

绿色紫耳蜂鸟

金喉红顶蜂鸟 *Chrysolampis mosquitus*（Ruby-Topaz Hummingbird）

隶属于雨燕目蜂鸟科。分布于南美洲东部和北部等地。

金喉红顶蜂鸟

黑胸蜂鸟 *Stephanoxis lalandi*（Black-breasted Plovercrest）

隶属于雨燕目蜂鸟科。分布于巴西南部和东南部、巴拉圭和阿根廷东北部等地。

黑胸蜂鸟

拍尾蜂鸟 *Discosura longicauda*（Racquet-tailed Coquette）

隶属于雨燕目蜂鸟科。分布于委内瑞拉东部、圭亚那、巴西东部等地。

拍尾蜂鸟

绿喉加利蜂鸟 *Sericotes holosericeus*（Green-throated Carib）

隶属于雨燕目蜂鸟科。分布于波多黎各、格林纳达等地。

绿喉加利蜂鸟

阔嘴蜂鸟 *Cynanthus latirostris*（Broad-billed Hummingbird）

隶属于雨燕目蜂鸟科。体长 10 — 11 厘米。分布于美国西南部、墨西哥等地。栖息于山区草地、灌丛等生境中。以花蜜为食。繁殖期为 5 — 7 月。

阔嘴蜂鸟

蓝喉红嘴蜂鸟 *Hylocharis eliciae*（Blue-throated Goldentail）

隶属于雨燕目蜂鸟科。体长 9 厘米。分布于从墨西哥南部到巴拿马一带。栖息于林地和林缘地带。以花蜜为食。

蓝喉红嘴蜂鸟

白耳红嘴蜂鸟 *Hylocharis leucotis*（White-eared Hummingbird）

隶属于雨燕目蜂鸟科。体长 9 厘米。分布于从墨西哥、危地马拉、洪都拉斯、尼加拉瓜到南美洲西北部等地。栖息于溪流附近的林地中。以花蜜为食。繁殖期为 3 —12 月。

白耳红嘴蜂鸟

寿带蜂鸟

寿带蜂鸟 *Trochilus polytmus*（Streamertail）

隶属于雨燕目蜂鸟科。体长 11 —25 厘米。分布于牙买加等地。栖息于林地、花园等环境中。单独活动。以花蜜，以及昆虫等为食。繁殖期为 10 —3 月。营巢于灌丛上。每窝产卵 2 枚。

绿蜂鸟 *Amazilia beryllina*（Berylline Hummingbird）

隶属于雨燕目蜂鸟科。体长 9 厘米。分布于从墨西哥到洪都拉斯一带。栖息于山地森林和林缘地带。以花蜜为食。

铜腰蜂鸟 *Amazilia tobaci*（Copper-rumped Hummingbird）

隶属于雨燕目蜂鸟科。分布于委内瑞拉、特立尼达和多巴哥等地。

绿蜂鸟

铜腰蜂鸟

紫冠蜂鸟

紫冠蜂鸟 *Amazilia violiceps*（Violet-crowned Hummingbird）

隶属于雨燕目蜂鸟科。体长 9 —11 厘米。分布于墨西哥等地。栖息于溪流附近的林地、林缘和荒漠等地带。以花蜜为食。

绿顶辉蜂鸟 *Heliodoxa jacula* （Green-crowned Brilliant）

隶属于雨燕目蜂鸟科。分布于哥斯达黎加、巴拿马、哥伦比亚、厄瓜多尔等地。栖息于山地森林中。以花蜜为食。

黑腹蜂鸟

棕腹蜂鸟

棕腹蜂鸟 *Amazilia yucatanensis* （Buff-bellied Hummingbird）

隶属于雨燕目蜂鸟科。体长 10—11 厘米。分布于美国南部、墨西哥、危地马拉和洪都拉斯等地。栖息于林地边缘和灌丛等生境中。以花蜜为食。繁殖期为 3—7 月，营巢于树枝上或灌丛上，每窝产卵 2 枚。

白顶蜂鸟 *Microchera albocoronata*（Snowcap）

隶属于雨燕目蜂鸟科。体长 6 厘米。分布于尼加拉瓜、洪都拉斯、哥斯达黎加和巴拿马等地。栖息于森林、灌丛中。以花蜜为食。

白顶蜂鸟

蓝喉宝石蜂鸟

蓝喉宝石蜂鸟 *Lampornis clemenciae*（Blue-throated Hummingbird）

隶属于雨燕目蜂鸟科。体长 11—13 厘米。分布于美国南部和西南部、墨西哥等地。栖息于水域附近的谷地中。以花蜜为食。繁殖期为 5—7 月。

红玉蜂鸟 *Clytolaema rubricauda* （Brazilian Ruby）

隶属于雨燕目蜂鸟科。体长 12—14 厘米。分布于巴西东南部等地。栖息于森林、林缘等地带。以花蜜为食。繁殖期为 3—9 月，营巢于树枝上。

红玉蜂鸟

大蜂鸟

大蜂鸟 *Eugenes fulgens* （Rivoli’s Hummingbird）

隶属于雨燕目蜂鸟科。体长 12—14 厘米。分布于美国西南部、墨西哥、尼加拉瓜、洪都拉斯、哥斯达黎加和巴拿马等地。栖息于森林、林缘等地带。以花蜜为食。繁殖期为 5—8 月。

赤叉尾蜂鸟 *Topaza pella*（Crimson Topaz）

隶属于雨燕目蜂鸟科。分布于巴西北部和东北部、委内瑞拉南部、圭亚那、苏里南、法属圭亚那和厄瓜多尔东部等地。

赤叉尾蜂鸟

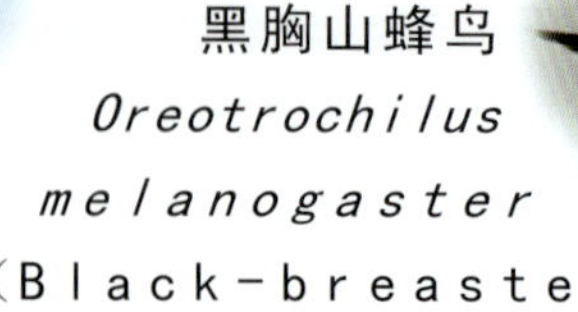

黑胸山蜂鸟 *Oreotrochilus melanogaster*（Black-breasted Hillstar）

隶属于雨燕目蜂鸟科。分布于秘鲁中部等地。

黑胸山蜂鸟

巨蜂鸟 *Patagona gigas*（Giant Hummingbird）

隶属于雨燕目蜂鸟科。分布于厄瓜多尔、秘鲁、智利、阿根廷西部和西北部等地。

太阳蜂鸟 *Aglaeactis cupripennis*（Shining Sunbeam）

隶属于雨燕目蜂鸟科。分布于哥伦比亚、厄瓜多尔、秘鲁等地。

巨蜂鸟

领印加蜂鸟 *Coeligena torquata*（Collared Inca）

隶属于雨燕目蜂鸟科。分布于哥伦比亚、厄瓜多尔、秘鲁、委内瑞拉西北部、玻利维亚北部等地。

太阳蜂鸟

领印加蜂鸟

刀嘴蜂鸟

刀嘴蜂鸟 *Ensifera ensifera*（Sword-billed Hummingbird）

隶属于雨燕目蜂鸟科。分布于从委内瑞拉、哥伦比亚到玻利维亚北部等地。

长靴拍尾蜂鸟 *Ocreatus underwoodii*（Booted Racquet-tail）

隶属于雨燕目蜂鸟科。分布于委内瑞拉、哥伦比亚、厄瓜多尔、秘鲁和玻利维亚等地。

长靴拍尾蜂鸟

黑带尾蜂鸟 *Lesbia victoriae*（Black-tailed Trainbearer）

隶属于雨燕目蜂鸟科。分布于哥伦比亚、厄瓜多尔西部和秘鲁等地。

紫背刺嘴蜂鸟 *Ramphomicron microrhynchum*（Purple-backed Thornbill）

隶属于雨燕目蜂鸟科。分布于委内瑞拉西部、哥伦比亚、厄瓜多尔、秘鲁等地。

黑带尾蜂鸟

紫背刺嘴蜂鸟

髯蜂鸟

髯蜂鸟 *Oxypogon guerinii*（Bearded Helmetcrest）

隶属于雨燕目蜂鸟科。分布于哥伦比亚、委内瑞拉西部等地。

长尾蜂鸟 *Aglaiocercus kingi*（Long-tailed Sylph）

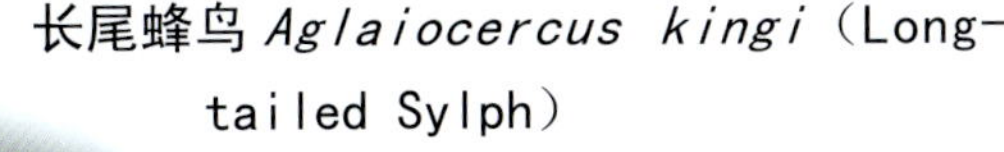

隶属于雨燕目蜂鸟科。分布于委内瑞拉、哥伦比亚、秘鲁、玻利维亚北部等地。

角蜂鸟 *Heliactin cornuta*（Horned Sungem）

隶属于雨燕目蜂鸟科。分布于巴西东部和中部等地。

角蜂鸟

长尾蜂鸟

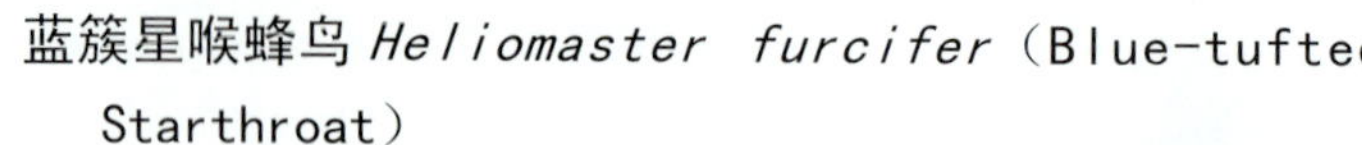

蓝簇星喉蜂鸟 *Heliomaster furcifer*（Blue-tufted Starthroat）

隶属于雨燕目蜂鸟科。分布于从巴西到玻利维亚、阿根廷北部等地。

蓝簇星喉蜂鸟

华丽蜂鸟 *Calothorax pulcher*（Beautiful Hummingbird）

隶属于雨燕目蜂鸟科。体长 8 — 9 厘米。分布于墨西哥南部、西南部。栖息于干旱、半干旱地区林地中。以花蜜为食。繁殖期为 3 月、7 月、11 月。

华丽蜂鸟

傲丽蜂鸟

傲丽蜂鸟 *Calothorax lucifer*（Lucifer Hummingbird）

隶属于雨燕目蜂鸟科。体长 10 厘米。分布于美国西南部、墨西哥等地。栖息于荒漠等干旱地带。以花蜜为食。繁殖期为 6 — 7 月。

吸蜜蜂鸟 *Calypte helenae*（Bee Hummingbird）

隶属于雨燕目蜂鸟科。体长 6 厘米，体重 2 克。分布于古巴。栖息于热带林地中。以花蜜为食。营巢于树枝上或灌丛上。每窝产卵 2 枚。

吸蜜蜂鸟

黑喉北蜂鸟

黑喉北蜂鸟 *Archilochus alexandri*（Black-chinnd Hummingbird）

隶属于雨燕目蜂鸟科。体长 8 — 10 厘米。分布于加拿大西南部、美国和墨西哥等地。栖息于水域附近的林地等环境中。以花蜜为食。繁殖期为 4 — 9 月。

红玉喉北蜂鸟 *Archilochus colubris*（Ruby-throated Hummingbird）

隶属于雨燕目蜂鸟科。体长 8 — 10 厘米。分布于从加拿大南部、美国到巴拿马等地。栖息于森林、园林等环境中。以花蜜为食。繁殖期为 3 — 6 月。

红玉喉北蜂鸟

红喉蜂鸟 *Calypte anna*（Anna’s Hummingbird）

隶属于雨燕目蜂鸟科。体长 9 — 10 厘米。分布于美国、墨西哥等地。栖息于森林、园林等环境中。以花蜜为食。繁殖期为 12 — 8 月。

红喉蜂鸟

紫喉蜂鸟 *Calypte costae*（Costa’s Hummingbird）

隶属于雨燕目蜂鸟科。体长 8 — 9 厘米。分布于美国西南部、墨西哥等地。栖息于荒漠等干旱地带。以花蜜为食。繁殖期为 3 — 6 月。

紫喉蜂鸟

星蜂鸟 *Stellula calliope*（Calliope Hummingbird）

隶属于雨燕目蜂鸟科。体长 7 — 9 厘米。分布于美国西部、墨西哥等地。栖息于热带林地中。以花蜜为食。营巢于树枝上或灌丛上。每窝产卵 2 枚。

星蜂鸟

宽尾煌蜂鸟 *Selasphorus platycercus*（Broad-tailed Hummingbird）

隶属于雨燕目蜂鸟科。体长 10 — 11 厘米。分布于美国、墨西哥和危地马拉等地。栖息于山区草地、林地中。以花蜜为食。繁殖期为 5 — 7 月。

宽尾煌蜂鸟

棕煌蜂鸟 *Selasphorus rufus*（Rufous Hummingbird）

隶属于雨燕目蜂鸟科。体长 8 — 10 厘米。分布于阿拉斯加西部、加拿大西部、美国和墨西哥等地。栖息于山地森林和林缘地带。以花蜜为食。繁殖期为 5 — 6 月。

棕煌蜂鸟

艾伦煌蜂鸟 *Selasphorus sasin*（Allen' s Hummingbird）

隶属于雨燕目蜂鸟科。体长 8 — 9 厘米。分布于美国和墨西哥等地。栖息于山地草原、灌丛等地带。以花蜜为食。繁殖期为 2 — 6 月。

艾伦煌蜂鸟

二十三、鼠鸟目(Coliiformes)

鼠鸟目为小型鸟类。体形与雀形目鸟类相似，但解剖特征与雨燕目蜂鸟科的鸟类相似。嘴短，头上有羽冠。长尾，尾羽 10 枚。体羽褐色，腿短而强，具长爪。贪食，能毁坏植物的果实、花、芽和叶，能很短时间内剥光很多叶芽、破坏果树园。每天反复进行这样的过程。营巢于灌木丛或矮丛中，通常庞大而不整齐。产卵没有规律。每窝产卵 2 — 7 枚，如果多于 5 枚，一般是两个雌鸟在同一窝中产的，有时两个雌鸟在同一巢上并肩孵卵。卵多数是圆形，皮比较厚，纯白色，有的还带暗红色斑。双亲孵卵，不孵卵的亲鸟加入捕食群。性喜群栖，行走似鼠类匍行，飞行如家燕。主要以野果为食。分布于非洲，但不包括马达加斯加。仅有一个科，即：鼠鸟科（Coliidae）。

蓝项鼠鸟

蓝项鼠鸟 *Colius macrourus*（Blue-naped Mousebird）

隶属于鼠鸟目鼠鸟科。体长 33 — 36 厘米。分布于塞内加尔、尼日尔、扎伊尔、苏丹、埃塞俄比亚、索马里、坦桑尼亚和乌干达等地。栖息于林地、灌丛等地带。小群活动。以植物的花、果实等为食。

点斑鼠鸟 *Colius striatus*（Speckeled Mousebird）

隶属于鼠鸟目鼠鸟科。体长 30 — 36 厘米。分布于尼日利亚、扎伊尔、苏丹、埃塞俄比亚、索马里、坦桑尼亚、肯尼亚、马拉维、莫桑比克、卢旺达、乌干达、赞比亚和南非等地。栖息于林地、灌丛等地带。结群活动。以植物的花、果实等为食。繁殖期为 8 — 3 月，营巢于灌木枝叶上，每窝产卵 2 — 5 枚。

点斑鼠鸟

二十四、咬鹃目(Trogoniformes)

凤尾绿咬鹃

咬鹃目为中、小型鸟类。两性相似。嘴短阔而粗厚，尖端微向下钩曲，嘴缘有不显著的锯突，下嘴基部有发达的嘴须。眼周裸露。蜡膜存在，但很短。翅短圆，初级飞羽10枚。尾甚长而宽，呈凸状，尾羽12枚，中央尾羽末端平截，外侧尾羽呈阶梯排列。脚短弱，跗跖被羽。趾为异趾型，1、2趾反转向后，3、4趾向前，基部部分合并。尾脂腺裸出。头骨为裂腭型。分布于世界热带、亚热带森林中。仅有一个科，即：咬鹃科(Trogonidae)。

凤尾绿咬鹃 *Pharomachrus mocinno* (Resplendent Quetzal)

隶属于咬鹃目咬鹃科。体长38—41厘米。分布于墨西哥南部、尼加拉瓜、哥斯达黎加和巴拿马等地。栖息于森林地带。以昆虫为食，也吃植物果实等。营巢于树洞中。

白领美洲咬鹃

白领美洲咬鹃 *Trogon collaris* (Collared Trogon)

隶属于咬鹃目咬鹃科。体长26—29厘米。分布于墨西哥、巴拿马、厄瓜多尔、哥伦比亚、秘鲁西北部、委内瑞拉、玻利维亚和巴西等地。栖息于森林地带。单独或成对活动。以昆虫为食，也吃植物果实等。

堇头美洲咬鹃

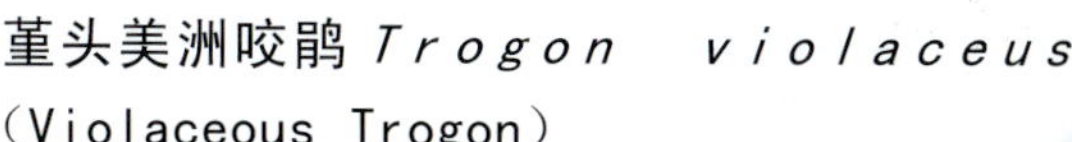
堇头美洲咬鹃 *Trogon violaceus* (Violaceous Trogon)

隶属于咬鹃目咬鹃科。体长24—26厘米。分布于墨西哥、哥斯达黎加、尼加拉瓜、厄瓜多尔、哥伦比亚、委内瑞拉、圭亚那和巴西等地。栖息于森林和林缘地带。单独、成对或小群活动。以昆虫为食，也吃植物果实等。

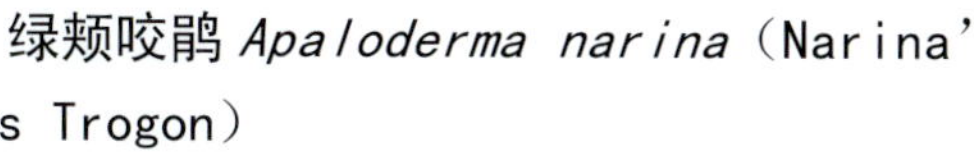
绿颊咬鹃 *Apaloderma narina* (Narina's Trogon)

隶属于咬鹃目咬鹃科。体长30厘米。分布于利比亚、加纳、喀麦隆、乌干达、扎伊尔、苏丹、埃塞俄比亚、肯尼亚、赞比亚坦桑尼亚和南非等地。栖息于森林地带。以昆虫为食，也吃植物果实等。

绿颊咬鹃

红头咬鹃 *Harpactes erythrocephalus*（Red-headed Trogon）

隶属于咬鹃目咬鹃科。体长 35 — 39 厘米，体重 95 — 125 克。分布于中国华南、西南地区、印度、缅甸、中南半岛和印度尼西亚等地。栖息于常绿阔叶林和次生林中。单独或成对活动。性情胆怯而孤僻。以昆虫为食，也吃植物果实等。繁殖期 4 — 7 月，营巢于天然树洞中，每窝产卵 3 — 4 枚。

红头咬鹃

二十五、佛法僧目(Coraciiformes)

佛法僧目为中、小型鸟类。两性相似。嘴长而粗。鼻孔位于嘴基，多无嘴须。翅大都长而阔，初级飞羽 10 枚或 12 枚。尾短圆，尾羽 10-12 枚。脚短，跗跖前缘被盾状鳞， 后缘被网状鳞。三趾向前，一趾向后，第 3、4 趾的大半相连结， 第 2、3 趾则基部相愈合，为并趾型。分布于世界热带和亚热带地区。共有十个科，即：翠鸟科 (Alcedinidae)、短尾鴗科 (Todidae)、翠鴗科 (Momotidae)、蜂虎科 (Meropidae)、佛法僧科 (Coraciidae)、地佛法僧科 (Brachypteraciidae)、鹃鴗科 (Leptosomatidae)、戴胜科 (Upupidae)、林戴胜科 (Phoeniculidae)、犀鸟科 (Bucerotidae)。

冠鱼狗

冠鱼狗 *Ceryle lugubris*（Greater Pied Kingfisher）

隶属于佛法僧目翠鸟科。体长 37 — 42 厘米，体重 244 — 500 克。分布于中国、朝鲜、日本、尼泊尔、缅甸、中南半岛、泰国等地。栖息于河流、水塘和沼泽等地带。单独活动。以鱼、虾等动物为食。繁殖期为 2 — 8 月，营巢于水边岩壁上的洞穴中，每窝产卵 3 — 7 枚。

普通翠鸟 *Alcedo atthis*（Common Kingfisher）

隶属于佛法僧目翠鸟科。体长 15 — 42 厘米，体重 23 — 36 克。分布于欧洲、非洲北部、亚洲和所罗门群岛等地。栖息于河流、水塘和沼泽等地带。单独活动。以鱼、虾等动物为食。繁殖期为 5 — 8 月，营巢于水边土壁或岩壁上的洞穴中，每窝产卵 5 — 7 枚，孵化期 19 — 21 天。

普通翠鸟

蓝翅笑翠鸟 *Dacelo leachii*（Blue-winged Kookaburra）

蓝翅笑翠鸟

隶属于佛法僧目翠鸟科。体长 38 — 41 厘米，体重 250 — 370 克。分布于澳大利亚北部、新几内亚等地。栖息于森林、灌丛等地带。小群活动。以鱼、蛙、蜥蜴、小鸟和无脊椎动物等为食。繁殖期为 9 — 1 月，营巢于岩壁上的洞穴或树洞中，每窝产卵 2 枚。

笑翠鸟 *Dacelo novaeguineae*（Laughing Kookaburra）

笑翠鸟

隶属于佛法僧目翠鸟科。体长 39 — 42 厘米，体重 310 — 480 克。分布于澳大利亚东部、塔斯马尼亚岛等地。栖息于近水的森林、灌丛、旷野、园林等地带。以鱼、蛙、蜥蜴、蛇等为食。繁殖期为 9 — 12 月，营巢于岩壁上的洞穴中，每窝产卵 2 — 3 枚，孵化期 24 — 26 天。

林翡翠 *Halcyon macleayii*（Forest Kingfisher）

林翡翠

隶属于佛法僧目翠鸟科。体长 20 厘米，体重 29 — 40 克。分布于澳大利亚东北部、新几内亚和印度尼西亚的阿鲁岛等地。栖息于林地、灌丛等地带。成对活动。以蛙、蜥蜴和无脊椎动物等为食。繁殖期为 8 — 1 月，营巢于岩壁上的洞穴或树洞中，每窝产卵 3 — 6 枚。

蓝翡翠 *Halcyon pileata*（Black-capped Kingfisher）

隶属于佛法僧目翠鸟科。体长 26 — 31 厘米，体重 64 — 115 克。分布于中国、朝鲜、缅甸、中南半岛、泰国、马来半岛、印度尼西亚和菲律宾等地。栖息于河流、水塘和沼泽地带。单独活动。飞行迅速。以小鱼、虾、蟹和水生昆虫等动物为食。繁殖期为 5 — 7 月，营巢于水边岩壁上的洞穴中，每窝产卵 4 — 6 枚。

蓝翡翠

红背翡翠 *Halcyon pyrrhopygia*（Red-backed Kingfisher）

红背翡翠

隶属于佛法僧目翠鸟科。体长 22 厘米，体重 41 — 62 克。分布于澳大利亚。栖息于林地、灌丛等地带。成对活动。以昆虫、蛙、蜥蜴和鼠类等为食。繁殖期为 8 — 3 月，营巢于岩壁上的洞穴或树洞中，每窝产卵 4 — 6 枚。

白眉翡翠 *Halcyon sancta*（Sacred Kingfisher）

隶属于佛法僧目翠鸟科。体长22厘米，体重28—58克。分布于澳大利亚、新西兰、菲律宾和印度尼西亚等地。栖息于林地、灌丛等地带。成对活动。以昆虫、鱼、蛙等为食。繁殖期为9—1月，营巢于岩壁上的洞穴或树洞中，每窝产卵3—6枚，孵化期18天。

白眉翡翠

白胸翡翠 *Halcyon smyrnensis*（White-throated Kingfisher）

隶属于佛法僧目翠鸟科。体长27—30厘米，体重54—100克。分布于亚洲西部、中国西南部、印度、斯里兰卡、缅甸、中南半岛、马来西亚和菲律宾等地。栖息于林地、岸边等地带。单独活动。以昆虫、鱼、蛙和鼠等为食。繁殖期为3—6月，营巢于岩壁上的洞穴中，每窝产卵4—8枚。

白胸翡翠

白尾极乐翡翠

短尾鴗

白尾极乐翡翠 *Tanysiptera sylvia*（White-tailed Kinfgisher）

隶属于佛法僧目翠鸟科。体长23厘米，体重40—66克。分布于澳大利亚北部、新几内亚及其附近岛屿。栖息于森林地带。以昆虫、软体动物、蛙和蜥蜴等为食。繁殖期为5—2月，营巢于岩壁上的洞穴或树洞中，每窝产卵3枚。

短尾鴗 *Todus todus*（Jamaican Tody）

隶属于佛法僧目短尾鴗科。分布于牙买加等地。

波多[黎各]短尾鴗 *Todus mexicanus*（Puerto Rican Tody）

隶属于佛法僧目短尾鴗科。分布于哥斯达黎加等地。

波多[黎各]短尾鴗

棕翠鴗

棕翠鴗 *Baryphthengus ruficapillus*（Rufous-capped Motmot）

隶属于佛法僧目翠鴗科。体长46厘米。分布于巴拿马、厄瓜多尔、尼加拉瓜、哥斯达黎加、巴拉圭、巴西和阿根廷东北部一带。栖息于平原、低山森林地带。单独或成对活动。以昆虫和植物种子、果实等为食。

蓝顶翠鴗 *Momotus momota*（Blue-crowned Motmot）

隶属于佛法僧目翠鴗科。体长 38 — 43 厘米。分布于墨西哥、危地马拉、巴拿马、哥伦比亚、委内瑞拉、厄瓜多尔、秘鲁、巴西、圭亚那、玻利维亚和阿根廷西北部等地。栖息于森林和林缘地带。成对活动。

蓝顶翠鴗

赤须夜蜂虎

赤须夜蜂虎 *Nyctyornis amicta*（Red-bearded Bee Eater）

隶属于佛法僧目蜂虎科。体长 27 — 31 厘米，体重 61 — 92 克。分布于缅甸、泰国、马来西亚和印度尼西亚等地。栖息于森林中。以昆虫等为食。繁殖期为 8 — 3 月，营巢于岩壁上的洞穴中，每窝产卵 3 — 5 枚。

黄喉蜂虎 *Merops apiaster*（Common Bee Eater）

隶属于佛法僧目蜂虎科。体长 26 — 30 厘米，体重 50 — 60 克。分布于欧洲南部、非洲、亚洲西部和中部、中国新疆、印度等地。栖息于森林、灌丛等地带。以昆虫等为食。繁殖期为 5 — 7 月，营巢于岩壁上的洞穴中，每窝产卵 4 — 8 枚，孵化期 20 天。

黄喉蜂虎

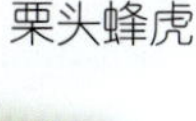

栗头蜂虎

栗头蜂虎 *Merops leschenaulti*（Chestnut-headed Bee Eater）

隶属于佛法僧目蜂虎科。体长 26 — 27 厘米，体重 32 — 35 克。分布于中国西南和华南地区、中南半岛、泰国、菲律宾和印度尼西亚等地。栖息于森林、灌丛等地带。以蜂类等昆虫为食。繁殖期为 5 — 7 月，营巢于地洞中。每窝产卵 4 枚。

洋红蜂虎 *Merops nubicus*（Carmine Bee Eater）

隶属于佛法僧目蜂虎科。体长 24 — 27 厘米，体重 34 — 59 克。分布于塞内加尔、埃塞俄比亚、尼日尔、喀麦隆、乌干达、肯尼亚、坦桑尼亚、安哥拉、赞比亚、马拉维、莫桑比克、博茨瓦纳、津巴布韦等地。栖息于灌丛、草原等地带。以昆虫等为食。全年均有繁殖记录，营巢于地洞中，每窝产卵 2 — 5 枚。

洋红蜂虎

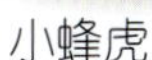

小蜂虎

小蜂虎 *Merops pusillus*（Little Bee Eater）

隶属于佛法僧目蜂虎科。体长 15 — 17 厘米，体重 10 — 18 克。分布于塞内加尔、扎伊尔、苏丹、埃塞俄比亚、索马里、坦桑尼亚、纳米比亚、博茨瓦纳和南非等地。栖息于灌丛、草原等地带。以昆虫等为食。全年均有繁殖记录，营巢于岩壁上的洞穴中，每窝产卵 4 — 6 枚。

虹彩蜂虎 *Merops ornatus*（Rainbow Bee Eater）

隶属于佛法僧目蜂虎科。体长 19—21 厘米，体重 20—33 克。分布于澳大利亚、新几内亚及其附近岛屿。栖息于灌丛、草原等地带。以昆虫等为食。繁殖期为 8—3 月，营巢于地洞中，每窝产卵 5 枚，孵化期 24 天。

虹彩蜂虎

蓝喉蜂虎 *Merops viridis*（Blue-throated Bee Eater）

隶属于佛法僧目蜂虎科。体长 20—23 厘米，体重 34—41 克。分布于中国西南和华南地区、中南半岛、泰国、菲律宾和印度尼西亚等地。栖息于林缘、灌丛、草地、农田等地带。以昆虫等为食。繁殖期为 5—7 月，营巢于地洞中，每窝产卵 4 枚。

蓝喉蜂虎

蓝头佛法僧 *Coracias abyssinica*（Abyssinian Roller）

隶属于佛法僧目佛法僧科。体长 28—30 厘米，体重 99—140 克。分布于塞内加尔、埃塞俄比亚、苏丹、乌干达、肯尼亚、索马里、安哥拉、埃及和也门等地。栖息于林地中。单独或成对活动。以昆虫等为食。繁殖期为 2—10 月，营巢于树洞或壁洞中，每窝产卵 3—6 枚。

蓝头佛法僧

棕胸佛法僧 *Coracias benghalensis*（Indian Roller）

隶属于佛法僧目佛法僧科。体长 32—35 厘米，体重 160—180 克。分布于亚洲西部、中国西南部、印度、缅甸、泰国和中南半岛一带。栖息于林缘、竹林和农田等地带。单独或成对活动。以昆虫等为食。繁殖期为 4—7 月，营巢于树洞或壁洞中，每窝产卵 3—5 枚，孵化期 18 天。

棕胸佛法僧

燕尼佛法僧 *Coracias caudata*（Lilac-breasted Roller）

隶属于佛法僧目佛法僧科。体长 28—30 厘米，体重 87—135 克。分布于扎伊尔、卢旺达、布隆迪、坦桑尼亚、赞比亚、埃塞俄比亚、苏丹、乌干达、索马里、安哥拉、津巴布韦、博茨瓦纳、纳米比亚和南非等地。栖息于森林、灌丛等地带。单独或成对活动。以昆虫等为食。繁殖期为 3—12 月，营巢于树洞或壁洞中，每窝产卵 2—4 枚，孵化期 22—24 天。

燕尼佛法僧

蓝胸佛法僧

蓝胸佛法僧 *Coracias garrulus*（Common Roller）

隶属于佛法僧目佛法僧科。体长 31 — 33 厘米，体重 183 克。分布于欧洲、非洲、亚洲中部、中国新疆和印度等地。栖息于森林、灌丛等地带。单独或成对活动。以昆虫、蜥蜴、鸟卵、鼠等为食。繁殖期为 5 — 7 月，营巢于树洞或壁洞中，每窝产卵 4 — 6 枚，孵化期 18 — 19 天。

棕顶佛法僧

棕顶佛法僧 *Coracias naevia*（Rufous-crowned Roller）

隶属于佛法僧目佛法僧科。体长 35 — 40 厘米，体重 125 — 163 克。分布于非洲广大地区。栖息于草原、灌丛等地带。成对活动。以昆虫、蜥蜴、蛇、小鸟等为食。全年均有繁殖记录，营巢于树洞或壁洞中，每窝产卵 2 — 4 枚。

三宝鸟

三宝鸟 *Eurystomus orientalis*（Eastern Broad-billed Roller）

隶属于佛法僧目佛法僧科。体长 26 — 29 厘米，体重 107 — 194 克。分布于中国、俄罗斯、朝鲜、日本、印度、缅甸、泰国、越南、菲律宾和澳大利亚。栖息于针阔叶混交林、阔叶林林缘路边及河谷两岸高大的乔木上。单独或成对栖息。以金龟子、叩头虫、金花虫、天牛等昆虫为食。繁殖期 5 — 8 月，营巢于高大树上的天然洞穴中，每窝产卵 3 — 4 枚。

长尾佛法僧

长尾佛法僧 *Uratelornis chimaera*（Long-tailed Ground Roller）

隶属于佛法僧目地佛法僧科。分布于马达加斯加西南部等地。

戴胜

戴胜 *Upupa epops*（Hoopoe）

隶属于佛法僧目戴胜科。体长 25 — 32 厘米，体重 53 — 90 克。分布于欧洲、亚洲和非洲等地。栖息于山地、平原、森林、河谷、农田、草地和果园等环境。单独或成对活动。鸣声粗壮而低沉。以昆虫为食，也吃蠕虫等动物。繁殖期 4 — 6 月，营巢于天然树洞中，每窝产卵 6 — 8 枚，孵化期 18 天。

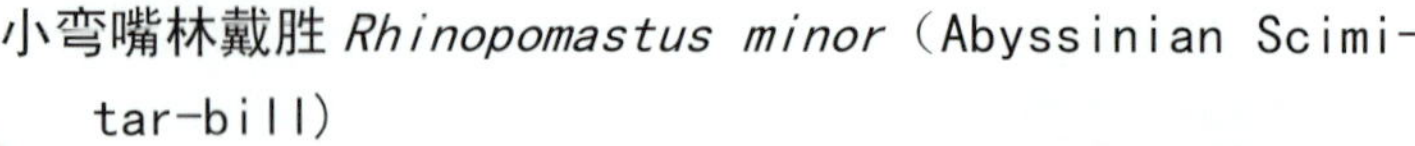

小弯嘴林戴胜 *Rhinopomastus minor*（Abyssinian Scimitar-bill）

隶属于佛法僧目林戴胜科。体长 23 — 24 厘米。分布于埃塞俄比亚、索马里、肯尼亚、乌干达、坦桑尼亚等地。栖息于森林、灌丛等地带。单独、成对或小群活动。以昆虫等为食。每窝产卵 3 — 4 枚，雌鸟孵卵，孵化期 18 天，雏期 3 — 4 周。

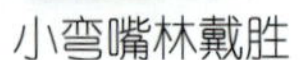

小弯嘴林戴胜

鹃鴗 *Leptosomus discolor*（Courol）

隶属于佛法僧目鹃鴗科。体长 42 厘米。分布于马达加斯加岛及其附近岛屿中。栖息于森林中。以昆虫、蜥蜴和其他无脊椎动物等为食。营巢于树洞中。每窝产卵 2 枚。

鹃鴗

黄嘴弯嘴犀鸟

黄嘴弯嘴犀鸟 *Tockus flavirostris*（Yellow-billed Hornbill）

隶属于佛法僧目犀鸟科。体长 40 厘米，体重 170 — 275 克。分布于埃塞俄比亚、索马里、肯尼亚、苏丹、坦桑尼亚、乌干达等地。栖息于干旱地区的林地中。以昆虫、植物果实等为食。繁殖期为 10 — 5 月，营巢于树洞中，每窝产卵 2 — 3 枚。

斑嘴弯嘴犀鸟 *Tockus deckeni*（Von der Decken's Hornbill）

隶属于佛法僧目犀鸟科。体长 35 厘米，体重 120 — 212 克。分布于埃塞俄比亚、索马里、肯尼亚、坦桑尼亚、乌干达等地。栖息于半干旱地区的森林、灌丛中。以小型无脊椎动物、蛙、蜥蜴、鼠，以及浆果等为食。全年均有繁殖记录，营巢于树洞中，每窝产卵 2 — 3 枚，孵化期 33 — 34 天。

斑嘴弯嘴犀鸟

长冠犀鸟 *Berenicornis comatus*（Long-crested Hornbill）

隶属于佛法僧目犀鸟科。体长 75 — 80 厘米，体重 1250 — 1470 克。分布于越南南部、马来西亚、泰国和印度尼西亚的苏门答腊、加里曼丹等岛屿。栖息于常绿阔叶林中。以昆虫、蛇、蜥蜴、小鸟等为食。繁殖期为 10 — 3 月，营巢于树洞中。

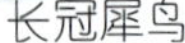

长冠犀鸟

花冠皱盔犀鸟 *Aceros undulatus*（Wreathed Hornbill）

隶属于佛法僧目犀鸟科。体长 75 — 85 厘米，体重 1360 — 3650 克。分布于印度东部、缅甸、中南半岛、马来西亚和印度尼西亚等地。栖息于平原和山地森林中。以树木果实等为食。繁殖期为 1 — 10 月，营巢于树洞中，每窝产卵 2 枚，孵化期 40 天。

花冠皱盔犀鸟

斑犀鸟

斑犀鸟 *Anthracoceros coronatus*（Malabar Pied Hornbill）

隶属于佛法僧目犀鸟科。体长 74 — 78 厘米。分布于中国云南、广西，以及印度、缅甸、孟加拉国、泰国、中南半岛和马来西亚等地。栖息于山地的常绿阔叶林中。成群活动。以榕树等植物的果实和种子为食，也吃蜗牛、蠕虫、昆虫、鼠类和蛇等。繁殖期为 4 — 6 月，营巢于悬崖绝壁上的石洞、石缝或树洞中，每窝产卵 2 — 3 枚，由雌鸟在洞口封闭的巢中孵卵。

银颊噪犀鸟 *Bycanistes brevis*（Silvery-cheeked Hornbill）

隶属于佛法僧目犀鸟科。体长 60 — 70 厘米，体重 1050 — 1450 克。分布于非洲埃塞俄比亚、苏丹、肯尼亚、坦桑尼亚、马拉维、赞比亚、莫桑比克、津巴布韦和南非东北部等地。栖息于平原和山地森林中。成对活动。以树木果实，以及昆虫、鸟卵等为食。繁殖期为 2 — 11 月，营巢于树洞中，每窝产卵 1 — 2 枚，孵化期 40 天。

银颊噪犀鸟

噪犀鸟

噪犀鸟 *Bycanistes bucinator*（Trumpeter Hornbill）

隶属于佛法僧目犀鸟科。体长 50 — 55 厘米，体重 452 — 941 克。分布于非洲肯尼亚、坦桑尼亚、扎伊尔、安哥拉、赞比亚、莫桑比克、津巴布韦和南非等地。栖息于平原和山地森林中。成对或小群活动。以树木果实和昆虫、鸟卵等为食。繁殖期为 9 — 1 月，营巢于树洞中，每窝产卵 2 — 4 枚，孵化期 28 天。

棕犀鸟 *Buceros hydrocorax*（Rufous Hornbill）

隶属于佛法僧目犀鸟科。体长 60 — 65 厘米，体重 1017 — 1824 克。分布于菲律宾。栖息于平原和山地森林中。小群活动。以树木种子、果实和昆虫等为食。繁殖期为 3 — 4 月，营巢于树洞中，每窝产卵 2 — 4 枚。

棕犀鸟

双角犀鸟

双角犀鸟 *Buceros bicornis*（Great Indian Hornbill）

隶属于佛法僧目犀鸟科。体长120厘米左右。分布于中国云南和印度、缅甸、泰国、中南半岛、马来西亚、印度尼西亚等地。栖息于山地和平原的常绿阔叶林。成群活动。以各种热带植物的果实和种子为食，也吃昆虫、爬行类、鼠类等动物性食物。繁殖期为3—6月，筑巢于天然树洞，每窝产卵2枚，雌鸟承担孵卵，孵化期约31天。

马来犀鸟 *Buceros rhinoceros*（Rhinoceros Hornbill）

隶属于佛法僧目犀鸟科。体长80—90厘米，体重2040—2960克。分布于马来西亚、新加坡和印度尼西亚的苏门答腊、加里曼丹、爪哇等岛屿。栖息于平原和山地森林中。成对或小群活动。以树木果实、昆虫、树蛙、蜥蜴、鸟卵等为食。全年均有繁殖记录，营巢于树洞中，每窝产卵1—2枚，孵化期37—46天。

马来犀鸟

地犀鸟 *Bucorvus abyssinicus*（Abyssinian Ground Hornbill）

隶属于佛法僧目犀鸟科。体长90—100厘米，体重4000克。分布于非洲广大地区。栖息于草原和灌丛地带。成对活动。以昆虫、蛙、蛇、小鸟、鼠等为食。全年均有繁殖记录，营巢于树洞中，每窝产卵1—2枚，孵化期37—41天。

地犀鸟

红脸地犀鸟

红脸地犀鸟 *Bucorvus leadbeateri*（Southern Ground Hornbill）

隶属于佛法僧目犀鸟科。体长90—100厘米，体重2330—6180克。分布于非洲广大地区。栖息于草原和灌丛地带。成群活动。以昆虫、蛙、蛇、鼠类等为食。全年均有繁殖记录，营巢于树洞中，每窝产卵2枚，孵化期37—43天。

二十六、鴷形目(Piciformes)

鴷形目为中、小型攀禽。嘴多长直而呈锥状，或嘴峰粗厚而稍向下弯曲。嘴基无蜡膜。翅大多短圆，初级飞羽 10 枚，第 5 枚次级飞羽存在。尾多为楔尾或平尾，尾羽 10-12 枚，羽轴多突出成针状。跗跖上缘被羽。脚短，趾较强健，为对趾型，趾端具利爪。分布于世界大部分地区。共有六个科，即：鹟鴷科（Galbulidae）、喷鴷科（Bucconidae）、须鴷科（Capitonidae）、响蜜鴷科（Indicatoridae）、鵎鵼科（Ramphastidae）、啄木鸟科（Picidae）。

棕尾鹟鴷

棕尾鹟鴷 *Galbula ruficauda*（Rufous-tailed Jacamar）

隶属于鴷形目鹟鴷科。体长 22 — 24 厘米。分布于墨西哥、厄瓜多尔、哥伦比亚、委内瑞拉、圭亚那、巴西、玻利维亚、巴拉圭和阿根廷北部等地。栖息于常绿阔叶林和林缘地带。以昆虫为食。营巢于地面凹处，每窝产卵 3 — 4 枚。

白颈喷鴷

白颈喷鴷 *Notharchus macrorhynchos*（White-necked Puffbird）

隶属于鴷形目喷鴷科。体长 24 — 26 厘米。分布于墨西哥、萨尔瓦多、尼加拉瓜、圭亚那、巴西、巴拉圭和阿根廷东北部等地。栖息于森林和林缘地带。以昆虫为食。洞巢，少数为地面巢。每窝产卵 2 — 3 枚。幼雏由双亲照料。

点斑喷鴷

点斑喷鴷 *Bucco tamatia*（Spotted Puffbird）

隶属于鴷形目喷鴷科。分布于哥伦比亚、厄瓜多尔、秘鲁、巴西、委内瑞拉、圭亚那等地。

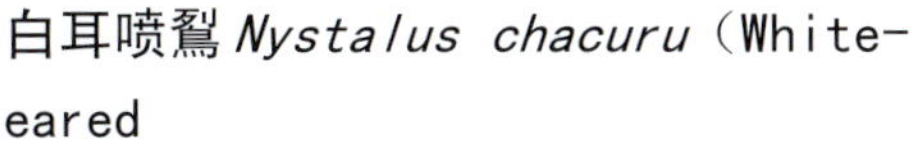

白耳喷鴷 *Nystalus chacuru*（White-eared Puffbird）

隶属于鴷形目喷鴷科。分布于秘鲁东部、玻利维亚东部、巴西南部、巴拉圭和阿根廷北部等地。

白耳喷鴷

黑尼䴕 *Monasa atra*（Black Nunbird）

隶属于䴕形目喷䴕科。分布于委内瑞拉南部、圭亚那和巴西北部等地。

黑尼䴕

黑点须䴕 *Capito niger*（Black-spotted Barbet）

隶属于䴕形目须䴕科。分布于巴西、圭亚那、哥伦比亚、秘鲁、委内瑞拉、玻利维亚等地。

黑点须䴕

柠喉拟啄木 *Eubucco richardsoni*（Lemon-throated Barbet）

隶属于䴕形目须䴕科。分布于哥伦比亚东南部、厄瓜多尔东部、秘鲁和巴西西部等地。

柠喉拟啄木

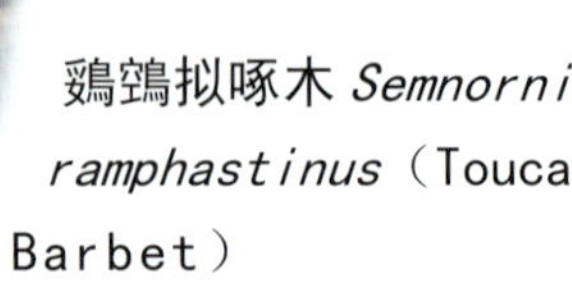

鵎鵼拟啄木 *Semnornis ramphastinus*（Toucan Barbet）

隶属于䴕形目须䴕科。体长 22 厘米。分布于哥伦比亚、厄瓜多尔等地。

鵎鵼拟啄木

蓝喉拟啄木 *Megalaima asiatica*（Blue-throated Barbet）

隶属于䴕形目须䴕科。体长 20 — 23 厘米，体重 70 — 90 克。分布于中国西南地区、印度、缅甸、泰国、越南、老挝和印度尼西亚等地。栖息于山地常绿阔叶林内。单独或成对活动。以植物的花、果实和种子等为食，也吃昆虫等动物。繁殖期为 4 — 6 月，营巢于树洞中，每窝产卵 3 — 5 枚。

蓝喉拟啄木

金喉拟啄木 *Megalaima franklinii*（Golden-throated Barbet）

隶属于䴕形目须䴕科。体长 20 — 24 厘米，体重 72 — 122 克。分布于中国西南地区、印度、缅甸、泰国、中南半岛和马来西亚等地。栖息于山地常绿阔叶林内。单独活动。以植物的花、果实和种子等为食，也吃昆虫等动物。繁殖期为 4 — 8 月，营巢于树洞中，每窝产卵 2 — 5 枚。

金喉拟啄木

大拟啄木 *Megalaima virens*（Great Barbet）

隶属于鴷形目须鴷科。体长 30 — 33 厘米，体重 150 — 230 克。分布于中国华东、华南和西南地区，以及印度东北部、尼泊尔、缅甸、泰国和中南半岛等地。栖息于山地常绿阔叶林内。单独或成对活动。以植物的花、果实和种子等为食，也吃昆虫等动物。繁殖期为 4 — 8 月，营巢于树洞中，每窝产卵 2 — 5 枚。

大拟啄木

小绿拟啄木 *Megalaima viridis*（Small Green Barbet）

隶属于鴷形目须鴷科。分布于印度南部等地。

小绿拟啄木

金腰补鴷 *Pogoniulus bilineatus*（Golden-rumped Tinkerbird）

隶属于鴷形目须鴷科。分布于纳米比亚、尼日利亚、喀麦隆、乌干达、安哥拉、扎伊尔、卢旺达、坦桑尼亚、赞比亚、肯尼亚、马拉维、莫桑比克、南非等地。

金腰补鴷

黄额补鴷 *Pogoniulus chrysoconus*（Yellow-fronted Tinkerbird）

隶属于鴷形目须鴷科。分布于塞内加尔、尼日利亚、尼日尔、乍得、苏丹、扎伊尔、乌干达、埃塞俄比亚、马拉维、安哥拉、纳米比亚等地。

黄额补鴷

红黄拟啄木

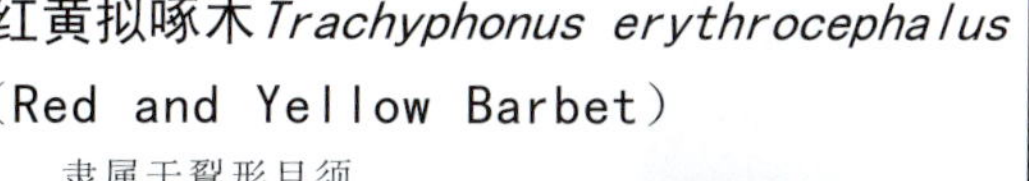

红黄拟啄木 *Trachyphonus erythrocephalus*（Red and Yellow Barbet）

隶属于鴷形目须鴷科。分布于埃塞俄比亚、索马里、肯尼亚、乌干达、坦桑尼亚等地。

黑喉响蜜鴷 *Indicator indicator*（Black-throated Honeyguide）

隶属于鴷形目响蜜鴷科。分布于非洲。以昆虫为食。

黑喉响蜜鴷

黑颈阿拉卡鵎鵼 *Pteroglossus aracari*（Black-necked Aracari）

黑颈阿拉卡鵎鵼

隶属于鴷形目鵎鵼科。体长 46 — 48 厘米。分布于委内瑞拉、圭亚那、苏里南、法隶属于圭亚那和巴西等地。栖息于森林中。以树木果实等为食。营巢于树洞中。

领阿拉卡鵎鵼 *Pteroglossus torquatus*（Collared Aracari）

领阿拉卡鵎鵼

隶属于鴷形目鵎鵼科。体长 38 — 43 厘米。分布于墨西哥、巴拿马、危地马拉、哥斯达黎加、哥伦比亚、委内瑞拉和厄瓜多尔等地。栖息于森林和林缘地带。呈小群活动。

灰胸山鵎鵼

灰胸山鵎鵼 *Andigena hypoglauca*（Grey-breasted Mountain Toucan）

隶属于鴷形目鵎鵼科。分布于哥伦比亚、厄瓜多尔东部、秘鲁东部等地。

板嘴山鵎鵼 *Andigena laminirostris*（Plate-billed Mountain Toucan）

隶属于鴷形目鵎鵼科。分布于哥伦比亚西南部、厄瓜多尔西部等地。

板嘴山鵎鵼

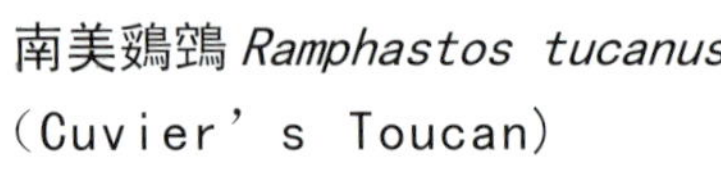

南美鵎鵼 *Ramphastos tucanus*（Cuvier's Toucan）

隶属于鴷形目鵎鵼科。体长 53 — 58 厘米。分布于委内瑞拉、圭亚那、玻利维亚和巴西等地。栖息于森林中。以树木果实等为食。营巢于树洞中。

南美鵎鵼

红胸鵎鵼 *Ramphastos dicolorus*（Red-breasted Toucan）

红胸鵎鵼

隶属于鴷形目鵎鵼科。体长 45 厘米。分布于巴拉圭、阿根廷东北部和巴西东南部等地。栖息于森林中。以树木果实等为食。营巢于树洞中。

厚嘴鵎鵼 *Ramphastos sulfuratus*（Keel-billed Toucan）

隶属于鴷形目鵎鵼科。体长46—50厘米。分布于墨西哥南部、危地马拉、哥伦比亚、委内瑞拉等地。栖息于平原和山地森林和灌丛中。结小群活动。以树木果实等为食。营巢于树洞中。

厚嘴鵎鵼

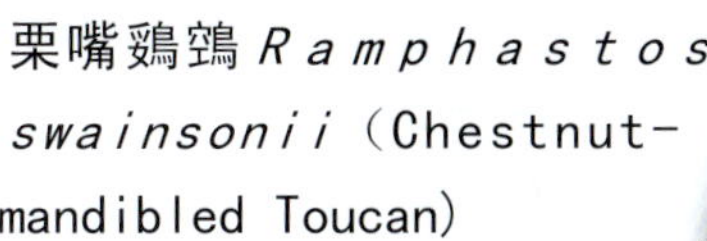

栗嘴鵎鵼 *Ramphastos swainsonii*（Chestnut-mandibled Toucan）

隶属于鴷形目鵎鵼科。体长53—58厘米。分布于洪都拉斯东南部和厄瓜多尔西部等地。栖息于平原和山地森林中。结小群活动。以树木果实等为食。营巢于树洞中。

栗嘴鵎鵼

鞭笞鵎鵼 *Ramphastos toco*（Toco Toucan）

隶属于鴷形目鵎鵼科。体长60厘米。分布于圭亚那、巴西、巴拉圭、玻利维亚和阿根廷北部等地。栖息于森林中。以树木果实等为食。营巢于树洞中。

鞭笞鵎鵼

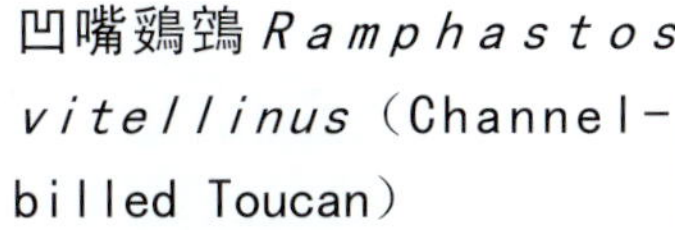

凹嘴鵎鵼 *Ramphastos vitellinus*（Channel-billed Toucan）

隶属于鴷形目鵎鵼科。体长49厘米。分布于格林纳达、委内瑞拉、圭亚那和巴西等地。栖息于森林中。以树木果实等为食。营巢于树洞中。

凹嘴鵎鵼

蚁鴷

蚁鴷 *Jynx torquilla*（Northern Wryneck）

隶属于鴷形目啄木鸟科。体长16—19厘米，体重28—47克。蚁鴷分布欧洲、非洲、亚洲北部、西部和中部、中国、日本、印度、泰国和中南半岛等地。栖息于山地和平原的混交林、阔叶林等林地中。单独活动。以蚂蚁、甲虫等昆虫为食。繁殖期为5—7月，营巢于树洞中，每窝产卵5—14枚。

白啄木 *Melanerpes candidus*（White Woodpecker）

隶属于鴷形目啄木鸟科。分布于从巴西北部和东部，到阿根廷中部一带。

白啄木

金额啄木 *Melanerpes aurifrons*（Golden-fronted Woodpecker）

隶属于鴷形目啄木鸟科。体长24厘米。分布于美国南部、墨西哥、尼加拉瓜和洪都拉斯等地。栖息于平原和河流附近的林地中。以昆虫等为食。营巢于树洞中，每窝产卵4—5枚。

红腹啄木 *Melanerpes carolinus*（Red-bellied Woodpecker）

隶属于鴷形目啄木鸟科。体长25厘米。分布于美国中部、东部和南部等地。栖息于平原和沼泽附近的林地中。以昆虫，以及植物坚果、果实等为食。营巢于树洞中。每窝产卵4—5枚。

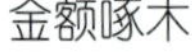

金额啄木　　红腹啄木

橡树啄木 *Melanerpes formicivorus*（Acorn Woodpecker）

隶属于鴷形目啄木鸟科。体长20—23厘米。分布于美国西部、墨西哥、尼加拉瓜、巴拿马和哥伦比亚等地。栖息于山区林地中。结群活动。以昆虫，以及植物坚果、果实等为食。营巢于树洞中。

棕腹啄木 *Picoides hyperythrus*（Rufous-bellied Pied Woodpecker）

隶属于鴷形目啄木鸟科。体长20—24厘米，体重41—65克。分布中国、尼泊尔、缅甸、泰国、越南和老挝等地。栖息于山地针叶林、混交林中。单独活动。以昆虫为食，也植物果实等。繁殖期为4—6月，营巢于树洞中，每窝产卵2—5枚。

橡树啄木

棕腹啄木

白背啄木 *Picoides leucotos*（White-backed Woodpecker）

隶属于鴷形目啄木鸟科。体长23－27厘米，体重85—117克。分布于欧洲、亚洲中部、俄罗斯、中国、朝鲜、日本等地。栖息于山地森林中。单独或成对活动。以天牛、松毛虫等昆虫为食，也吃植物果实和种子等。繁殖期4—6月，营巢于树洞中，每窝产卵3—6枚，孵化期为16—17天。

白背啄木

黄腹吸汁啄木　　黑背三趾啄木

黄腹吸汁啄木 *Sphyrapicus varius*（Yellow-bellied Sapsucker）

隶属于鴷形目啄木鸟科。体长 18 — 21 厘米。分布于加拿大南部、美国东部和中部等地。栖息于混交林和公园、庭院等林地中。以昆虫、树液等为食。营巢于树洞中，每窝产卵 5 — 6 枚。

黑背三趾啄木 *Picoides arcticus*（Black-backed Three-toed Woodpecker）

隶属于鴷形目啄木鸟科。体长 23 厘米。分布于阿拉斯加、加拿大和美国等地。栖息于针叶林等林地中。以昆虫等为食。营巢于树洞中，每窝产卵 4 枚。

大斑啄木

大斑啄木 *Picoides major*（Great Spotted Woodpecker

隶属于鴷形目啄木鸟科。体长 20 — 24 厘米，体重 63 — 79 克。分布欧洲、亚洲北部、西部和中部、中国、日本、印度北部、缅甸和非洲北部等地。栖息于山地和平原针叶林、针阔叶混交林和阔叶林中。单独或成对活动。以甲虫、蝗虫、吉丁虫、蜗牛、蜘蛛等昆虫为食，也吃橡实、松子、稠李和草籽等。繁殖期为 4 — 5 月，营巢于树洞中，每窝产卵 3 — 8 枚，孵化期 13 — 16 天。

中斑啄木

普通扑动鴷

中斑啄木 *Picoides medius*（Middle Spotted Woodpecker）

隶属于鴷形目啄木鸟科。分布于从欧洲瑞典、西班牙，一直到亚洲伊朗等地。

普通扑动鴷 *Colaptes auratus*（Common Flicker）

隶属于鴷形目啄木鸟科。分布于阿拉斯加、加拿大、美国、墨西哥、危地马拉、萨尔瓦多、洪都拉斯、尼加拉瓜、古巴等地。

毛发啄木

毛发啄木 *Picoides villosus*（Hairy Woodpecker）

隶属于鴷形目啄木鸟科。体长 23 厘米。分布于阿拉斯加、加拿大、美国、墨西哥和尼加拉瓜等地。栖息于海岸附近的混交林等林地中。以昆虫等为食。营巢于树洞中，每窝产卵 4 枚。

栗啄木 *Celeus brachyurus*（Rufous Woodpecker）

隶属于鴷形目啄木鸟科。体长 22 — 25 厘米，体重 67 — 90 克。分布于中国华南和西南地区、印度、缅甸、泰国、中南半岛和印度尼西亚等地。栖息于低山和平原的阔叶林、灌丛等地带。单独活动。以蚂蚁等昆虫为食。繁殖期为 4 — 6 月，营巢于树洞中，每窝产卵 4 — 6 枚。

栗啄木

白腹黑啄木

白腹黑啄木 *Dryocopus javensis*（White-bellied Black Woodpecker）

隶属于鴷形目啄木鸟科。体长 46 厘米。分布于中国西南部、韩国、印度、缅甸、泰国、中南半岛、马来半岛、菲律宾和印度尼西亚等地。栖息于山地针叶林、针阔叶混交林、常绿阔叶林和落叶阔叶林等森林之中。单独活动或成对活动。以昆虫等为食。繁殖期为 4 — 6 月，营巢于树洞中，每窝产卵 2 — 4 枚。

黑枕绿啄木 *Picus canus*（Black-naped Green Woodpecker）

隶属于鴷形目啄木鸟科。体长 27 — 31 厘米，体重 105 — 159 克。分布于欧洲、亚洲西部和中部、中国、尼泊尔、锡金、印度、中南半岛、马来西亚和印度尼西亚等地。栖息于低山阔叶林和混交林中。单独或成对活动。以昆虫为食，也吃植物果实和种子等。繁殖期 4 — 6 月，营巢于树洞中，每窝产卵 8 — 11 枚，孵化期 12 — 13 天。

黑枕绿啄木

黑啄木 *Dryocopus martius*（Black Woodpecker）

隶属于鴷形目啄木鸟科。体长 42 — 47 厘米，体重 325 — 352 克。分布于欧洲、亚洲中部、俄罗斯、中国东北、西北和西南地区、朝鲜、日本等地。栖息于山地混交林、针叶林等地带。单独活动。以蚂蚁、金龟子等昆虫为食。繁殖期 4 — 6 月，营巢于树洞中，每窝产卵 3 — 9 枚，孵化期 12 — 14 天。

黑啄木

黄冠绿啄木 *Picus chlorolophus*（Lesser Yellow-naped Woodpecker）

隶属于鴷形目啄木鸟科。体长 23 — 27 厘米，体重 63 — 79 克。分布于中国华南和西南地区、印度、缅甸、泰国、中南半岛和印度尼西亚的苏门答腊岛等地。栖息于常绿阔叶林中。单独或成对活动。以昆虫为食，也吃植物果实和种子等。繁殖期 4 — 7 月，营巢于树洞中，每窝产卵 2 — 4 枚。

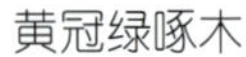
黄冠绿啄木

大黄冠绿啄木 *Picus flavinucha*（Greater Yellow-naped Woodpecker）

隶属于鴷形目啄木鸟科。体长 31 — 36 厘米，体重 122 — 180 克。分布于中国华南和西南地区、印度、缅甸、泰国、中南半岛等地。栖息于常绿阔叶林中。单独或成对活动。以昆虫为食，也吃植物果实和种子等。繁殖期 4 — 6 月，营巢于树洞中，每窝产卵 3 — 4 枚。

大黄冠绿啄木

竹啄木 *Gecinulus grantia*（Bamboo Woodpecker）

隶属于鴷形目啄木鸟科。体长 23 — 25 厘米，体重 76 克。分布于中国西南地区、印度、尼泊尔、缅甸、泰国、中南半岛和马来西亚等地。栖息于低山竹林、灌丛等地带。单独或成对活动。以蚂蚁等昆虫为食。繁殖期 4 — 7 月，营巢于树洞中，每窝产卵 3 枚。

竹啄木

二十七、雀形目(Passeriformes)

雀形目为中、小型鸣禽。两性同色或异色，异色时，雄鸟羽毛较为艳丽。嘴形不一，但一般均较小而坚强。颈部较短。鸣管发达。翅长短适中，外形不一，初级飞羽多半为 9-10 枚。尾羽外形不一，尾羽 12 枚， 有些种类为 10 或 24 枚。跗蹠前缘大多具盾状鳞，后面平滑形成棱状。脚较强，细而短，多为四趾，三趾向前，一趾向后，均在同一个水平面上，趾间无蹼，后趾和中趾的长度大约相等。后爪一般长于中趾。分布遍及世界各地。共有七十四个科，即：阔嘴鸟科（Eurylaimidae）、砍林鸟科（Dendrocolaptidae）、灶鸟科（Furnariidae）、蚁鸟科（Formicariidae）、食蚊鸟科（Conopophagidae）、窜鸟科（Rhinocryptidae）、伞鸟科（Cotingidae）、侏儒鸟科（Pipridae）、霸鹟科（Tyrannidae）、尖喙鸟科（Oxyruncidae）、刈草鸟科（Phytotomidae）、八色鸫科（Pittidae）、刺鹩科（Xenicidae）、裸眉鸫科（Philepittidae）、琴鸟科（Menuridae）、薮鸟科（Atrichornithidae）、百灵科（Alaudidae）、燕科（Hirundinidae）、鹡鸰科（Motacillidae）、山椒鸟科（Campephagidae）、鹎科（Pycnonotidae）、和平鸟科（Irenidae）、伯劳科（Laniidae）、钩嘴鵙科（Vangidae）、太平鸟科（Bombycillidae）、棕榈鵖科（Dulidae）、河乌科（Cinclidae）、鹪鹩科（Troglodytidae）、嘲鸫科（Mimidae）、岩鹨科（Prunellidae）、鸫科（Turdidae）、木鸫科（Orthonychidae）、画眉科（Timaliidae）、鸦雀科（Panuridae）、岩鹛科（Picathartidae）、蚋莺科（Polioptilidae）、莺科（Sylvidae）、鹟科（Muscicapidae）、喷背鹟科（Platysteiridae）、细尾鹩莺科（Maluridae）、澳鹛科（Acanthizidae）、王鹟科（Monarchidae）、鸲鹟科（Eospaltridae）、厚头啸鹟科（Pachycephalidae）、长尾山雀科（Aegithalidae）、

攀雀科（Remizidae）、山雀科（Paridae）、䴓科（Sittidae）、旋木雀科（Certhiidae）、纹雀科（Rhabdornithidae）、短嘴旋木雀科（Climacteridae）、啄花鸟科（Dicaeidae）、太阳鸟科（Nectariniidae）、绣眼鸟科（Zosteropidae）、吸蜜鸟科（Meliphagidae）、鹀科（Emberizidae）、森莺科（Parulidae）、蕉森莺科（Coerebidae）、管舌鸟科（Drepanididae）、绿鹃科（Vireonidae）、拟黄鹂科（Icteridae）、雀科（Fringillidae）、梅花雀科（Estrildidae）、文鸟科（Ploceidae）、椋鸟科（Sturnidae）、黄鹂科（Oriolidae）、卷尾科（Dicruridae）、垂耳鸦科（Callaeidae）、鹊鹨科（Grallinidae）、燕鵙科（Artamidae）、钟鹊科（Cracticidae）、园丁鸟科（Ptilonorhynchidae）、风鸟科（Paradisaeidae）、鸦科（Corvidae）。

非洲阔嘴鸟 *Smithornis capensis*（African Broadbill）

隶属于雀形目阔嘴鸟科。体长 12 — 14 厘米，体重 47 — 79 克。分布于非洲利比里亚、加纳、喀麦隆、加蓬、安哥拉、扎伊尔、乌干达、肯尼亚、坦桑尼亚、赞比亚、莫桑比克、中非共和国、科特迪瓦、塞拉里昂等地。栖息于森林、竹林及灌丛等地带。以昆虫等为食。全年均有繁殖记录，营巢于灌丛和矮树上，每窝产卵 2 — 3 枚。

非洲阔嘴鸟

长尾阔嘴鸟

长尾阔嘴鸟 *Psarisomus dalhousiae*（Long-tailed Broadbill）

隶属于雀形目阔嘴鸟科。体长 20 — 28 厘米，体重 47 — 79 克。分布于中国西南地区、尼泊尔、不丹、孟加拉国、印度东北部、缅甸、越南、老挝、泰国、马来西亚、印度尼西亚等地。栖息于热带常绿阔叶林中。结群活动。以昆虫和其他节肢动物等为食，也吃小型脊推动物和果实。筑巢于灌丛和矮树上巢为梨状，单个垂吊在水面。每窝产卵 4 — 5 枚。

小绿阔嘴鸟 *Calyptomena viridis*（Lesser Green Broadbill）

隶属于雀形目阔嘴鸟科。体长 14 — 17 厘米，体重 43 — 73 克。分布于缅甸、泰国、马来西亚、新加坡和印度尼西亚的苏门答腊岛、加里曼丹岛等地。栖息于热带雨林中。以树木果实、种子等为食，也吃昆虫等无脊椎动物。繁殖期为 1 — 8 月，营巢于树枝上，每窝产卵 1 — 3 枚，孵化期为 17 天。

小绿阔嘴鸟

楔嘴砍林鸟 *Glyphorhynchus spirurus*（Wedge-billed Woodcreeper）

隶属于雀形目砍林鸟科。体长 14 — 15 厘米。分布于墨西哥、尼加拉瓜、哥斯达黎加、厄瓜多尔、委内瑞拉、哥伦比亚、圭亚那、巴拿马、秘鲁、玻利维亚和巴西等地。栖息于森林中。单独或成对活动。以昆虫等为食。

楔嘴砍林鸟

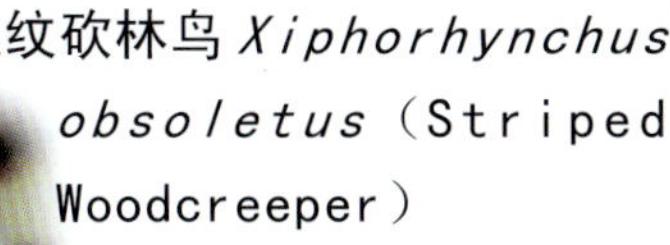

纵纹砍林鸟 *Xiphorhynchus obsoletus*（Striped Woodcreeper）

隶属于雀形目砍林鸟科。分布于哥伦比亚、委内瑞拉、圭亚那、苏里南、法隶属于圭亚那、巴西西北部和北部等地。

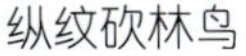
纵纹砍林鸟

红嘴镰嘴鸟 *Campylorhamphus trochilirostris*（Red-billed Scythebill）

隶属于雀形目砍林鸟科。体长 23 — 25 厘米。分布于厄瓜多尔、委内瑞拉、哥伦比亚、巴拉圭、巴拿马、秘鲁北部、玻利维亚、巴西和阿根廷北部等地。栖息于森林和林缘地带。以昆虫等为食。

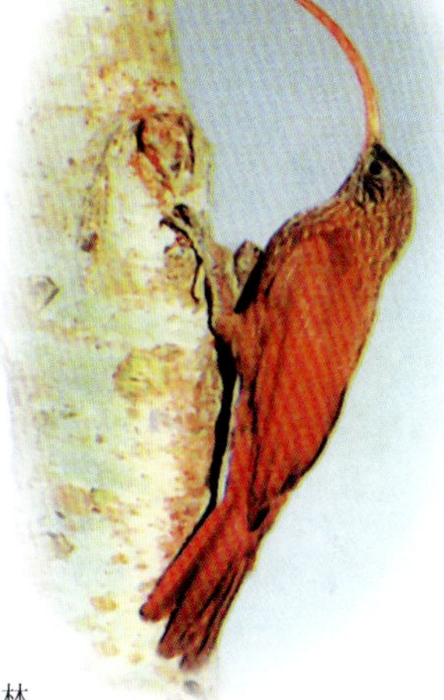
红嘴镰嘴鸟

棕灶鸟

棕灶鸟 *Furnarius rufus*（Rufous Hornero）

隶属于雀形目灶鸟科。体长 18 厘米。分布于巴西、巴拉圭、玻利维亚、乌拉圭和阿根廷等地。栖息于草地、林地、农田和公园等环境中。以昆虫等为食。营巢于树枝上。

纯色背针尾雀 *Leptasthenura aegithaloides*（Plain-mantled Tit Spinetail）

隶属于雀形目灶鸟科。体长 16 厘米。分布于秘鲁、智利、玻利维亚和阿根廷等地。栖息于平原和岸边灌丛等地带。单独或成对活动。以昆虫等为食。营巢于岩洞中。每窝产卵 2 — 3 枚。

纯色背针尾雀

淡黄额拾叶雀 *Philydor rufus*（Buff-fronted Foliage Gleaner）

隶属于雀形目灶鸟科。分布于哥斯达黎加、厄瓜多尔、哥伦比亚、委内瑞拉、秘鲁、玻利维亚、巴西、巴拉圭和阿根廷东北部等地。

淡黄额拾叶雀

白额拾叶雀

白额拾叶雀 *Philydor amaurotis*（White-browed Foliage Gleaner）

隶属于雀形目灶鸟科。分布于巴西东南部等地。

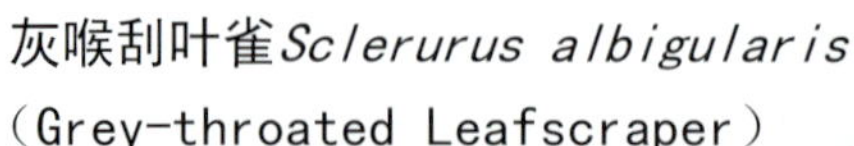

灰喉刮叶雀 *Sclerurus albigularis*（Grey-throated Leafscraper）

隶属于雀形目灶鸟科。分布于哥斯达黎加、巴拉圭、哥伦比亚、委内瑞拉、特立尼达和多巴哥、秘鲁北部和玻利维亚北部等地。

灰喉刮叶雀

纯色反嘴雀

纯色反嘴雀 *Xenops minutus*（Plain Xenops）

隶属于雀形目灶鸟科。体长 11 厘米。分布于墨西哥东南部、洪都拉斯、尼加拉瓜、厄瓜多尔、委内瑞拉、哥伦比亚、圭亚那、巴拉圭、巴拿马、秘鲁、玻利维亚、巴西和阿根廷东北部等地。栖息于森林中。

纵纹反嘴雀 *Xenops rutilans*（Streaked Xenops）

隶属于雀形目灶鸟科。体长 11 厘米。分布于哥斯达黎加、厄瓜多尔、委内瑞拉、哥伦比亚、巴拉圭、巴拿马、秘鲁、玻利维亚、巴西和阿根廷北部等地。单独或成对活动。栖息于森林中。

纵纹反嘴雀

巨蚁鵙

巨蚁鵙 *Batara cinerea*（Giant Antshrike）

隶属于雀形目蚁鸟科。分布于玻利维亚、巴西东南部、阿根廷东北部和西北部等地。

横斑蚁鵙 *Thamnophilus doliatus*（Barred Antshrike）

隶属于雀形目蚁鸟科。体长15—16厘米。分布于墨西哥、哥斯达黎加、危地马拉、洪都拉斯、厄瓜多尔、委内瑞拉、哥伦比亚、圭亚那、巴拿马、秘鲁、玻利维亚、巴西和阿根廷北部等地。栖息于森林中。成对活动。以昆虫等为食。

横斑蚁鵙

纯色蚁绿鵙

纯色蚁绿鵙 *Dysithamnus mentalis*（Plain Antvireo）

隶属于雀形目蚁鸟科。体长11—12厘米。分布于墨西哥南部、委内瑞拉、哥伦比亚、厄瓜多尔、巴拉圭、巴拿马、秘鲁、玻利维亚、巴西和阿根廷东北部等地。栖息于森林中。成对活动。以昆虫等为食。

带斑蚁鸟 *Dichrozona cincta*（Banded Antcatcher）

隶属于雀形目蚁鸟科。分布于哥伦比亚东部、委内瑞拉南部、巴西、厄瓜多尔东部、玻利维亚北部等地。

带斑蚁鸟

点翅蚁鹩

点翅蚁鹩 *Microrhopias quixensis*（Dot-winged Antwren）

隶属于雀形目蚁鸟科。体长11厘米。分布于墨西哥南部、洪都拉斯、尼加拉瓜、厄瓜多尔、圭亚那、巴拿马、秘鲁、玻利维亚和巴西等地。栖息于森林中。成对或呈小群活动。以昆虫等为食。

斑点背蚁鸟 *Hylophylax naevia*（Spot-backed Antbird）

隶属于雀形目蚁鸟科。分布于巴西北部和西北部、圭亚那、委内瑞拉、秘鲁北部等地。

斑点背蚁鸟

黑点裸眼雀

黑点裸眼雀 *Phlegopsis nigromaculata*（Black-spotted Bare-eye）

隶属于雀形目蚁鸟科。分布于巴西、秘鲁东部和玻利维亚北部等地。

棕尾蚁鸫 *Chamaeza ruficauda*（Rufous-tailed Ant-thrush）

隶属于雀形目蚁鸟科。分布于哥伦比亚中部、委内瑞拉北部和巴西东南部等地。

棕尾蚁鸫

棕顶蚁八色鸫 *Pittasoma rufopileatum*（Rufous-crowned Antpitta）

隶属于雀形目蚁鸟科。分布于哥伦比亚西部和西南部、厄瓜多尔西北部等地。

棕顶蚁八色鸫

锈胸蚁八色鸫 *Grallaricula ferrugineipectus*（Rusty-breasted Antpitta）

隶属于雀形目蚁鸟科。分布于哥伦比亚东部和东北部、委内瑞拉北部和西北部、秘鲁北部等地。

锈胸蚁八色鸫

栗带食蚊鸟 *Conopophaga aurita*（Chestnut-belted Gnateater）

隶属于雀形目食蚊鸟科。分布于哥伦比亚东南部、巴西、圭亚那、厄瓜多尔东部、秘鲁东部和东北部等地。以昆虫为食。

栗带食蚊鸟

棕肛窜鸟 *Scytalopus femoralis*（Rufous-vented Tapaculo）

隶属于雀形目窜鸟科。主要分布于哥伦比亚、厄瓜多尔东部、秘鲁和玻利维亚北部等地。

棕肛窜鸟

黑颈红卡丁伞鸟 *Phoenicercus nigricollis*（Black-necked Red Cotinga）

隶属于雀形目伞鸟科。分布于哥伦比亚、厄瓜多尔、秘鲁北部和巴西西北部等地。栖息于常绿阔叶林中。以植物果实等为食。巢各种各样，有树洞巢，每窝产卵2—4枚。

黑颈红卡丁伞鸟

玫瑰喉比卡雀

玫瑰喉比卡雀 *Pachyramphus aglaiae*（Rose-throated Becard）

隶属于雀形目伞鸟科。体长16—18厘米。分布于墨西哥、萨尔瓦多、洪都拉斯、哥斯达黎加、尼加拉瓜、巴拿马、哥伦比亚、委内瑞拉和秘鲁西北部等地。栖息于林缘地带。单独或成对活动。以植物浆果等为食。营巢于树枝上，每窝产卵3—4枚。

面罩蒂泰雀 *Tityra semifasciata*（Masked Tityra）

隶属于雀形目伞鸟科。体长21—24厘米。分布于墨西哥、萨尔瓦多、洪都拉斯、巴拿马、哥伦比亚、委内瑞拉、厄瓜多尔、玻利维亚、秘鲁和巴西等地。栖息于林缘地带。以植物浆果等为食。营巢于树洞中，每窝产卵2—3枚。

面罩蒂泰雀

秀丽伞鸟

秀丽伞鸟 *Cotinga amabilis*（Lovely Cotinga）

隶属于雀形目伞鸟科。体长18—19厘米，体重66—75克。分布于墨西哥、洪都拉斯、哥斯达黎加等地。栖息于常绿阔叶林和林缘地带。单独、成对或小群活动。以植物果实等为食。营巢于树冠上。

紫喉果鸦 *Querula purpurata*（Purple-throated Fruitcrow）

隶属于雀形目伞鸟科。体长27—29厘米。分布于从哥斯达黎加、巴拿马到玻利维亚和巴西等地。栖息于海岸、低山林地中。以浆果等为食。

紫喉果鸦

裸喉钟雀 *Procnias nudicollis*（Bare-throated Bellbird）

隶属于雀形目伞鸟科。体重140—225克。分布于巴西南部、巴拉圭和阿根廷东北部等地。栖息于常绿阔叶林中。以植物果实等为食。营巢于树冠上。

裸喉钟雀

肉垂钟雀 *Procnias tricarunculata*（Three-wattled Bellbird）

隶属于雀形目伞鸟科。体长30—33厘米，体重193—233克。分布于尼加拉瓜、巴拿马和洪都拉斯等地。栖息于常绿阔叶林中。单独或呈小群活动。以植物果实等为食。营巢于树冠上。

肉垂钟雀

安第斯动冠伞鸟

安第斯动冠伞鸟 *Rupicola peruviana*（Andean Cock of the Rock）

隶属于雀形目伞鸟科。体长32厘米，体重213—266克。分布于哥伦比亚、厄瓜多尔、委内瑞拉、秘鲁和玻利维亚等地。栖息于常绿阔叶林中。成对或小群活动。以植物果实等为食。营巢于岩石洞穴附近，每窝产卵2枚，孵化期27—28天。

白须侏儒鸟

白须侏儒鸟 *Manacus manacus*（White-bearded Manakin）

隶属于雀形目侏儒鸟科。分布于委内瑞拉、哥伦比亚、巴西、圭亚那、厄瓜多尔、秘鲁北部、阿根廷东北部等地。栖息于亚热带森林中。以昆虫、浆果等为食。

尖尾侏儒鸟

尖尾侏儒鸟 *Chiroxiphia lanceolata*（Lance-tailed Manakin）

隶属于雀形目侏儒鸟科。体长12—13厘米。分布于哥斯达黎加、巴拿马和委内瑞拉等地。栖息于森林、灌丛等地带。以昆虫、浆果等为食。

蓝顶侏儒鸟 *Pipra coronata*（Blue-crowned Manakin）

隶属于雀形目侏儒鸟科。体长9厘米。分布于哥斯达黎加、巴拿马、厄瓜多尔、哥伦比亚、玻利维亚、秘鲁和巴西等地。栖息于森林中。以昆虫、浆果等为食。

红顶侏儒鸟 *Pipra mentalis*（Red-capped Manakin）

隶属于雀形目侏儒鸟科。体长9—10厘米。分布于墨西哥东南部、哥斯达黎加、巴拿马、厄瓜多尔等地。栖息于森林中。以昆虫、浆果等为食。

蓝顶侏儒鸟

红顶侏儒鸟

黑白霸鹟

黑白霸鹟 *Xolmis dominicana*（Black and White Monjita）

隶属于雀形目霸鹟科。分布于巴西南部、乌拉圭、巴拉圭和阿根廷东部等地。

东菲比霸鹟

东菲比霸鹟 *Sayornis phoebe*（Eastern Phoebe）

隶属于雀形目霸鹟科。体长 17 厘米。分布于加拿大、美国和墨西哥等地。栖息于森林中。以昆虫、浆果等为食。营巢于岩壁、墙壁或树根上，每窝产卵 4 — 5 枚。

斑驳水霸鹟

斑驳水霸鹟 *Fluvicola pica*（Pied Water Tyrant）

隶属于雀形目霸鹟科。体长 13 厘米。分布于巴拿马、委内瑞拉、圭亚那、哥伦比亚、巴西、玻利维亚、巴拉圭和阿根廷北部等地。栖息于森林、灌丛等地带。以昆虫、浆果等为食。

剪尾灰霸鹟

剪尾灰霸鹟 *Muscipipra vetula*（Shear-tailed Grey Tyrant）

隶属于雀形目霸鹟科。分布于巴西东南部、巴拉圭和阿根廷等地。

朱红霸鹟

朱红霸鹟 *Pyrocephalus rubinus*（Vermilion Flycatcher）

隶属于雀形目霸鹟科。体长 15 厘米。分布于美国西南部、墨西哥、洪都拉斯、尼加拉瓜、哥伦比亚、秘鲁、智利和加拉帕戈斯群岛等地。栖息于森林、灌丛等地带。以昆虫、浆果等为食。营巢于树枝上，每窝产卵 3 枚。

牛霸鹟

牛霸鹟 *Machetornis rixosus*（Cattle Tyrant）

隶属于雀形目霸鹟科。分布于哥伦比亚、委内瑞拉、玻利维亚东部、巴西南部、巴拉圭、乌拉圭和阿根廷北部等地。

西美洲王霸鹟 *Tyrannus verticalis*（Western Kingbird）

隶属于雀形目霸鹟科。体长23厘米。分布于加拿大西南部、美国、墨西哥和危地马拉等地。栖息于旷野、果园、河边等处。以昆虫、浆果等为食。营巢于树枝或灌木枝上。每窝产卵4枚。

西美洲王霸鹟

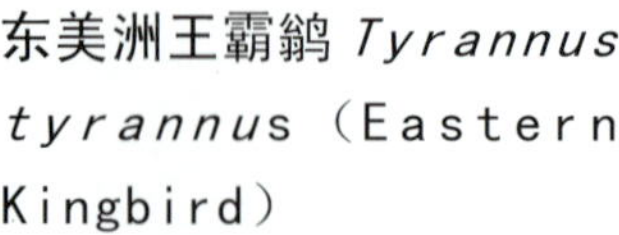

东美洲王霸鹟 *Tyrannus tyrannus*（Eastern Kingbird）

隶属于雀形目霸鹟科。体长21厘米。分布于从加拿大南部、美国，一直到玻利维亚、秘鲁等地。栖息于旷野、果园、河边等处。成群活动。以昆虫、浆果等为食。营巢于树枝或灌木枝上，每窝产卵3—4枚。

东美洲王霸鹟

船嘴霸鹟 *Megarhynchus pitangua*（Boat-billed Flycatcher）

隶属于雀形目霸鹟科。体长23—24厘米。分布于墨西哥、危地马拉、哥伦比亚、厄瓜多尔、秘鲁、玻利维亚、巴拉圭、巴西和阿根廷北部等地。栖息于林地和林缘地带。单独或成对活动。以昆虫、浆果等为食。营巢于树枝上。

船嘴霸鹟

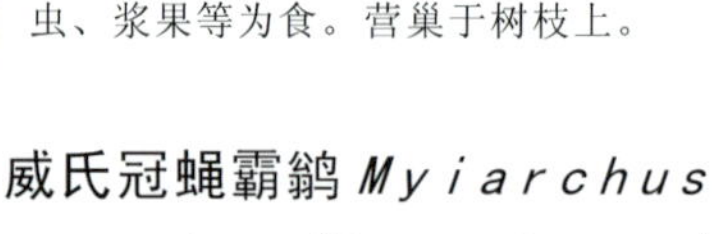

威氏冠蝇霸鹟 *Myiarchus tyrannulus*（Brown Crested Flycatcher）

隶属于雀形目霸鹟科。体长24厘米。分布于美国西南部、墨西哥、洪都拉斯、哥斯达黎加、哥伦比亚、委内瑞拉、圭亚那、巴西和阿根廷北部等地。栖息于干旱地带的林地中。以昆虫、浆果等为食。营巢于树洞中，每窝产卵3—5枚。

威氏冠蝇霸鹟

灰悲雀 *Rhytipterna simplex*（Greyish Mourner）

隶属于雀形目霸鹟科。分布于从南美洲北部到巴西东南部等地。

大食蝇霸鹟 *Pitangus sulphuratus*（Great Kiskadee）

隶属于雀形目霸鹟科。体长21—22厘米。分布于美国南部、墨西哥、危地马拉、哥斯达黎加、哥伦比亚、委内瑞拉、圭亚那、厄瓜多尔、秘鲁、玻利维亚、巴拉圭、巴西和阿根廷北部等地。栖息于林地和林缘地带。以昆虫、浆果等为食。

灰悲雀

大食蝇霸鹟

橄榄胁绿霸鹟 *Contopus borealis*（Olive-sided Flycatcher）

隶属于雀形目霸鹟科。体长 19 厘米。分布于从加拿大、美国，到中美洲和南美洲北部、西部一带。栖息于林地中。以昆虫、浆果等为食。营巢于树枝上。每窝产卵 3 枚。

橄榄胁绿霸鹟

东林绿霸鹟 *Contopus virens*（Eastern Wood Pewee）

隶属于雀形目霸鹟科。体长 16 厘米。分布于从加拿大、美国、墨西哥，到中美洲和南美洲北部一带。栖息于森林、果园等地带。以昆虫、浆果等为食。营巢于树枝上，每窝产卵 3 — 4 枚。

东林绿霸鹟

烟姬霸鹟 *Serpophaga nigricans*（Sooty Tyrannulet）

隶属于雀形目霸鹟科。分布于巴西东南部、乌拉圭、巴拉圭和阿根廷北部等地。

烟姬霸鹟

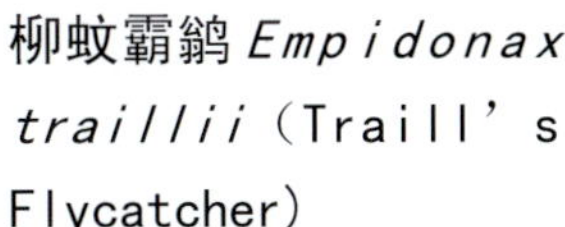

柳蚊霸鹟 *Empidonax traillii*（Traill's Flycatcher）

隶属于雀形目霸鹟科。体长 15 厘米。分布于从加拿大、美国、墨西哥，到中美洲和南美洲北部一带。栖息于森林、果园等地带。以昆虫、浆果等为食。营巢于树枝上，每窝产卵 3 — 4 枚。

柳蚊霸鹟

白颊哑霸鹟

白颊哑霸鹟 *Todirostrum albifacies*（White-cheeked Tody Flycatcher）

隶属于雀形目霸鹟科。分布于南美洲。

王霸鹟 *Onychorhynchus coronatus*（Royal Flycatcher）

隶属于雀形目霸鹟科。体长 17 — 18 厘米。分布于墨西哥、巴拿马、哥伦比亚、委内瑞拉、圭亚那、巴西和厄瓜多尔等地。栖息于林地和林缘地带。以昆虫、浆果等为食。营巢于树枝上。

王霸鹟

尖喙鸟 *Oxyruncus cristatus*（Sharpbill）

隶属于雀形目尖喙鸟科。体长 15 — 17 厘米。分布于哥斯达黎加、巴拿马、哥伦比亚、秘鲁、巴拉圭、圭亚那、巴西和委内瑞拉等地。栖息于林地中。以果实、种子等为食。

尖喙鸟

棕尾刈草鸟 *Phytotoma rara*（Chilean Plantcutter）

隶属于雀形目刈草鸟科。仅分布于智利南部、阿根廷南部和福克兰群岛等地。栖息于林地。以树叶、果实和嫩芽为食。

棕尾刈草鸟

蓝尾八色鸫 *Pitta guajana*（Blue-tailed Pitta）

隶属于雀形目八色鸫科。体长 18 — 21 厘米，体重 57 — 86 克。分布于泰国、缅甸等地。栖息于常绿阔叶林中。结小群活动。以昆虫、蜗牛等为食。繁殖期为 5 — 10 月，营巢于树上，每窝产卵 3 — 5 枚。

蓝尾八色鸫

蓝翅八色鸫 *Pitta nympha*（Blue-winged Pitta）

隶属于雀形目八色鸫科。体长 17 — 20 厘米，体重 48 — 70 克。分布于中国华北、华东、华中和华南地区、日本、朝鲜、越南和印度尼西亚的加里曼丹岛等地。栖息于常绿阔叶林中。以昆虫等为食。

蓝翅八色鸫

黑头八色鸫 *Pitta sordida*（Hooded Pitta）

隶属于雀形目八色鸫科。体长 16 — 19 厘米，体重 42 — 70 克。分布于尼泊尔、不丹、印度东北部、孟加拉国、泰国、缅甸、中南半岛、菲律宾、印度尼西亚和新几内亚等地。栖息于热带雨林中。成对或结小群活动。以昆虫、蜗牛等为食。繁殖期为 4 — 9 月，营巢于竹枝上或地面上，每窝产卵 2 — 5 枚，孵化期 15 — 16 天。

黑头八色鸫

噪声八色鸫 *Pitta versicolor*（Noisy Pitta）

隶属于雀形目八色鸫科。体长 18 — 23 厘米，体重 92 — 106 克。分布于澳大利亚东部和新几内亚等地。栖息于热带雨林中。单独或成对活动。以昆虫、蚯蚓、蜗牛等为食。繁殖期为 10 — 2 月，营巢于地面上，每窝产卵 2 — 5 枚，孵化期 15 — 18 天。

噪声八色鸫

刺鹩 *Acanthisitta chloris*（Rifleman）

隶属于雀形目刺鹩科。体长 8 厘米。分布于新西兰等地。栖息于林地和灌丛中。成对活动。以昆虫、蜘蛛，以及其他无脊椎动物等为食。全年均可繁殖。营巢于树洞中。每窝产卵 2 —5 枚。孵化期 19 —20 天。

刺鹩

肉垂拟太阳鸟 *Neodrepanis coruscans*（Wattled False Sunbird）

隶属于雀形目裸眉鸫科。体 9 —11 厘米，体重 6 —7 克。分布于非洲马达加斯加岛上。栖息于雨林中。单独或成对活动。以昆虫、花蜜等为食。繁殖期为 8 —9 月，营巢于树叶或竹叶上。

肉垂拟太阳鸟

华丽琴鸟

华丽琴鸟 *Menura superba*（Superb Lyrebird）

隶属于雀形目琴鸟科。体长 100 厘米。分布于澳大利亚东南部一带。栖息于温带和亚热带雨林地中。以昆虫、蠕虫等为食。营巢于地面上，每窝产卵 1 枚。

棕薮鸟 *Atrichornis rufescens*（Rufous Scrubbird）

隶属于雀形目薮鸟科。体长 16 厘米。分布于澳大利亚东部一带。栖息于低山森林、灌丛中。以昆虫、种子等为食。营巢于地面上，每窝产卵 1—2 枚。

棕薮鸟

歌百灵

歌百灵 *Mirafa javanica*（Eastern Singing Bush Lark）

隶属于雀形目百灵科。体长 15 厘米。分布于中国华南地区、印度、缅甸、泰国和越南等地。栖息于旷野、草地上。单独、成对或呈小群活动。以杂草种籽、昆虫等为食。繁殖期为 5 —7 月，营巢于地面草丛内，每窝产卵 2 —4 枚。

垂耳歌百灵 *Mirafa rufocinnamomea*（Flappet Lark）

隶属于雀形目百灵科。体长 13 —14 厘米。分布于冈比亚、马里、尼日利亚、喀麦隆、苏丹、埃塞俄比亚、乌干达、肯尼亚、坦桑尼亚、扎伊尔、莫桑比克、马拉维、和博茨瓦纳等地。栖息于草原、灌丛边缘等地带。单独或成对活动。以种籽、昆虫等为食。

垂耳歌百灵

斑百灵 *Melanocorypha bimaculata* (Bimaculated Lark)

隶属于雀形目百灵科。体长 18 厘米。分布于俄罗斯、中国新疆、印度、伊朗和阿富汗等地。栖息于旷野、农田和草地上。以杂草种籽等为食。繁殖期为 4 — 5 月，营巢于地面草丛内或灌丛上，每窝产卵 3 — 4 枚。

斑百灵

白翅百灵

白翅百灵 *Melanocorypha leucoptera* (White-winged Lark)

隶属于雀形目百灵科。体长 18 — 21 厘米，体重 39 — 48 克。分布于欧洲、俄罗斯、土耳其、马耳他、伊朗和中国新疆等地。栖息于开阔草原地带。以杂草种籽、昆虫等为食。繁殖期为 4 — 5 月，营巢于地面低洼处，每窝产卵 4 — 6 枚。

蒙古百灵 *Melanocorypha mongolica* (Mongolian Lark)

隶属于雀形目百灵科。体长 13 — 20 厘米，体重 46 — 72 克。分布于俄罗斯、蒙古、朝鲜和中国东北西南部、华北和西北等地。栖息于开阔草原上。以杂草种籽等为食，也吃昆虫等。繁殖期为 5 — 6 月，筑巢于地面浅穴中或草丛内，每窝产卵 3 — 4 枚。

蒙古百灵

木百灵

木百灵 *Lullula arborea* (Wood Lark)

隶属于雀形目百灵科。体长 15 厘米。分布于欧洲、非洲北部、俄罗斯西南部和伊朗等地。栖息于林地、草地等环境中。以杂草种籽、昆虫等为食。

小沙百灵 *Calandrella rufescens* (Lesser Short-toed Lark)

隶属于雀形目百灵科。体长 13 — 15 厘米，体重 18 — 22 克。分布于欧洲、埃及、俄罗斯、蒙古、伊拉克、伊朗、印度、阿富汗和中国北方的大部分地区。栖息于草地、灌丛中。以杂草种籽、昆虫等为食。繁殖期为 4 — 6 月，营巢于地面土穴中。

小沙百灵

角百灵

角百灵 *Eremophila alpestris* (Horned Lark)

隶属于雀形目百灵科。体长 15 — 17 厘米，体重 31 — 42 克。分布于俄罗斯、伊朗、阿富汗、巴基斯坦和中国西北、华北和西藏等地。栖息于高山、荒漠、草原、草地和岩石等地带。结群活动。以杂草种籽、昆虫等为食。繁殖期为 5 — 7 月，营巢于高大的草丛中，每窝产卵 2 — 5 枚。

云雀 *Alauda arvensis*（Eurasian Skylark）

隶属于雀形目百灵科。体长 17 — 19 厘米，体重 23 — 35 克。分布于欧洲、非洲北部、亚洲中部、俄罗斯、日本、朝鲜和中国北方及华东地区。栖息于开阔草原和农田地带。结群活动。以杂草种籽、昆虫等为食。繁殖期为 5 — 6 月，营巢于开阔的地面上，每窝产卵 3 — 5 枚，孵化期 11 天。

云雀

小云雀 *Alauda gulgula*（Oriental Skylark）

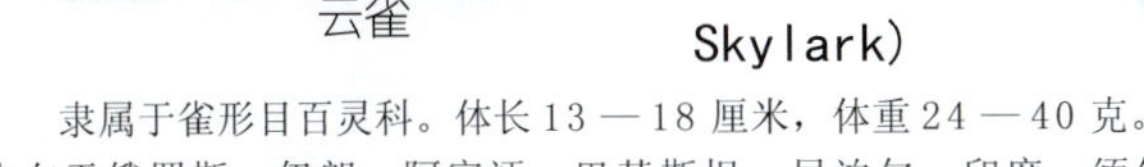

隶属于雀形目百灵科。体长 13 — 18 厘米，体重 24 — 40 克。分布于俄罗斯、伊朗、阿富汗、巴基斯坦、尼泊尔、印度、缅甸、越南、菲律宾、斯里兰卡和中国南方的大部分地区。栖息于草原、河床和农田地带。以杂草种籽、昆虫等为食。繁殖期为 4 — 6 月，营巢于开阔地面的凹处，每窝产卵 3 — 4 枚。

小云雀

双色树燕 *Tachycineta bicolor*（Tree Swallow）

隶属于雀形目燕科。体长 13 — 16 厘米。分布于加拿大、美国、古巴、尼加拉瓜、哥斯达黎加、巴拿马和哥伦比亚等地。栖息于河川、湖沼边的草地等环境中。以昆虫、月桂树果等为食。营巢于树洞中，每窝产卵 4 — 6 枚，孵化期 13 — 16 天。

双色树燕

海绿树燕 *Tachycineta thalassina*（Violet-Green Swallow）

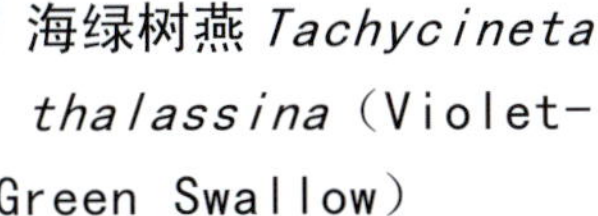

隶属于雀形目燕科。体长 13 — 14 厘米。分布于加拿大、美国、墨西哥、洪都拉斯、哥斯达黎加和巴拿马等地。栖息于原野、河边等环境中。以昆虫等为食。营巢于岩洞、树洞中，每窝产卵 4 — 6 枚，孵化期 15 天。

海绿树燕

红翎粗翅燕 *Stelgidopteryx ruficollis*（Southern Rough-winged Swallow）

隶属于雀形目燕科。体长 11 — 14 厘米。分布于加拿大南部、美国、哥斯达黎加、巴拿马、哥伦比亚、厄瓜多尔、秘鲁、委内瑞拉、圭亚那、玻利维亚、乌拉圭和阿根廷北部等地。栖息于平原和山脚的近水地带。单独、成对或呈小群活动。以昆虫等为食。营巢于岩洞中，每窝产卵 5 — 7 枚。

红翎粗翅燕

金腰燕 *Hirundo daurica*（Red-rumped Swallow）

隶属于雀形目燕科。体长 16 — 21 厘米，体重 20 — 30 克。分布于俄罗斯东部、蒙古、中国、朝鲜、日本、印度、尼泊尔和中南半岛等地。栖息于山区、城镇等环境中。结群活动。以昆虫为食。繁殖期为 5 — 8 月，营巢于房屋横梁上、屋檐下等处，每窝产卵 4 — 6 枚。

金腰燕

紫崖燕

紫崖燕 *Progne subis*（Purple Martin）

隶属于雀形目燕科。体长 19 — 22 厘米。分布于从加拿大、美国、墨西哥、尼加拉瓜，一直到南美洲等地。栖息于城镇和原野附近的林缘、河岸等环境中。以昆虫等为食。营巢于岩洞、树洞中，每窝产卵 4 — 5 枚，孵化期 15 — 17 天。

崖沙燕 *Riparia riparia*（Bank Swallow）

隶属于雀形目燕科。体长 11 — 14 厘米，体重 11 — 17 克。分布于俄罗斯、伊朗、阿富汗、巴基斯坦、中国、朝鲜、日本、印度、孟加拉国、缅甸、泰国、菲律宾、越南等地。栖息于河川、湖沼的泥滩上或附近的岩石上。结群活动。以昆虫为食。繁殖期为 6 — 2 月，营巢于河岸峭壁上的洞穴中，每窝产卵 3 — 4 枚，孵化期 12 — 13 天。

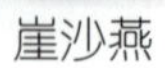
崖沙燕

家燕 *Hirundo rustica*（Barn Swallow）

隶属于雀形目燕科。体长 15—20 厘米，体重 13 — 22 克。分布于欧洲、非洲、亚洲和大洋洲等地。栖息于村落、城镇等附近的田野和河岸等环境中。结群活动。以昆虫为食。繁殖期为 4 — 9 月，营巢于房屋横梁上、屋檐下等处，每窝产卵 4 — 5 枚，孵化期 14 — 15 天。

家燕

洋燕 *Hirundo tahitica*（Pacific Swallow）

隶属于雀形目燕科。体长 13 厘米。分布于中国台湾、日本冲绳、琉球群岛和菲律宾吕宋岛等地。栖息于沿海地带的建筑物附近。以昆虫为食。繁殖期为 3 — 4 月，营巢于墙壁或岩石表面，每窝产卵 2 — 3 枚。

洋燕

红石燕

红石燕 *Petrochelidon pyrrhonota*（American Cliff Swallow）

隶属于雀形目燕科。体长 13 — 15 厘米。分布于从加拿大、美国、墨西哥，一直到巴西和阿根廷北部一带。栖息于近水的林缘、旷野等地带。以昆虫为食。营巢于岩洞中，每窝产卵 4 — 5 枚，孵化期 12 — 14 天。

毛脚燕 *Delichon urbica*（Common House Martin）

隶属于雀形目燕科。体长 13 — 15 厘米，体重 19 — 22 克。分布于欧洲、亚洲和澳大利亚等地。栖息于高山峡谷地带。结群活动。以昆虫为食。繁殖期为 6 — 7 月，营巢于山区古建筑或崖壁上，每窝产卵 4 — 5 枚。

毛脚燕

山鹡鸰 *Dendronanthus indicus*（Forest Wagtail）

隶属于雀形目鹡鸰科。体长 14 — 17 厘米，体重 12 — 28 克。分布于俄罗斯东部、中国东部、朝鲜、日本、印度、不丹、尼泊尔、中南半岛、马来西亚和印度尼西亚的苏门答腊岛、爪哇岛等地。栖息于林间空地、林缘、河边和村落附近。以昆虫、蜗牛等为食。繁殖期为 5 — 6 月，营巢于树枝上，每窝产卵 4 — 5 枚。

山鹡鸰

白鹡鸰 *Motacilla alba*（Pied Wagtail）

隶属于雀形目鹡鸰科。体长 16 — 19 厘米，体重 17 — 24 克。分布于欧洲、非洲北部、亚洲西部和中部、俄罗斯、中国、印度、斯里兰卡、中南半岛和菲律宾等地。栖息于河边、湖畔及其附近的草地、农田中。结群活动。以昆虫、浆果等为食。繁殖期为 3 — 7 月，营巢于岩石缝隙、土洞、墙洞中，每窝产卵 4 — 5 枚。

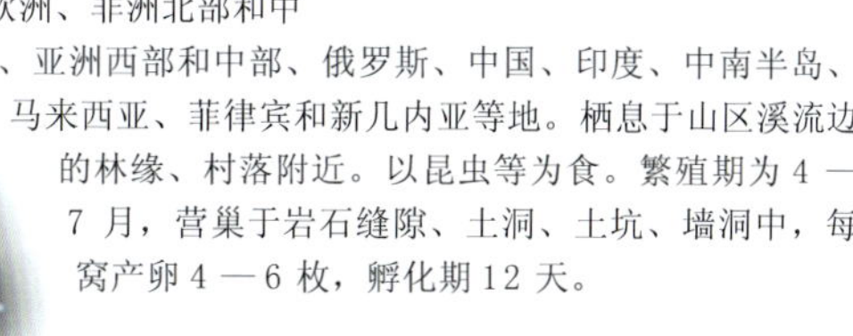

白鹡鸰

灰鹡鸰 *Motacilla cinerea*（Grey Wagtail）

隶属于雀形目鹡鸰科。体长 16 — 19 厘米，体重 12 — 20 克。分布于欧洲、非洲北部和中部、亚洲西部和中部、俄罗斯、中国、印度、中南半岛、马来西亚、菲律宾和新几内亚等地。栖息于山区溪流边的林缘、村落附近。以昆虫等为食。繁殖期为 4 — 7 月，营巢于岩石缝隙、土洞、土坑、墙洞中，每窝产卵 4 — 6 枚，孵化期 12 天。

灰鹡鸰

黄头鹡鸰 *Motacilla citreola*（Yellow-headed Wagtail）

隶属于雀形目鹡鸰科。体长 15 — 18 厘米，体重 19 — 25 克。分布于俄罗斯、蒙古、阿富汗、伊朗、巴基斯坦、中国、印度、中南半岛等地。栖息于河边、湖畔及其附近的草地、农田中。成对或结小群活动。以昆虫等为食。繁殖期为 5 月，营巢于土坑中，每窝产卵 4 — 5 枚。

黄头鹡鸰

黄鹡鸰 *Motacilla flava*（Yellow Wagtail）

隶属于雀形目鹡鸰科。体长 15 — 16 厘米，体重 15 — 19 克。分布于欧洲、非洲、俄罗斯、中国、印度、亚洲西部、中部和东南部，以及阿拉斯加西部等地。栖息于河边、湖畔的林缘、居民区附近。成对或结小群活动。以昆虫等为食。繁殖期为 5 — 6 月，营巢于地面草丛中，每窝产卵 5 — 6 枚，孵化期 14 天。

黄鹡鸰

桔红长爪鹡鸰 *Macronyx aurantiigula*

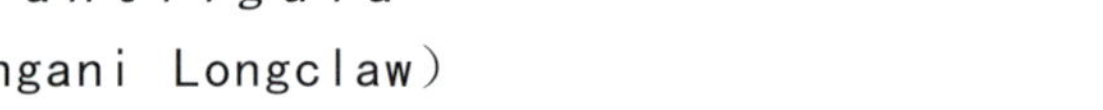

（Pangani Longclaw）

隶属于雀形目鹡鸰科。体长 19 — 20 厘米。分布于索马里、肯尼亚和坦桑尼亚等地。栖息于草原地带。以昆虫等为食。

桔红长爪鹡鸰

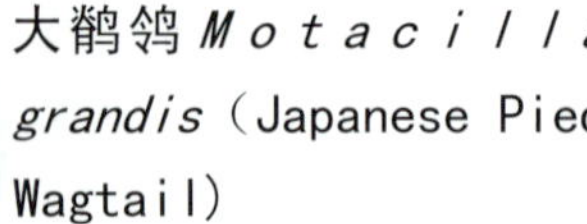

大鹡鸰 *Motacilla grandis*（Japanese Pied Wagtail）

隶属于雀形目鹡鸰科。体长 20 厘米。分布于日本、朝鲜、中国台湾等地。栖息于溪流、沼泽等水域附近。以昆虫等为食。

大鹡鸰

布莱氏鹨 *Anthus godlewskii*（Blyth's Pipit）

隶属于雀形目鹡鸰科。体长 18 厘米克。分布于俄罗斯、蒙古、中国东北、华北、西北和西南地区、印度、缅甸和斯里兰卡等地。栖息于旷野、湖岸和干旱平原等环境中。以昆虫等为食。

布莱氏鹨

树鹨 *Anthus hodgsoni*（Indian Tree Pipit）

隶属于雀形目鹡鸰科。体长 14 — 16 厘米，体重 15 — 25 克。分布于俄罗斯东北部、蒙古、中国、日本、菲律宾、中南半岛、印度等地。栖息于杂木林、针叶林、阔叶林、灌木丛及其附近的草地，也见于居民点、田野等地。成对或结小群活动。以昆虫及其幼虫为食，也吃植物性食物。繁殖期为 6 — 7 月，筑巢于林间空地或林缘地带，每窝产卵 4 — 5 枚。

树鹨

北鹨 *Anthus gustavi*（Pechora Pipit）

北鹨

隶属于雀形目鹡鸰科。体长 14 — 15 厘米。分布于俄罗斯、中国东北和东部、南部沿海，日本、朝鲜、菲律宾和印度尼西亚等地。栖息于河边、海滨附近的田野、林缘灌丛等地带。单独或成对活动。以昆虫等为食。繁殖期为 5 — 6 月，营巢于地面上。

田鹨 *Anthus novaeseelandiae*（Richard's Pipit）

隶属于雀形目鹡鸰科。体长 15 — 19 厘米，体重 23 — 43 克。分布于欧洲、非洲北部、亚洲和大洋洲等地。栖息于开阔的林间空地、河滩、农田、灌木、草地等环境中。成对或结小群活动。以昆虫为食。繁殖期为 5 — 7 月，筑巢于草地上，每窝产卵 4 — 6 枚。

田鹨

草地鹨 *Anthus pratensis*（Meadow Pipit）

隶属于雀形目鹡鸰科。体长 15 厘米，体重 17 克。分布于欧洲、非洲北部、俄罗斯、伊朗、伊拉克和中国新疆等地。栖息于近水的灌木、草地、林缘等地带。单独或成对群活动。以昆虫等为食。繁殖期为 4 — 7 月，筑巢于地面上。

草地鹨

水鹨 *Anthus spinoletta*（Water Pipit）

隶属于雀形目鹡鸰科。体长 15 — 18 厘米，体重 20 — 26 克。分布于欧洲、非洲北部、亚洲和北美洲等地。栖息于沼泽、河滩、农田、居民区附近。成对或结小群活动。以昆虫为食，也吃少量植物性食物。繁殖期为 5 — 8 月，筑巢于地面草丛中，每窝产卵 4 — 6 枚。

水鹨

林鹨 *Anthus trivialis*（Tree Pipit）

隶属于雀形目鹡鸰科。体长14—16厘米，体重20—26克。分布于欧洲南部、非洲、俄罗斯、土耳其、伊朗、印度和中国新疆西部、西藏北部等地。栖息于山地森林中。单独活动。以昆虫、草籽等为食。筑巢于地面草丛中，每窝产卵5枚。

林鹨

细嘴地鹃鵙

细嘴地鹃鵙 *Pteropodocys maxima*（Ground Cuckoo Shrike）

隶属于雀形目山椒鸟科。体长33—37厘米。分布于澳大利亚。栖息于林地中。呈小群活动。以昆虫和植物果实、种子等为食。繁殖期为8—11月，营巢于树上，每窝产卵2—3枚。

条纹鹃鵙 *Coracina lineata*（Lineated Cuckoo Shrike）

隶属于雀形目山椒鸟科。体长26—28厘米。分布于澳大利亚和新几内亚等地。栖息于森林中。成对或呈小群活动。以昆虫和植物果实、种子等为食。繁殖期为10—2月，营巢于树上，每窝产卵1—2枚。

条纹鹃鵙

大鹃鵙

大鹃鵙 *Coracina novaehollandiae*（Large Cuckoo Shrike）

隶属于雀形目山椒鸟科。体长28—32厘米，体重102—119克。分布于中国西南、华南地区、巴基斯坦、印度、斯里兰卡、中南半岛、印度尼西亚、澳大利亚和所罗门群岛等地。栖息于平原和低山森林中。单独或呈小群活动。以昆虫和植物果实、种子等为食。

白翅原鹃鵙 *Lalage sueurii*（White-winged Triller）

隶属于雀形目山椒鸟科。体长17厘米。分布于印度尼西亚。栖息于林地、农田地带。以昆虫和植物果实、种子等为食。

白翅原鹃鵙

灰山椒鸟 *Pericrocotus divaricatus*（Ashy Minivet）

隶属于雀形目山椒鸟科。体长18—20厘米，体重20—28克。分布于中国、日本南部、朝鲜、中南半岛、菲律宾、印度尼西亚等地。栖息于平原和山区林地中。结群活动。以昆虫为食。繁殖期为6月，营巢于树枝上。

灰山椒鸟

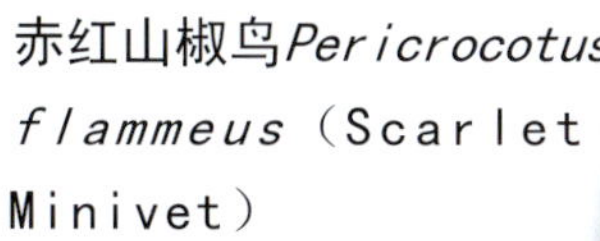

赤红山椒鸟 *Pericrocotus flammeus*（Scarlet Minivet）

隶属于雀形目山椒鸟科。体长18—23厘米，体重22—35克。分布于中国西南、华南地区、尼泊尔、锡金、不丹、孟加拉国、印度、中南半岛、菲律宾和印度尼西亚等地。栖息于平原、低山森林、草地和农田等环境中。单独或结群活动。以昆虫等为食。

赤红山椒鸟

灰喉山椒鸟

灰喉山椒鸟 *Pericrocotus solaris*（Yellow-throated Minivet）

隶属于雀形目山椒鸟科。体长16—19厘米，体重15—22克。分布于中国云南、广西、湖南、广东、海南、福建、台湾，以及尼泊尔、锡金、不丹、孟加拉国、印度东北部、中南半岛、印度尼西亚的苏门答腊和加里曼丹等地。栖息于平原和山区杂木林、阔叶林、针叶林以至茶园等环境。成对或结小群活动。性情活泼。以昆虫为食。营巢于树枝上或树木枝杈间，每窝产卵3—4枚。

绿鹦嘴鹎 *Spizixos semitorques*（Collared Finchbill）

隶属于雀形目鹎科。体长17—21厘米，体重35—50克。分布于中国甘肃东南部、四川、云南、陕西南部、河南南部、长江以南的广大地区和台湾等地，以及越南北部。栖息于平原和山地的薮林中。以野果等植物性食物为食，也吃昆虫等。繁殖期为5—6月，筑巢于灌丛枝杈上。

绿鹦嘴鹎

黑头鹎

黑头鹎 *Pycnonotus atriceps*（Black-headed Bulbul）

隶属于雀形目鹎科。体长17—19厘米，体重25—38克。分布于中国云南南部、印度东北部、孟加拉国、中南半岛、菲律宾和印度尼西亚等地。栖息于常绿阔叶林中。单独活动。以野果等植物性食物为食。

黑喉红臀鹎 *Pycnonotus cafer*（Red-vented Bulbul）

隶属于雀形目鹎科。体长19—26厘米，体重34—53克。分布于中国云南、斯里兰卡、巴基斯坦、印度、尼泊尔、锡金、不丹、孟加拉国、缅甸等地。栖息于阔叶林、山地或平原疏林或杂木林、灌丛及竹林附近。成群活动。鸣声嘹亮远传。以榕果、悬钩子、草莓的浆果等植物性食物为食，也吃甲虫等昆虫。巢于树丛、灌木丛间或竹枝上，每窝产卵3枚。

黑喉红臀鹎

红耳鹎 *Pycnonotus jocusus*（Red-whiskered Bulbul）

隶属于雀形目鹎科。体长16—21厘米，体重23—38克。分布于中国西藏东南部、云南南部、贵州南部、广西西南部、广东，以及印度、尼泊尔、锡金、不丹、孟加拉国和中南半岛等地。栖息于低山和平原地区的雨林、季雨林，以及坝区村寨附近的林缘、庭园、灌木丛中。性情活泼，成群活动。以植物果实、种子等为食，也吃昆虫等。繁殖期为3—8月，筑巢于树上，每窝产卵3—4枚。

红耳鹎

黑额鹎 *Pycnonotus nigricans*（Black-fronted Bulbul）

隶属于雀形目鹎科。体长20厘米。分布于纳米比亚、博茨瓦纳、安哥拉和南非等地。栖息于林地中。成对活动。以植物果实、花蜜，以及昆虫等为食。全年均可繁殖。营巢于树上。每窝产卵1—4枚。孵化期27天。

黑额鹎

白头鹎 *Pycnonotus sinensis*（Chinese Bulbul）

隶属于雀形目鹎科。体长16—22厘米，体重26—43克。分布于中国长江流域以南地区、日本琉球群岛和越南北部等地。栖息于低山和平原的林地、庭园、灌丛中。成群活动。以昆虫、植物果实、种子等为食。繁殖期为3—8月，筑巢于树上，每窝产卵3—5枚。

白头鹎

黄腹冠鹎 *Criniger flaveolus*（Ashy-fronted Bearded Bulbul）

隶属于雀形目鹎科。体长19—24厘米，体重40—72克。分布于中国云南、印度东北部、尼泊尔、锡金、不丹、孟加拉国、缅甸、泰国等地。栖息于常绿阔叶林中。结小群活动。鸣声清脆婉转。以树果、昆虫等为食。

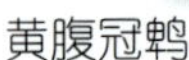

黄腹冠鹎

栗背短脚鹎 *Hypsipetes flavalus*（Ashy Bulbul）

隶属于雀形目鹎科。体长 18 — 23 厘米，体重 31 — 40 克。分布于中国南部和西南部、印度、中南半岛和印度尼西亚等地。栖息于山地和平原森林中。以植物果实、昆虫等为食。

栗背短脚鹎

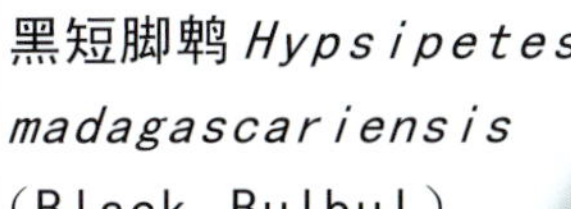

黑短脚鹎 *Hypsipetes madagascariensis*（Black Bulbul）

隶属于雀形目鹎科。体长 22 — 25 厘米，体重 41 — 63 克。分布于中国长江以南各地，以及非洲东部马达加斯加、印度东部、缅甸、泰国、老挝、越南等地。栖息于山地森林中。成群活动。鸣声喧噪而响亮。以植物果实和昆虫等为食。繁殖期为 4 — 7 月，筑巢于树上。

黑短脚鹎

绿翅短脚鹎

绿翅短脚鹎 *Hypsipetes virescens*（Green-winged Bulbul）

隶属于雀形目鹎科。体长 20 — 26 厘米，体重 26 — 50 克。分布于中国南部和西南部、印度、中南半岛、印度尼西亚等地。栖息于山地和平原森林中。以植物果实、昆虫等为食。营巢于树枝上，每窝产卵 3 — 4 枚。

黑翅雀鹎

黑翅雀鹎 *Aegithina tiphia*（Common Iora）

隶属于雀形目和平鸟科。体长 12 — 16 厘米，体重 14 — 19 克。分布于中国云南、斯里兰卡、印度、尼泊尔、锡金、不丹、孟加拉国、缅甸、越南、老挝、泰国和印度尼西亚等地。栖息于低山和平原常绿阔叶林、杂木灌丛等地带。单个、成对或结群活动。以杂草种子、浆果、昆虫等为食。

金额叶鹎

金额叶鹎 *Chloropsis aurifrons*（Golden-fronted Leafbird）

隶属于雀形目和平鸟科。体长 17 — 19 厘米，体重 29 — 34 克。分布于中国云南、斯里兰卡，印度、缅甸、老挝、泰国和印度尼西亚的苏门答腊岛等地。栖息于常绿阔叶林、灌丛中。单独或呈小群活动。性情活泼。鸣声悦耳。以植物花、果实，以及昆虫等为食。

橙腹叶鹎 *Chloropsis hardwickei*（Orange-bellied Leafbird）

隶属于雀形目和平鸟科。体长17—19厘米，体重26—40克。分布于中国华南和西南地区、尼泊尔、锡金、不丹、孟加拉国、中南半岛和印度尼西亚的苏门答腊岛等地。栖息于阔叶林和混交林中。单独、成对或呈小群活动。以植物果实、昆虫等为食。

橙腹叶鹎

大绿叶鹎 *Chloropsis sonnerati*（Greater Green Leafbird）

隶属于雀形目和平鸟科。体长22厘米。分布于泰国南部、马来西亚和印度尼西亚等地。栖息于森林中。单独、成对或呈小群活动。以植物果实、昆虫等为食。

大绿叶鹎

和平鸟 *Irena puella*（Blue-backed Fairy Bluebird）

隶属于雀形目和平鸟科。体长24—28厘米，体重65—99克。分布于中国云南、斯里兰卡、印度、尼泊尔、锡金、不丹、孟加拉国、缅甸、老挝、柬埔寨、越南、泰国、印度尼西亚和菲律宾等地。栖息于常绿阔叶林、竹林中。单独或呈小群活动。以果实、昆虫等为食。

和平鸟

白顶林鵙 *Eurocephalus anguitimens*（White-crowned Shrike）

隶属于雀形目伯劳科。体长25厘米。分布于纳米比亚、南非等地。栖息于林地中。单独或成小群活动。以植物浆果等为食。繁殖期为10—11月。营巢于树枝上。每窝产卵3—4枚。

白顶林鵙

乌头黑伯劳 *Laniarius erythrogaster*（Black-headed Gonolek）

隶属于雀形目伯劳科。体长20—22厘米。分布于从喀麦隆北部到坦桑尼亚一带。栖息于灌丛、田野等地。成对活动。

乌头黑伯劳

锈色黑伯劳 *Laniarius ferrugineus*（Southern Boubou）

隶属于雀形目伯劳科。体长 23 厘米。分布于莫桑比克、南非等地。栖息于河谷等地带。单独或成对活动。以昆虫、小型无脊椎动物等为食。全年均可繁殖。营巢于树上。每窝产卵 2 — 3 枚。孵化期 16 天。

锈色黑伯劳

库山丛林伯劳

库山丛林伯劳 *Telophorus kupeensis*（Serle's Bush Shrike）

隶属于雀形目伯劳科。分布于喀麦隆等地。

牛头伯劳

牛头伯劳 *Lanius bucephalus*（Bull-headed Shrike）

隶属于雀形目伯劳科。体长 18 — 22 厘米，体重 29 — 42 克。分布于俄罗斯东南部、中国东部、中部和南部、朝鲜、日本等地。栖息于山地阔叶林和混交林中。以昆虫等为食。繁殖期为 5 — 7 月，营巢于树干枝杈间，每窝产卵 4 — 7 枚，孵化期 13 — 15 天。

领伯劳 *Lanius callaris*（Fiscal Shrike）

隶属于雀形目伯劳科。体长 21 — 23 厘米。分布于塞拉里昂、坦桑尼亚、埃塞俄比亚、赞比亚、莫桑比克、乌干达、安哥拉、纳米比亚、津巴布韦、博茨瓦纳和南非等地。栖息于城郊、田野附近的灌丛地带。单独或成对活动。以昆虫等为食。

领伯劳

红背伯劳 *Lanius collurio*（Red-backed Shrike）

隶属于雀形目伯劳科。体长 17 厘米，体重 28 克。分布于欧洲、非洲、亚洲西部和中部、俄罗斯和中国新疆等地。栖息于荒漠中的疏林地带。以昆虫为食，也吃植物种子等。繁殖期为 6 月，营巢于树木枝杈间，每窝产卵 4 — 5 枚，孵化期 14 — 15 天。

红背伯劳

红尾伯劳 *Lanius cristatus*（Brown Shrike）

隶属于雀形目伯劳科。体长 18 — 21 厘米，体重 17 — 40 克。分布于俄罗斯东部、中国东北、华北、华中、华南和西南地区、日本、印度、中南半岛、泰国、马来西亚、菲律宾和印度尼西亚的加里曼丹岛等地。栖息于平原、低山地区村落附近的林地中。以昆虫为食，也吃蜥蜴等动物。繁殖期为 5 — 7 月，营巢于树上，每窝产卵 5 — 7 枚，孵化期 14 — 15 天。

红尾伯劳

灰伯劳 *Lanius excubitor*（Great Grey Shrike）

隶属于雀形目伯劳科。体长 24 — 26 厘米，体重 48 — 56 克。分布于欧洲、非洲北部、亚洲西部和中部、俄罗斯、蒙古、中国、印度西北部、日本和北美洲等地。栖息于平原、山地的林间空地和林缘地带。以昆虫、小鸟、鼠类等动物为食。繁殖期为 5 月，营巢于树上，每窝产卵 4 — 7 枚，孵化期 20 天。

灰伯劳

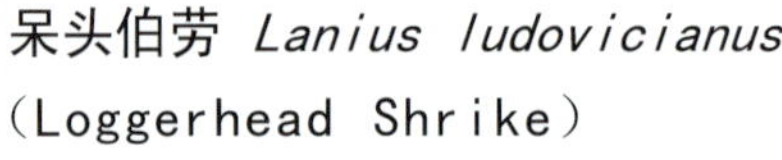

呆头伯劳 *Lanius ludovicianus*（Loggerhead Shrike）

隶属于雀形目伯劳科。体长 22 — 25 厘米。分布于加拿大、美国和墨西哥等地。栖息于草地、园林和开阔地带的林地中。以昆虫等为食。营巢于树上，每窝产卵 4 — 6 枚，孵化期 13 — 16 天。

呆头伯劳

棕背伯劳 *Lanius schach*（Black-headed Shrike）

隶属于雀形目伯劳科。体长 22 — 29 厘米，体重 40 — 88 克。分布于中国黄河以南地区、泰国、缅甸、印度、斯里兰卡、越南、菲律宾和马来西亚等地。栖息于从平原到低山、丘陵地带的居民点附近的疏林地带。以昆虫为食，也吃蛙、小型鸟类和鼠类等。繁殖期从 4 月开始，营巢于高大树木的树梢上、电杆电线以及灌丛、苇丛中的地面上，每窝产卵 4 — 6 枚，孵化期 12 — 14 天。

棕背伯劳

虎纹伯劳 *Lanius tigrinus*（Tiger Shrike）

隶属于雀形目伯劳科。体长 16 — 20 厘米，体重 23 — 41 克。分布于俄罗斯、中国东部和南部、朝鲜、日本、中南半岛、菲律宾、马来西亚和印度尼西亚的苏门答腊岛等地。栖息于从平原到低山、丘陵的林缘、灌丛地带。以昆虫等为食。繁殖期为 4 — 7 月，营巢于树干枝杈间，每窝产卵 4 — 7 枚，孵化期 13 — 15 天。

虎纹伯劳

黑小钩嘴鵙 *Leptopterus chabert*（Chabert Vanga）

黑小钩嘴鵙

隶属于雀形目钩嘴鵙科。分布于马达加斯加岛上。

雪松太平鸟 *Bombycilla cedrorum*（Cedar Waxwing）

雪松太平鸟

隶属于雀形目太平鸟科。体长17—20厘米。分布于加拿大、美国、墨西哥、巴拿马、哥伦比亚和委内瑞拉等地。栖息于开阔林地、果园等环境中。以植物果实、浆果等为食。营巢于树上，每窝产卵3—6枚，孵化期为12—14天。

太平鸟 *Bombycilla garrulus*（Bohemian Waxwing）

太平鸟

隶属于雀形目太平鸟科。体长17—21厘米，体重45—71克。分布于欧洲、亚洲中部、俄罗斯、蒙古、中国、日本、朝鲜等地。栖息于针叶林、阔叶林中。以植物果实、种子等为食。繁殖期为5—6月，营巢于树上，每窝产卵5—7枚，孵化期14天。

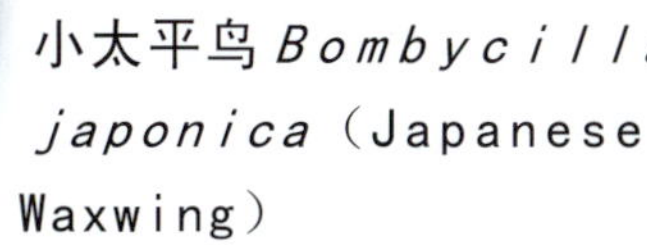

小太平鸟 *Bombycilla japonica*（Japanese Waxwing）

小太平鸟

隶属于雀形目太平鸟科。体长17—20厘米，体重31—61克。分布于中国东北、华北、华中、华东、华南、西南地区，以及俄罗斯东部、日本、朝鲜等地。栖息于针叶林、阔叶林中。以植物果实、种子等为食。

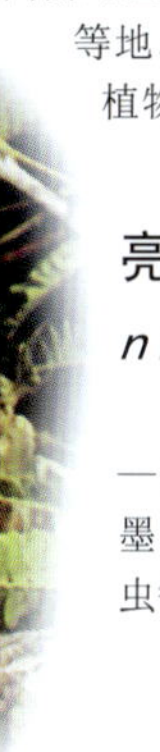
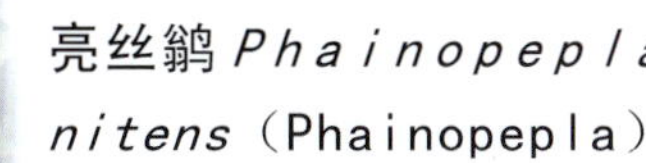

亮丝鹟 *Phainopepla nitens*（Phainopepla）

亮丝鹟

隶属于雀形目太平鸟科。体长17—20厘米。分布于加拿大南部、美国和墨西哥等地。栖息于林地中。以浆果、昆虫等为食。

棕榈鹏 *Dulus dominicus*（Palm Chat）

隶属于雀形目棕榈鹏科。体长 18 —20 厘米。分布于西印度群岛一带。栖息于开阔林地中。以植物浆果、花等为食。营巢于树枝上，每窝产卵 2 —4 枚。

棕榈鹏

普通河乌

普通河乌 *Cinclus cinclus*（White-throated Dipper）

隶属于雀形目河乌科。体长 16 —19 厘米，体重 50 —70 克。分布于欧洲、非洲北部、亚洲西部和中部、俄罗斯、蒙古、中国西部、不丹和锡金等地。栖息于山间河流中。以昆虫、虾等为食。繁殖期为 4 —7 月，营巢于溪流边的石隙中，每窝产卵 4 —5 枚，孵化期 16 —18 天。

美洲河乌 *Cinclus mexicanus*（North American Dipper）

隶属于雀形目河乌科。体长 18 —22 厘米。分布于加拿大、美国、墨西哥、危地马拉、哥斯达黎加和巴拿马等地。栖息于山间河流中。单独活动。以水生昆虫等为食。营巢于溪流边的石隙中，每窝产卵 4 —5 枚，孵化期 16 天。

美洲河乌

普通岩鹪鹩

普通岩鹪鹩 *Salpinctes obsoletus*（Rock Wren）

隶属于雀形目鹪鹩科。体长 13 —16 厘米。分布于加拿大西南部、美国、墨西哥、洪都拉斯、萨尔瓦多和哥斯达黎加等地。栖息于平原、峡谷的岩石地带。以昆虫等为食。营巢于岩石缝隙中，每窝产卵 4 —8 枚。

棕曲嘴鹪鹩 *Campylorhynchus brunneicapillus*（Cactus Wren）

隶属于雀形目鹪鹩科。体长 18 —21 厘米。分布于美国南部、墨西哥和中美洲等地。栖息于干旱地区灌丛或仙人掌丛中。以昆虫等为食。营巢于灌木或仙人掌植物上，每窝产卵 4 —5 枚。

棕曲嘴鹪鹩

短嘴沼泽鹪鹩 *Cistothorus platensis*（Short-billed Marsh Wren）

隶属于雀形目鹪鹩科。体长 10 — 11 厘米。分布于加拿大、美国、墨西哥、洪都拉斯、尼加拉瓜、危地马拉、巴拿马、哥斯达黎加、哥伦比亚、危地马拉、圭亚那、厄瓜多尔、秘鲁、玻利维亚、智利、巴西和阿根廷等地。栖息于沼泽、草原地带。以昆虫等为食。营巢于高草下面，每窝产卵 4 — 8 枚，孵化期 12 — 14 天。

短嘴沼泽鹪鹩

比尤斯克苇鹪鹩 *Thryomanes bewickii*（Bewick' s Wren）

隶属于雀形目鹪鹩科。体长 12 — 14 厘米。分布于加拿大西南部、美国和墨西哥等地。栖息于开阔地带的灌丛中。以昆虫等为食。营巢于树洞等洞穴中，每窝产卵 5 — 7 枚。

比尤斯克苇鹪鹩

科拉苇鹪鹩 *Thryothorus coraya*（Coraya Wren）

隶属于雀形目鹪鹩科。分布于委内瑞拉、哥伦比亚、巴西、圭亚那、厄瓜多尔、秘鲁等地。

科拉苇鹪鹩

带斑苇鹪鹩 *Thryothorus pleurostictus*（Banded Wren）

隶属于雀形目鹪鹩科。体长 14 — 15 厘米。分布于墨西哥、危地马拉、萨尔瓦多、洪都拉斯、尼加拉瓜和哥斯达黎加等地。栖息于森林、林缘地带。以昆虫等为食。

带斑苇鹪鹩

棕胸苇鹪鹩 *Thryothorus rutilus*（Rufous-breasted Wren）

隶属于雀形目鹪鹩科。体长 13 厘米。分布于巴拿马、哥斯达黎加、哥伦比亚、厄瓜多尔和秘鲁等地。栖息于平原、低山的灌丛地带。以昆虫等为食。

棕胸苇鹪鹩

莺鹪鹩

莺鹪鹩 *Troglodytes aedon*（House Wren）

隶属于雀形目鹪鹩科。体长 11 — 14 厘米。分布于加拿大南部、美国、墨西哥、危地马拉、洪都拉斯、尼加拉瓜、哥斯达黎加、巴拿马、哥伦比亚、危地马拉、秘鲁、圭亚那、巴西、玻利维亚、智利、巴拉圭和阿根廷等地。栖息于森林灌丛和草原等地带。以昆虫等为食。营巢于树洞等洞穴中，每窝产卵 6 — 8 枚，孵化期 13 — 14 天。

鹪鹩 *Troglodytes troglodytes*（Winter Wren）

隶属于雀形目鹪鹩科。体长 8 — 12 厘米，体重 7 — 11 克。分布于欧洲、非洲北部、亚洲西部和中部和北美洲等地。栖息于中、高山地区森林、灌丛中。以昆虫等为食，也吃少量浆果。繁殖期为 5 — 7 月，营巢于墙洞、岩洞、树洞或石隙中，每窝产卵 4 — 6 枚，孵化期 13 — 14 天。

鹪鹩

灰猫嘲鸫

灰猫嘲鸫 *Dumetella carolinensis*（Grey Catbird）

隶属于雀形目嘲鸫科。体长 21 — 24 厘米。分布于加拿大南部、美国、墨西哥、巴拿马和西印度群岛等地。栖息于灌丛地带。以昆虫等为食。营巢于灌丛上，每窝产卵 3 — 5 枚，孵化期 13 天。

小嘲鸫 *Mimus polyglottos*（Northern Mockingbird）

隶属于雀形目嘲鸫科。体长 23 — 28 厘米。分布于加拿大南部、美国、墨西哥、巴哈马、牙买加和安的列斯群岛等地。栖息于灌丛地带。以昆虫等为食。营巢于灌丛上或树上，每窝产卵 4 — 5 枚，孵化期 12 天。

小嘲鸫

弯嘴矢嘲鸫

弯嘴矢嘲鸫 *Toxostoma curvirostre*（Curve-billed Thrasher）

隶属于雀形目嘲鸫科。体长 24 — 29 厘米。分布于美国南部、墨西哥等地。栖息于荒漠中的灌丛地带。以昆虫等为食。营巢于灌丛上，每窝产卵 4 枚。

褐矢嘲鸫 *Toxostoma rufum*（Brown Thrasher）

隶属于雀形目嘲鸫科。体长29厘米。分布于加拿大南部和美国等地。栖息于林缘灌丛地带。以昆虫等为食。营巢于灌丛上，每窝产卵4—5枚。

褐矢嘲鸫

珠眼嘲鸫 *Margarops fuscatus*（Pearly-eyed Thrasher）

珠眼嘲鸫

隶属于雀形目嘲鸫科。体长28—30厘米。分布于巴哈马、委内瑞拉等地。栖息于林地、城市郊外等环境中。以植物果实，以及小型动物等为食。繁殖期为12—9月，营巢于树上或树洞中，每窝产卵2—3枚。

黑喉岩鹨 *Prunella atrogularis*（Black-throated Accentor）

隶属于雀形目岩鹨科。体长15厘米，体重22克。分布于俄罗斯、伊朗、巴基斯坦和中国新疆等地。栖息于高山灌丛、杂草地带，以昆虫等为食。

黑喉岩鹨

领岩鹨

领岩鹨 *Prunella collaris*（Alpine Accentor）

隶属于雀形目岩鹨科。体长15—17厘米，体重28—32克。分布于欧洲、非洲北部和亚洲的中国、日本、朝鲜、锡金、尼泊尔、印度西北部等地。栖息于高山裸岩、冻原和灌丛地带。单独或呈小群活动。以昆虫、蜘蛛等为食。繁殖期为6—7月，营巢于裸岩中的石隙中或灌丛下面，每窝产卵3—4枚，孵化期14—16天。

林岩鹨

林岩鹨 *Prunella modularis*（Dunnock）

隶属于雀形目岩鹨科。体长 15 厘米。分布于欧洲、非洲北部、俄罗斯西南部、土耳其、黎巴嫩和伊朗等地。栖息于旷野林地、灌丛等地带。以植物种子、昆虫等为食。

棕眉山岩鹨

棕眉山岩鹨 *Prunella montanella*（Mountain Accentor）

隶属于雀形目岩鹨科。体长 15—16 厘米，体重 17—18 克。分布于俄罗斯、中国东北、西北和华北地区、日本、朝鲜等地。栖息于阔叶林和灌丛地带。以昆虫等为食。

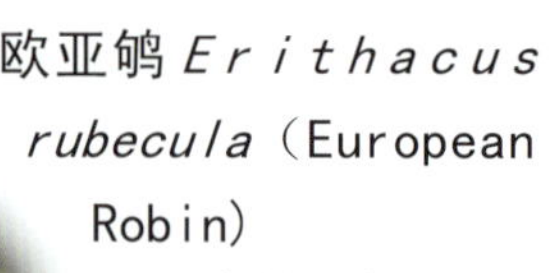

欧亚鸲 *Erithacus rubecula*（European Robin）

隶属于雀形目鸫科。体长 14 厘米。分布于欧洲、非洲北部、俄罗斯南部、土耳其、伊拉克和伊朗等地。栖息于各种类型的林地中。以昆虫、植物果实、浆果等为食。

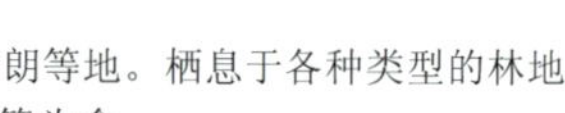

欧亚鸲

红点颏 *Erithacus calliope*（Siberian Rubythroat）

隶属于雀形目鸫科。体长 13—16 厘米，体重 16—27 克。分布于俄罗斯东部、蒙古、日本、朝鲜、中国、印度东部、孟加拉国、缅甸和中南半岛等地。栖息于平原灌丛或芦苇丛中。以昆虫等为食。繁殖期为 5 月，营巢于灌丛中的地面上，每窝产卵 1—5 枚。

红点颏

新疆歌鸲 *Erithacus megarhynchos*（Nightingale）

隶属于雀形目鸫科。体长 17 厘米，体重 25 克。分布于欧洲、非洲、亚洲中部、阿富汗和中国新疆等地。栖息于河谷附近的林地、灌丛中。单独或成对活动。以昆虫等为食。营巢于灌丛中的地面上。

新疆歌鸲

红尾歌鸲 *Erithacus sibilans*（Swinhoe's Robin）

隶属于雀形目鸫科。体长 12 — 14 厘米，体重 14 — 17 克。分布于俄罗斯东部、日本、朝鲜、中国、老挝北部等地。栖息于林下灌丛中。以昆虫等为食。繁殖期为 7 月，营巢于树洞中，每窝产卵 5 — 6 枚。

红尾歌鸲

蓝点颏 *Erithacus svecicus*（Bluethroat）

隶属于雀形目鸫科。体长 12 — 13 厘米，体重 17 — 18 克。分布于欧洲、非洲北部、俄罗斯、阿拉斯加西部、亚洲中部、伊朗、印度、中国和亚洲东南部等地。栖息于灌丛或芦苇丛中。以昆虫等为食。繁殖期为 5 月，营巢于灌丛、草丛中的地面上，每窝产卵 4 — 6 枚。

蓝点颏

白腰鹊鸲

白腰鹊鸲 *Copsychus malabaricus*（White-rumped Shama）

隶属于雀形目鸫科。体长 19 — 22 厘米，体重 36 — 43 克。分布于中国云南和海南、印度、尼泊尔、不丹、斯里兰卡、孟加拉国、缅甸、泰国、老挝、越南、马来西亚和印度尼西亚等地。栖息于热带森林和竹林中。以昆虫等为食。繁殖期为 5 月，营巢于树洞中，每窝产卵 5 枚。

塞舌尔鹊鸲 *Copsychus sechellarum*（Seychelles Magpie Robin）

隶属于雀形目鸫科。分布于塞舌尔。

塞舌尔鹊鸲

红尾鸲 *Phoenicurus phoenicurus*（Common Redstart）

隶属于雀形目鸫科。体长 14 厘米。分布于欧洲、非洲北部、俄罗斯南部、亚洲中部、伊朗等地。栖息于林地中。以昆虫、植物果实、浆果等为食。

红尾鸲

山蓝鸲 *Sialia currucoides*（Mountain Bluebird）

隶属于雀形目鸫科。体长 17 — 19 厘米。分布于加拿大西部、美国和墨西哥等地。栖息于有疏林的旷野、农田等地带。以昆虫等为食。营巢于树洞中，每窝产卵 5 — 6 枚，孵化期 13 — 14 天。

东蓝鸲

东蓝鸲 *Sialia sialis*（Eastern Bluebird）

隶属于雀形目鸫科。体长 17 厘米。分布于加拿大南部、美国和墨西哥等地。栖息于开阔的农田地带。以昆虫等为食。营巢于树洞中，每窝产卵 4 — 6 枚，孵化期 16 天。

山蓝鸲

黑背燕尾

黑背燕尾 *Enicurus immaculatus*（Black-backed Forktail）

隶属于雀形目鸫科。体长 22 — 31 厘米，体重 38 — 52 克。分布于中国黄河流域以南的广大地区，以及中南半岛、马来西亚和印度尼西亚等地。栖息于溪流水边的岩石上或山间急流附近。成对活动。以水生昆虫为食。营巢于急流附近的岩隙间，每窝产卵 4 枚。

灰背燕尾 *Enicurus schistaceus*（Slaty-backed Forktail）

隶属于雀形目鸫科。体长 13 — 24 厘米，体重 27 — 40 克。分布于中国长江流域以南地区、印度、尼泊尔、缅甸、泰国、老挝、越南等地。栖息于山间溪流附近。以昆虫、螺等为食。

灰背燕尾

坦氏孤鸫

坦氏孤鸫 *Myadestes townsendi*（Townsend's Solitaire）

隶属于雀形目鸫科。体长 20 — 24 厘米。分布于加拿大、美国和墨西哥等地。栖息于开阔的林地中。以昆虫等为食。营巢于地面或树洞中，每窝产卵 3 — 5 枚。

灰林䳭 *Saxicola ferrea*（Grey Bushchat）

隶属于雀形目鸫科。体长12—15厘米，体重13—21克。分布于中国秦岭和长江流域、阿富汗、巴基斯坦、尼泊尔、不丹和中南半岛等地。栖息于沟谷林地、灌丛和草地中。单独、成对或小群活动。以昆虫等为食。繁殖期为5月，营巢于草丛中或土壁上，每窝产卵3—4枚，孵化期12天。

灰林䳭

穗䳭

穗䳭 *Oenanthe oenanthe*（Common Wheatear）

隶属于雀形目鸫科。体长12—16厘米，体重21—29克。分布于欧洲、非洲北部和中部、北美洲东部、亚洲西南部、俄罗斯和中国北部等地。栖息于山地草原多石地段。以昆虫等为食，也吃少量植物果实等。繁殖期为6—8月，营巢于鼠洞中，每窝产卵4—7枚，孵化期13—15天。

蓝矶鸫 *Monticola solitarius*（Blue Rock Thrush）

隶属于雀形目鸫科。体长19—22厘米，体重39—60克。分布于欧洲南部、非洲北部和中部、亚洲中部和西南部、俄罗斯、中国、朝鲜、日本、菲律宾和马来西亚等地。栖息于山地、河岸和平原等地带。以昆虫等为食，也吃少量植物果实等。繁殖期为5—7月，营巢于岩石缝隙中，每窝产卵4枚。

蓝矶鸫

虎斑地鸫

虎斑地鸫 *Zoothera dauma*（White’s Thrush）

隶属于雀形目鸫科。体长26—29厘米，体重105—174克。分布于俄罗斯东部、蒙古、中国、朝鲜、日本、印度、不丹、缅甸、孟加拉国、老挝、菲律宾、马来西亚、澳大利亚和新西兰等地。栖息于林地灌丛间。单独或成对活动。以昆虫等为食，也吃植物果实、种子等。繁殖期为5—8月，营巢于树杈上，每窝产卵4—5枚，孵化期11—12天。

白眉地鸫

白眉地鸫 *Zoothera sibirica*（Siberian Ground Thrush）

隶属于雀形目鸫科。体长20—23厘米，体重60—90克。分布于俄罗斯东部、蒙古、中国、朝鲜、日本、印度、越南、老挝、柬埔寨、马来西亚和印度尼西亚等地。栖息于混交林和针叶林中。以昆虫等为食。繁殖期为5—7月，营巢于小树或灌丛的枝杈上，每窝产卵4—5枚。

隐士夜鸫 *Catharus guttatus*（Hermit Thrush）

隶属于雀形目鸫科。体长16—19厘米。分布于阿拉斯加、加拿大、美国、墨西哥和危地马拉等地。栖息于针叶林、混交林中。以昆虫等为食。营巢于地面上，每窝产卵3—6枚，孵化期12天。

隐士夜鸫

乌灰鸫

乌灰鸫 *Turdus cardis*（Japanese Grey Thrush）

隶属于雀形目鸫科。体长18—23厘米，体重56—84克。分布于俄罗斯东部、中国、朝鲜、日本、越南、老挝等地。栖息于森林、灌丛中。以昆虫等为食，也吃植物果实等。繁殖期为5月，营巢于树上，每窝产卵5枚。

灰背鸫 *Turdus hortulorum*（Grey-backed Thrush）

隶属于雀形目鸫科。体长18—22厘米，体重54—70克。分布于俄罗斯东部、中国、朝鲜、日本、越南等地。栖息于阔叶林、混交林中。结群活动。以昆虫、植物浆果、果实和种子等为食。繁殖期为5—8月，营巢于树上，每窝产卵3—5枚，孵化期14天。

灰背鸫

乌鸫 *Turdus merula*（Blackbird）

隶属于雀形目鸫科。体长20—28厘米，体重78—210克。分布于欧洲、非洲北部、亚洲中部、伊朗、阿富汗、巴基斯坦、不丹、印度北部、斯里兰卡、中国等地。栖息于林区、村镇边缘地带。单独或结群活动。以昆虫、植物浆果、果实和种子等为食。繁殖期为4—6月，营巢于树上，每窝产卵4—5枚，孵化期14—15天。

乌鸫

斑鸫 *Turdus naumanni*（Dusky Thrush）

隶属于雀形目鸫科。体长20—24厘米，体重48—85克。分布于俄罗斯东部、蒙古、中国、朝鲜和日本等地。栖息于林缘、旷野地带的灌丛草地中。结群活动。以昆虫、植物浆果、果实和种子等为食。

斑鸫

眉鸫 *Turdus obscurus*（Eye-browed Thrush）

隶属于雀形目鸫科。体长 17 — 22 厘米，体重 49 — 69 克。分布于俄罗斯、蒙古、中国、朝鲜、日本、越南、老挝、柬埔寨、泰国、马来西亚、印度、孟加拉国和尼泊尔等地。栖息于山地森林灌丛地带。以昆虫、植物浆果、果实和种子等为食。营巢于树上，每窝产卵 4 — 6 枚。

眉鸫

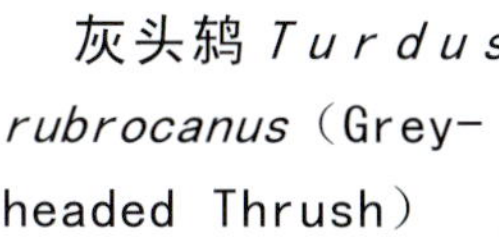

灰头鸫 *Turdus rubrocanus*（Grey-headed Thrush）

隶属于雀形目鸫科。体长 23 — 27 厘米，体重 65 — 104 克。分布于中国西南地区、巴基斯坦、印度、阿富汗、不丹和缅甸等地。栖息于高山森林灌丛地带。单独、成对或结群活动。以昆虫、植物果实等为食。繁殖期为 4 — 7 月，营巢于树上。

灰头鸫

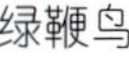

绿鞭鸟

绿鞭鸟 *Psophodes olivaceus*（Eastern Whipbird）

隶属于雀形目木鸫科。体长 25 — 30 厘米。分布于澳大利亚东部等地。栖息于雨林、灌丛中。以昆虫等为食。繁殖期为 7 — 12 月，营巢于树上或灌丛上，每窝产卵 2 枚。

楔嘴鸫 *Sphenostoma cristatum*（Wedgebill）

隶属于雀形目木鸫科。体长 19 — 21 厘米。分布于澳大利亚中部等地。栖息于半干旱地区灌丛、草地中。以昆虫等为食。繁殖期为 8 — 11 月，营巢于树上或灌丛上，每窝产卵 2 — 3 枚。

楔嘴鸫

锈脸钩嘴鹛 *Pomatorhinus erythrogenys*（Rusty-checked Scimitar Babbler）

隶属于雀形目画眉科。体长 21 — 24 厘米，体重 56 — 79 克。分布于中国黄河以南地区、巴基斯坦、缅甸北部、越南北部和老挝北部等地。栖息于山地灌丛地带。单独、成对或结小群活动。以昆虫、植物果实、种子等为食。

锈脸钩嘴鹛

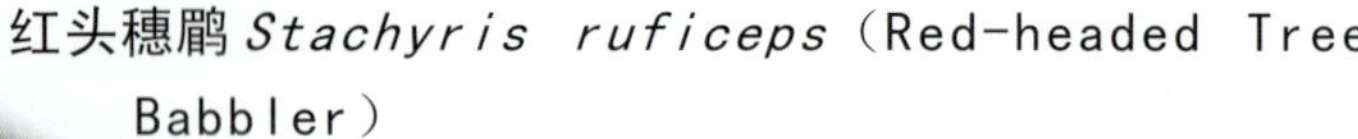

红头穗鹛 *Stachyris ruficeps*（Red-headed Tree Babbler）

隶属于雀形目画眉科。体长 10 — 12 厘米，体重 7 — 11 克。分布于尼泊尔、锡金、不丹、印度东北部、中国南部和西南部、缅甸北部、老挝和越南等地。栖息于平原、山区阔叶林带。以昆虫等为食。

红头穗鹛

黑顶噪鹛 *Garrulax affinis*（Black-faced Laughing Thrush）

隶属于雀形目画眉科。体长 24 — 26 厘米，体重 60 — 73 克。分布于印度东北部、尼泊尔、不丹、中国西南部、缅甸和越南北部等地。栖息于山地针叶林和灌丛中。结群活动。以昆虫、草籽、果实等为食。

黑顶噪鹛

白喉噪鹛 *Garrulax albogularis*（White-throated Laughing Thrush）

隶属于雀形目画眉科。体长 26 — 30 厘米，体重 90 — 150 克。分布于巴基斯坦、印度北部、尼泊尔、锡金、不丹、中国西南部和越南西北部等地。栖息于山地森林中。以昆虫、草籽等为食。

白喉噪鹛

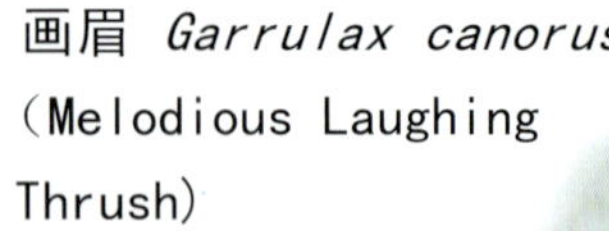

画眉 *Garrulax canorus*（Melodious Laughing Thrush）

隶属于雀形目画眉科。体长 19 — 25 厘米，体重 54 — 75 克。分布于中国黄河流域以南地区、越南北部、老挝北部等地。栖息于灌丛、竹林或庭园中。单独或小群活动，性情机敏胆怯，善鸣叫。以蝗虫、松毛虫、金龟甲等昆虫为食，也吃草籽、野果等。繁殖期为 4 — 7 月，每年繁殖 2 次以上，营巢于茂密草丛、灌丛间，每窝产卵 3 — 5 枚。

画眉

黑喉噪鹛

黑喉噪鹛 *Garrulax chinensis*（Black-throated Laughing Thrush）

隶属于雀形目画眉科。体长 20 — 29 厘米，体重 82 — 100 克。分布于中国华南和西南、印度东北部、缅甸、越南、老挝、泰国等地。栖息于低山、丘陵和滨海等地的森林中。小群活动，鸣声清脆有力，婉啭悦耳如笛似箫。以昆虫为食，也吃植物种子等。繁殖期为 3 — 6 月，营巢于灌丛、竹林的地面上，每窝产卵 3 — 5 枚。

灰翅噪鹛

灰翅噪鹛 *Garrulax cineraceus*（Ashy Laughing Thrush）

隶属于雀形目画眉科。体长20—23厘米，体重47—52克。分布于缅甸、印度东北部和中国黄河流域以南地区。栖息于山地森林灌丛中。以昆虫、浆果、果实和种子等为食。繁殖期为5月，营巢于灌丛上，每窝产卵4枚。

丽色噪鹛 *Garrulax formosus*（Crimson-winged Laughing Thrush）

隶属于雀形目画眉科。体长23—27厘米，体重57—86克。分布于中国四川、云南、广西和越南北部等地。栖息于山地森林灌丛中。以昆虫、植物果实和种子等为食。

丽色噪鹛

白冠噪鹛

白冠噪鹛 *Garrulax leucolophus*（White-crested Laughing Thrush）

隶属于雀形目画眉科。体长25—27厘米，体重112—119克。分布于印度东北部、尼泊尔、锡金、不丹、孟加拉国北部、中国云南和西藏东南部、中南半岛和印度尼西亚的苏门答腊岛等地。栖息于常绿阔叶林内的灌丛中。以昆虫、植物果实和种子等为食。

赤尾噪鹛 *Garrulax milnei*（Red-tailed Laughing Thrush）

隶属于雀形目画眉科。体长25—28厘米，体重74—89克。分布于缅甸、泰国、老挝、越南北部和中国南部及西南部等地。栖息于山地灌丛中。以昆虫、浆果等为食。

赤尾噪鹛

小黑领噪鹛

小黑领噪鹛 *Garrulax monileger*（Lesser Necklaced Laughing Thrush）

隶属于雀形目画眉科。体长27—29厘米，体重75—90克。分布于尼泊尔、印度东北部、中国南部和西南部、缅甸、泰国和老挝等地。栖息于阔叶林下的灌丛中。成群活动。以昆虫、草籽等为食。

眼纹噪鹛 *Garrulax ocellatus*（White-spotted Laughing Thrush）

隶属于雀形目画眉科。体长 28 — 32 厘米，体重 104 — 136 克。分布于不丹、尼泊尔、锡金、印度北部和中国西南部等地。栖息于山地森林灌丛中。单独或小群活动。以昆虫、草籽等为食。

眼纹噪鹛

黑领噪鹛 *Garrulax pectoralis*（Greater Necklaced Laughing Thrush）

隶属于雀形目画眉科。体长 27 — 30 厘米，体重 103 — 154 克。分布于尼泊尔、印度东北部、中国黄河以南地区、缅甸、泰国和越南等地。栖息于低山灌丛中。成群活动。以昆虫、草籽等为食。营巢于灌丛上。

黑领噪鹛

白颊噪鹛 *Garrulax sannio*（White-browed Laughing Thrush）

隶属于雀形目画眉科。体长 21 — 25 厘米，体重 57 — 78 克。分布于印度东北部、缅甸东北部、越南北部、老挝北部和中国黄河流域以南地区等地。栖息于山地灌丛中。成群活动。以昆虫、草籽等为食。繁殖期为 3 — 7 月，营巢于树上，每窝产卵 4 枚，孵化期 15 — 17 天。

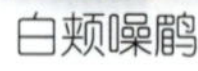

白颊噪鹛

纯色噪鹛 *Garrulax subunicolor*（Plain-colored Laughing Thrush）

隶属于雀形目画眉科。体长 22 — 24 厘米，体重 50 — 76 克。分布于不丹、尼泊尔、锡金、印度东北部、缅甸东北部、越南西北部和中国西南部。栖息于山地灌丛中。小群活动。以昆虫、草籽等为食。

纯色噪鹛

红翅薮鹛 *Liocichla phoenicea*（Red-faced Liocichla）

隶属于雀形目画眉科。体长 20 — 24 厘米，体重 42 — 58 克。分布于不丹、尼泊尔、锡金、印度、孟加拉国、缅甸、泰国、老挝和中国西南等地。栖息于山地竹林、灌丛中。成群活动。以昆虫、植物种子、果实等为食。

红翅薮鹛

棕噪鹛 *Garrulax poecilorhynchus*（Rufous Laughing Thrush）

隶属于雀形目画眉科。体长 25 — 28 厘米，体重 85 — 100 克。分布于中国长江流域以南地区。栖息于山地灌丛中。以昆虫等为食。

棕噪鹛

银耳相思鸟

银耳相思鸟 *Leiothrix argentauris*（Silver-eared Mesia）

隶属于雀形目画眉科。体长 14 — 18 厘米，体重 22 — 29 克。分布于尼泊尔、锡金、印度、孟加拉国、缅甸、泰国、老挝、越南、印度尼西亚和中国西南部等地。栖息于山地阔叶林、竹林和灌丛中。成群活动。以昆虫、植物种子、果实等为食。

红嘴相思鸟 *Leiothrix lutea*（Pekin Robin）

隶属于雀形目画眉科。体长 14 — 16 厘米，体重 21 — 23 克。分布于印度、尼泊尔、不丹、孟加拉国、缅甸和中国长江以南地区。栖息于常绿阔叶林、落叶混交林和竹林中。群居或与其他小鸟混群。动作活泼捷巧，鸣声响亮悦耳、富于变化。主要以昆虫和植物种子、果实等为食。繁殖期为 5 — 6 月，巢营在荆棘或矮树上，每窝产卵 3 — 5 枚。

红嘴相思鸟

栗头凤鹛

栗头凤鹛 *Yuhina castaniceps*（Striated Yuhina）

隶属于雀形目画眉科。体长 11 — 14 厘米，体重 11 — 15 克。分布于锡金、印度、孟加拉国、缅甸、泰国、老挝、越南、印度尼西亚和中国长江以南等地。栖息于灌丛中。小群活动。以昆虫、植物种子、果实、花蕊等为食。

文须雀 *Panurus biarmicus*（Bearded Reeding）

隶属于雀形目鸦雀科。体长 15 — 19 厘米，体重 14 — 19 克。分布于欧洲、土耳其、伊朗、俄罗斯南部和中国北部等地。栖息于树林、芦苇地带。小群活动。以植物嫩芽、种子等为食。

文须雀

棕头鸦雀 *Paradoxornis webbianus*（Vinous-throated Parrotbill）

隶属于雀形目鸦雀科。体长 10 — 13 厘米，体重 7 — 10 克。分布于俄罗斯部、中国、越南北部和缅甸东北部等地。栖息于灌丛、草地等地带。小群活动。以昆虫、植物种子等为食。繁殖期为 4 — 7 月。营巢于灌木上，每窝产卵 4 — 5 枚。

棕头鸦雀

白颈岩鹛 *Picathartes gymnocephalus*（White-necked Bald Crow）

隶属于雀形目岩鹛科。体长 37 厘米。分布于非洲从塞拉里昂到加纳一带。

白颈岩鹛

灰颈岩鹛 *Picathartes oreas*（Grey-necked Bald Crow）

隶属于雀形目岩鹛科。体长 35 厘米。分布于喀麦隆等地。

灰颈岩鹛

灰蓝蚋莺 *Polioptila caerulea*（Blue-Grey Gnatcatcher）

隶属于雀形目蚋莺科。体长 10 — 13 厘米。分布于加拿大南部、美国、墨西哥、危地马拉和巴拿马等地。栖息于开阔的林地、灌丛中。以昆虫等为食。营巢于树上，每窝产卵 4 — 5 枚，孵化期 13 天。

灰蓝蚋莺

黑尾蚋莺 *Polioptila melanura*（Black-tailed Gnatcatcher）

隶属于雀形目蚋莺科。体长 10 — 11 厘米。分布于美国、墨西哥等地。栖息于林地、灌丛中。以昆虫等为食。

黑尾蚋莺

树莺*Cettia diphone*(Japanese Bush Warbler)

隶属于雀形目莺科。体长10—17厘米。分布于俄罗斯东部、中国、朝鲜和日本等地。栖息于低山林地、灌丛中。以昆虫等为食。营巢于灌丛中，每窝产卵3—6枚。

树莺

河蝗莺*Locustella fluviatilis*（River Warbler）

隶属于雀形目莺科。体长14厘米。分布于从欧洲、亚洲西部至非洲东南部一带。栖息于河流、池塘等水域附近的林地中。以昆虫等为食。

河蝗莺

稻田苇莺*Acrocephalus agricola*（Paddyfield Warbler）

隶属于雀形目莺科。体长11—13厘米。分布于亚洲的巴基斯坦、印度和中国等地。栖息于低山灌丛、农田等地带。以昆虫等为食。营巢于草丛中，每窝产卵4—5枚。

稻田苇莺

大苇莺 *Acrocephalus arundinaceus*（Great Reed Warbler）

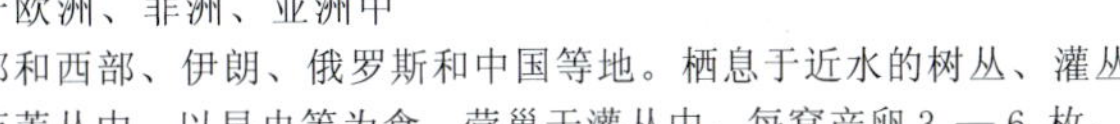

大苇莺

隶属于雀形目莺科。体长17—20厘米。分布于欧洲、非洲、亚洲中部和西部、伊朗、俄罗斯和中国等地。栖息于近水的树丛、灌丛和芦苇丛中。以昆虫等为食。营巢于灌丛中，每窝产卵3—6枚。

靴篱莺

靴篱莺*Hippolais caligata*（Booted Warbler）

隶属于雀形目莺科。体长12厘米。分布于俄罗斯东部和中部、蒙古、伊朗、巴基斯坦和印度等地。栖息于水域附近的旷野、林地中。以昆虫等为食。

园林莺 *Sylvia borin*（Garden Warbler）

隶属于雀形目莺科。体长 14 厘米。分布于欧洲、俄罗斯西部、亚洲中部、伊朗北部和非洲等地。栖息于混交林、灌丛等地带。以昆虫、浆果等为食。

园林莺

漠地林莺 *Sylvia nana*（Desert Warbler）

隶属于雀形目莺科。体长 12—13 厘米。分布于非洲北部、伊朗、阿富汗、印度北部和中国西北部等地。栖息于荒漠灌丛地带。以昆虫等为食。

漠地林莺

极北柳莺 *Phylloscopus borealis*（Arctic Warbler）

隶属于雀形目莺科。体长 11—14 厘米。分布于欧洲、亚洲中部、俄罗斯、蒙古、中国、日本、缅甸、中南半岛和菲律宾等地。栖息于低山、平原树丛中。以昆虫等为食。营巢于地面上，每窝产卵 6—7 枚。

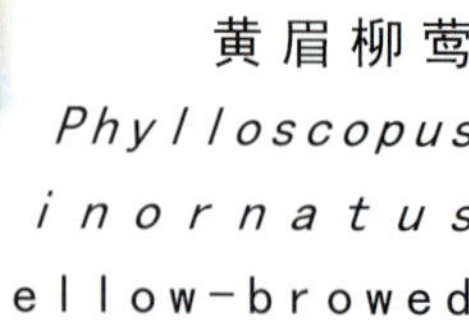
极北柳莺

黄眉柳莺 *Phylloscopus inornatus*（Yellow-browed Warbler）

隶属于雀形目莺科。体长 9—12 厘米。分布于亚洲中部、中国、印度北部、孟加拉国、尼泊尔、锡金和缅甸等地。栖息于树林中。以昆虫等为食。营巢于地面上或泥洞中，每窝产卵 4—5 枚。

黄眉柳莺

纯色柳莺

纯色柳莺 *Phylloscopus neglectus*（Plain Willow Warbler）

隶属于雀形目莺科。体长 9—10 厘米，体重 5—7 克。分布于伊朗东北部、阿富汗北部等地。栖息于山地、高原林地和灌丛中。单独、成对或小群活动。

林柳莺 *Phylloscopus sibilatrix*（Wood Warbler）

隶属于雀形目莺科。体长 13 厘米。分布于从欧洲到非洲中部一带。栖息于混交林中。以昆虫等为食。

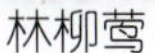

林柳莺

红玉冠戴菊 *Regulus calendula*（Ruby-crowned Kinglet）

隶属于雀形目莺科。体长 10—11 厘米。分布于阿拉斯加、加拿大、美国、墨西哥和危地马拉等地。栖息于林间灌丛中。以昆虫、植物种子等为食。营巢于针叶树上，每窝产卵 5—11 枚。

红玉冠戴菊

戴菊 *Regulus regulus*（Goldcrest）

隶属于雀形目莺科。体长 8—11 厘米。分布于欧洲、亚洲中部和西部、伊朗、俄罗斯、中国、日本和尼泊尔等地。栖息于林间灌丛中。以昆虫、植物种子等为食。营巢于针叶树上，每窝产卵 7—12 枚。

戴菊

棕扇尾莺 *Cisticola juncidis*（Zitting Cisticola）

棕扇尾莺

隶属于雀形目莺科。体长 9—11 厘米。分布于欧洲南部、非洲、亚洲中部和西部、巴基斯坦、印度、斯里兰卡、中国长江以南地区、日本、菲律宾、马来西亚、印度尼西亚和澳大利亚等地。栖息于林间灌丛中。以昆虫等为食。营巢于草地上，每窝产卵 3—7 枚。

褐头鹪莺

褐头鹪莺 *Prinia subflava*（Tawny-flanked Prinia）

隶属于雀形目莺科。体长 11—13 厘米。分布于非洲、巴基斯坦、印度、斯里兰卡、中国长江以南地区、尼泊尔、孟加拉国、缅甸、泰国、中南半岛和印度尼西亚等地。栖息于森林、田野等地带。以昆虫等为食。营巢于灌丛或草丛中，每窝产卵 4—7 枚。

长尾缝叶莺 *Orthotomus sutorius*（Long-tailed Tailor Bird）

隶属于雀形目莺科。体长 12 — 14 厘米。分布于印度、斯里兰卡、中国华南和西南地区、尼泊尔、缅甸、马来西亚和印度尼西亚的爪哇等地。栖息于山地、平原的疏林、竹林等地带。以昆虫等为食。营巢于芭蕉、香蕉等植物的大叶片上，每窝产卵 3 — 4 枚。

长尾缝叶莺

灰背拱翅莺

灰背拱翅莺 *Camaroptera brevicaudata*（Grey-backed Camaroptera）

隶属于雀形目莺科。体长 10 — 11 厘米。分布于塞内加尔、埃塞俄比亚、塞拉里昂、坦桑尼亚、扎伊尔、苏丹、肯尼亚、索马里、安哥拉、赞比亚和南非等地。栖息于林地中。以昆虫等为食。

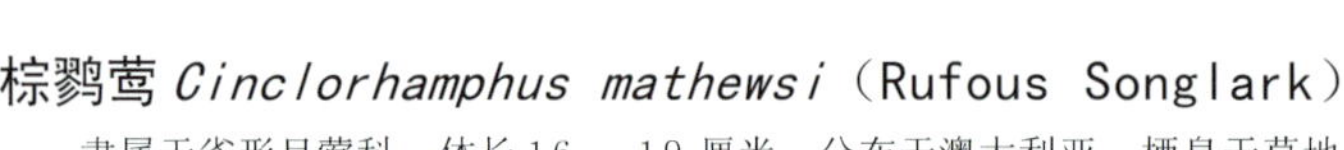

棕鹨莺

棕鹨莺 *Cinclorhamphus mathewsi*（Rufous Songlark）

隶属于雀形目莺科。体长 16 — 19 厘米。分布于澳大利亚。栖息于草地、开阔林地等环境中。以昆虫等为食。繁殖期为 8 — 12 月，营巢于地面上，每窝产卵 3 — 4 枚。

银蚊鹟

银蚊鹟 *Empidornis semipartitus*（Silver Bird）

隶属于雀形目鹟科。体长 17 — 18 厘米。分布于埃塞俄比亚、苏丹、乌干达、肯尼亚和坦桑尼亚等地。栖息于林地中。以昆虫等为食。

白腹姬鹟 *Cyanoptila cyanomelaena*（Blue and White Flycatcher）

隶属于雀形目鹟科。体长 14 — 17 厘米。分布于俄罗斯东部、中国东北、华北、华中、华东、西南和华南地区、日本、缅甸、泰国、菲律宾和印度尼西亚等地。栖息于山地树林、灌丛中。以昆虫等为食。营巢于河谷两岸的石缝中，每窝产卵 5 枚。

白腹姬鹟

红喉姬鹟 *Ficedula parva*（Red-breasted Flycatcher）

隶属于雀形目鹟科。体长 11—13 厘米。分布于欧洲、亚洲中部、俄罗斯、印度北部、斯里兰卡、尼泊尔、缅甸和中国华中、华东、西南和华南地区等地。栖息于山地、平原的树林、灌丛中。以昆虫等为食。营巢于树上。

白领姬鹟

红喉姬鹟

白领姬鹟 *Ficedula albicollis*（Collared Flycatcher）

隶属于雀形目鹟科。体长 13 厘米。分布于从欧洲、亚洲西部到非洲中部一带。栖息于林地中。以昆虫等为食。

黄眉姬鹟 *Ficedula narcissina*（Narcissus Flycatcher）

隶属于雀形目鹟科。体长 12—14 厘米。分布于俄罗斯东南部、中国、日本、菲律宾和印度尼西亚等地。栖息于山地、海滨的树林、灌丛中。以昆虫等为食。营巢于树上，每窝产卵 5 枚。

黄眉姬鹟

南非黑鹟

南非黑鹟 *Melaenornis pammelaina*（South African Black Flycatcher）

隶属于雀形目鹟科。体长 18—19 厘米。分布于肯尼亚、扎伊尔、纳米比亚、安哥拉和南非等地。栖息于树林、灌丛中。以昆虫、浆果等为食。繁殖期为 9—4 月，营巢于树桩上或树洞中，每窝产卵 2—3 枚。

大仙鹟 *Niltava grandis*（Large Niltava）

隶属于雀形目鹟科。体长 20—21 厘米，体重 36—38 克。分布于尼泊尔、锡金、不丹、印度东北部、缅甸、泰国、中国云南、越南、马来西亚和印度尼西亚的苏门答腊等地。栖息于次生竹林或常绿阔叶林。单独活动。以鞘翅目昆虫等为食。

大仙鹟

幽暗鹟

幽暗鹟 *Muscicapa adusta*（Dusky Flycatcher）

隶属于雀形目鹟科。体长10—11厘米。分布于喀麦隆、中非共和国、扎伊尔、苏丹、乌干达、埃塞俄比亚、津巴布韦、莫桑比克、安哥拉、肯尼亚、坦桑尼亚和南非等地。栖息于林地、灌丛中。以昆虫、浆果、果实等为食。繁殖期为9—1月，营巢于树桩上或岩石上，每窝产卵2—3枚。

斑鹟 *Muscicapa striata*（Spotted Flycatcher）

隶属于雀形目鹟科。体长15厘米。分布于欧洲、非洲、亚洲中部、伊朗、阿富汗和中国新疆北部等地。栖息于山地灌丛中。以昆虫等为食。

斑鹟

铜蓝鹟

铜蓝鹟 *Eumyias thalassina*（Indian Verditer Flycatcher）

隶属于雀形目鹟科。体长12—18厘米。分布于尼泊尔、中国西南和华南地区、老挝、马来西亚和印度尼西亚等地。栖息于山地森林、灌丛中。以昆虫等为食。

点颏喷背鹟 *Batis molitor*（Chin Spot Puff-back Flycatcher）

隶属于雀形目喷背鹟科。体长10—11厘米。分布于安哥拉、扎伊尔、赞比亚、乌干达、肯尼亚、坦桑尼亚、纳米比亚、莫桑比克和南非等地。栖息于林缘、灌丛地带。以昆虫等为食。繁殖期为8—4月，营巢于小树上，每窝产卵2枚。

点颏喷背鹟

黑喉眼瘤鹟

黑喉眼瘤鹟 *Platysteira peltata*（Black-throated Wattle-eye）

隶属于雀形目喷背鹟科。体长13厘米。分布于索马里、安哥拉、赞比亚、乌干达、肯尼亚、坦桑尼亚和莫桑比克等地。栖息于林缘、灌丛地带。成对活动。以昆虫等为食。繁殖期为9—3月，营巢于树上，每窝产卵2枚。

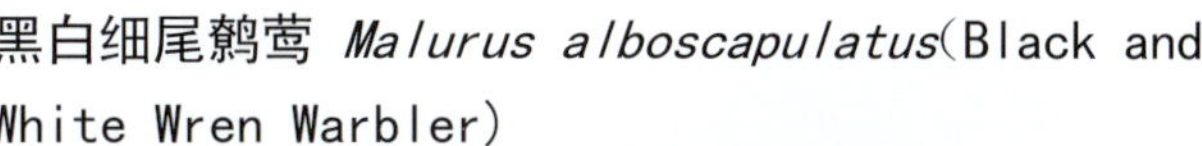

黑白细尾鹩莺 *Malurus alboscapulatus*(Black and White Wren Warbler)

隶属于雀形目细尾鹩莺科。分布于新几内亚等地。

黑白细尾鹩莺

壮丽细尾鹩莺 *Malurus cyaneus* (Blue Wren)

隶属于雀形目细尾鹩莺科。体长 14 厘米。分布于澳大利亚东南部和塔斯马尼亚岛等地。栖息于森林、海滨、沼泽等环境中。以昆虫等为食。繁殖期为 8 — 1 月，营巢于草丛或灌丛中，每窝产卵 3 — 4 枚。

壮丽细尾鹩莺

红翅细尾鹩莺 *Malurus elegans* (Red-winged Wren Warbler)

隶属于雀形目细尾鹩莺科。体长 15 厘米。分布于澳大利亚西南部等地。栖息于沼泽、灌丛等环境中。以昆虫等为食。繁殖期为 8 — 11 月，营巢于草丛或灌丛中，每窝产卵 2 — 3 枚。

红翅细尾鹩莺

杂色细尾鹩莺 *Malurus lamberti* (Variegated Wren Warbler)

隶属于雀形目细尾鹩莺科。体长 14 — 15 厘米。分布于澳大利亚等地。栖息于开阔的森林中。以昆虫等为食。繁殖期为 12 — 1 月，营巢于靠近地面的草丛或灌丛上，每窝产卵 2 — 4 枚。

杂色细尾鹩莺

辉蓝细尾鹩莺

辉蓝细尾鹩莺 *Malurus splendens* (Banded Wren)

隶属于雀形目细尾鹩莺科。体长 14 厘米。分布于澳大利亚西部、东部等地。栖息于森林、草地等环境中。以昆虫等为食。繁殖期为 8 — 12 月，营巢于草丛或灌丛中，每窝产卵 2 — 4 枚。

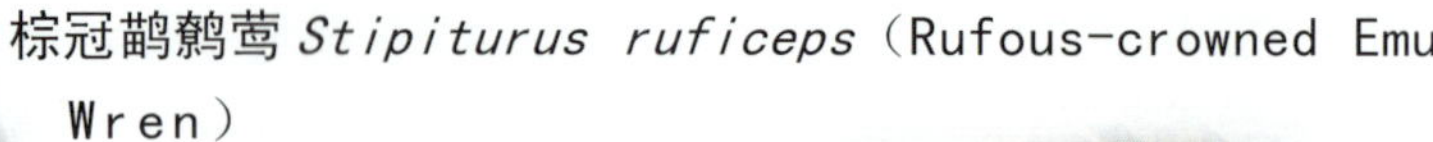

棕冠鹋鹩莺 *Stipiturus ruficeps*（Rufous-crowned Emu Wren）

隶属于雀形目细尾鹩莺科。体长14—16厘米。分布于澳大利亚西部、中部和南部等地。栖息于干旱区草丛地带。以昆虫等为食。繁殖期为8—11月，营巢于草丛中，每窝产卵2—3枚。

棕冠鹋鹩莺

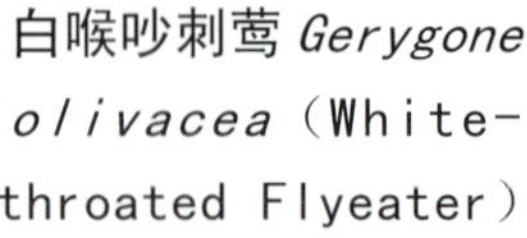

白喉吵刺莺 *Gerygone olivacea*（White-throated Flyeater）

隶属于雀形目刺嘴莺科。体长10厘米。分布于澳大利亚东部、北部和新几内亚等地。栖息于开阔的森林、灌丛中。以昆虫等为食。繁殖期为8—1月，营巢于树上或灌丛中，每窝产卵2—3枚。

白喉吵刺莺

褐色小嘴刺莺

褐色小嘴刺莺 *Smicrornis brevirostris*（Brown Weebill）

隶属于雀形目刺嘴莺科。体长8—9厘米。分布于澳大利亚等地。栖息于森林、灌丛等地带。以昆虫等为食。繁殖期为8—12月，营巢于树上或灌丛中，每窝产卵1—2枚。

纵纹刺嘴莺 *Acanthiza lineata*（Striated Thornbill）

隶属于雀形目刺嘴莺科。体长10厘米。分布于澳大利亚东南部等地。栖息于森林、灌丛等地带。以昆虫等为食。繁殖期为7—12月，营巢于树上，每窝产卵3—4枚。

纵纹刺嘴莺

小刺嘴莺 *Acanthiza nana*（Little Thornbill）

隶属于雀形目刺嘴莺科。体长10厘米。分布于澳大利亚东南部等地。栖息于森林、灌丛等地带。以昆虫等为食。繁殖期为8—12月，营巢于树上或灌丛中，每窝产卵2—3枚。

小刺嘴莺

白眉丝刺莺

白眉丝刺莺 *Sericornis frontalis*（White-browed Sericornis）

隶属于雀形目刺嘴莺科。体长11—14厘米。分布于澳大利亚西部、东部、南部和塔斯马尼亚岛等地。栖息于森林、灌丛、沼泽等地带。以昆虫等为食。繁殖期为6—12月，营巢于低矮的灌丛中，每窝产卵2—3枚。

石栖刺莺 *Origma solitaria*（Rock Warbler）

隶属于雀形目刺嘴莺科。体长14厘米。分布于澳大利亚东南部等地。栖息于岩石地带。以昆虫等为食。繁殖期为8—12月，营巢于岩壁上或洞穴顶部等处，每窝产卵3枚。

石栖刺莺

白额澳鹏

白额澳鹏 *Ephthianura albifrons*（White-faced Chat）

隶属于雀形目澳鹏科。体长11—13厘米。分布于澳大利亚南部和塔斯马尼亚岛等地。栖息于草地、灌丛、田野等地带。以昆虫等为食。繁殖期为6—1月，营巢于低矮灌丛中，每窝产卵2—4枚。

橙澳鹏 *Ephthianura aurifrons*（Orange Chat）

隶属于雀形目澳鹏科。体长10—12厘米。分布于澳大利亚。栖息于灌丛、沼泽等地带。以昆虫等为食。繁殖期为7—11月，营巢于低矮灌丛中，每窝产卵3—6枚。

橙澳鹏

绯红澳鹏

绯红澳鹏 *Ephthianura tricolor*（Crimson Chat）

隶属于雀形目澳鹏科。体长10—12厘米。分布于澳大利亚。栖息于平原、岩石等地带。以昆虫等为食。繁殖期为7—11月，营巢于低矮灌丛上，每窝产卵3—6枚。

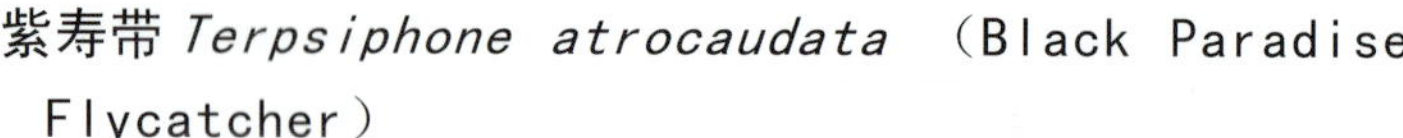

紫寿带 *Terpsiphone atrocaudata* （Black Paradise Flycatcher）

隶属于雀形目王鹟科。体长40厘米。分布于日本、中国南部和亚洲东南部一带。栖息于林地中。以昆虫等为食。营巢于树枝上，每窝产卵3—5枚。

紫寿带

寿带 *Terpsiphone paradisi*（Asiatic Paradise Flycatcher）

隶属于雀形目王鹟科。体长17—40厘米，体重14—30克。分布于亚洲东南部和中部的阿富汗、巴基斯坦、印度、中国、朝鲜、马来西亚等地。栖息于山区、丘陵、平原地带的阔叶林中。成对或小群活动。以昆虫等为食。繁殖期为5—7月，营巢于灌木、小乔木上，每窝产卵2—4枚，孵化期20天。

寿带

跃阔嘴鹟

跃阔嘴鹟 *Seisura inquieta*（Restless Flycatcher）

隶属于雀形目王鹟科。体长17—21厘米。分布于澳大利亚。栖息于开阔的林地中。以昆虫等为食。繁殖期为8—1月，营巢于树枝上，每窝产卵2—4枚。

黑脸王鹟 *Monarcha melanopsis*（Black-faced Monarch）

隶属于雀形目王鹟科。体长15—20厘米。分布于澳大利亚东部等地。栖息于森林中。以昆虫等为食。繁殖期为10—1月，营巢树枝上，每窝产卵2—3枚。

黑脸王鹟

铅灰阔嘴鹟

铅灰阔嘴鹟 *Myiagra rubecula*（Leaden Flycatcher）

隶属于雀形目王鹟科。体长14—17厘米。分布于澳大利亚东南部、东部、北部和新几内亚等地。栖息于森林中。以昆虫等为食。繁殖期为9—2月，营巢于树枝上，每窝产卵2—3枚。

鹡鸰扇尾鹟

鹡鸰扇尾鹟 *Rhipidura leucophrys*（Black and White Fantail）

隶属于雀形目王鹟科。体长 19 — 22 厘米。分布于澳大利亚、新几内亚等地。栖息于森林中。以昆虫等为食。繁殖期为 7 — 12 月，营巢于树上或灌丛上，每窝产卵 3 — 4 枚。

棕额扇尾鹟 *Rhipidura rufifrons* （Rufous Fantail）

隶属于雀形目王鹟科。体长 15 — 16 厘米。分布于澳大利亚东南部、东部、北部和新几内亚等地。栖息于森林中。以昆虫等为食。繁殖期为 10 — 2 月，营巢于树上或灌丛上，每窝产卵 2 — 3 枚。

棕额扇尾鹟

白喉岛扇尾鹟 *Rhipidura rufiventris*（White-throated Island Fantail）

隶属于雀形目王鹟科。体长 16 — 19 厘米。分布于澳大利亚北部、新几内亚一带。栖息于森林中。以昆虫等为食。繁殖期为 8 — 1 月，营巢于树上或灌丛中，每窝产卵 1 — 2 枚。

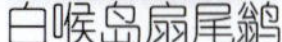
白喉岛扇尾鹟

澳褐小鹟 *Microeca leucophaea* （Australian Brown Flycatcher）

隶属于雀形目鸲鹟科。体长 13 厘米。分布于澳大利亚北部、新几内亚一带。栖息于森林中。以昆虫等为食。繁殖期为 7 — 12 月，营巢于树上，每窝产卵 2 — 3 枚。

澳褐小鹟

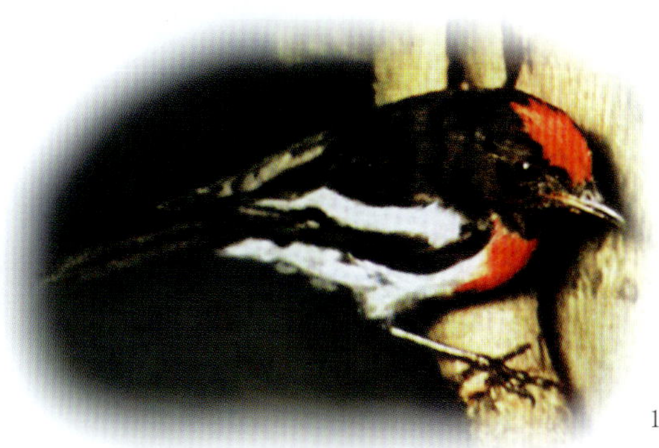
红头鸲鹟

红头鸲鹟 *Petroica goodenovii*（Red-capped Robin）

隶属于雀形目鸲鹟科。体长 12 厘米。分布于澳大利亚。栖息于森林、灌丛中。以昆虫等为食。繁殖期为 7 — 12 月，营巢于树上或灌丛中，每窝产卵 2 — 3 枚。

查岛鸲鹟 *Petroica traversi*（Chatham Island Robin）

隶属于雀形目鸲鹟科。分布于大洋洲的查塔姆群岛等地。

查岛鸲鹟

南黄鸲鹟 *Eopsaltria australis*（Southern Yellow Robin）

隶属于雀形目鸲鹟科。体长 15 厘米。分布于澳大利亚东部、东南部一带。栖息于森林、灌丛中。以昆虫等为食。繁殖期为 6 —1 月，营巢于树上或灌丛中，每窝产卵 2 —3 枚。

南黄鸲鹟

金厚头啸鹟 *Pachycephala pectoralis*（Golden Whistler）

隶属于雀形目厚头啸鹟科。体长 17 厘米。分布于印度尼西亚、澳大利亚一带。栖息于森林中。以昆虫等为食。繁殖期为 8 —1 月，营巢于树上或灌丛中，每窝产卵 2 —3 枚。

金厚头啸鹟

灰鵙鸫 *Colluricincla harmonica*（Grey Shrike Thrush）

隶属于雀形目厚头啸鹟科。体长 24 厘米。分布于澳大利亚、塔斯马尼亚岛等地。栖息于森林中。以昆虫等为食。繁殖期为 7 —2 月，营巢于树上或灌丛中，每窝产卵 2 —3 枚。

灰鵙鸫

冠林鵙鹟 *Pitohui cristatus*（Crested Pitohui）

隶属于雀形目厚头啸鹟科。分布于新几内亚等地。

冠林鵙鹟

银喉长尾山雀 *Aegithalos caudatus*（Long-tailed Tit）

隶属于雀形目长尾山雀科。体长10—13厘米，体重4—8克。分布于欧洲、俄罗斯、蒙古、日本、中国、朝鲜等地。栖息于山地森林中。成对或小群活动。以昆虫、蜗牛等为食，也吃少量植物。繁殖期为4—5月，营巢于树枝上，每窝产卵9—10枚，孵化期13天。

银喉长尾山雀

红头长尾山雀 *Aegithalos concinnus*（Red-headed Tit）

隶属于雀形目长尾山雀科。体长9—12厘米，体重4—8克。分布于中国黄河以南地区、巴基斯坦、尼泊尔、印度、孟加拉国、缅甸、老挝和越南等地。栖息于林地、灌丛中。成群活动。以昆虫、蜘蛛、蜗牛等为食，也吃少量植物。繁殖期为2—6月，营巢于树枝上，每窝产卵5—8枚，孵化期16天。

红头长尾山雀

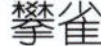
攀雀

家燕攀雀 *Remiz pendulinus*（Penduline Tit）

隶属于雀形目攀雀科。体长9—11厘米，体重9—10克。分布于欧洲、亚洲中部、俄罗斯、蒙古、中国、朝鲜、日本、巴基斯坦和印度等地。栖息于阔叶林和芦苇丛中。成群活动。以昆虫、植物种子等为食。繁殖期为5—7月，营巢于柳树梢上，每窝产卵5—8枚。

黄头金雀 *Auriparus flaviceps*（Verdin）

隶属于雀形目攀雀科。体长10—11厘米。分布于美国、墨西哥等地。栖息于荒漠灌丛地带。以昆虫等为食。营巢于灌丛上，每窝产卵4—5枚。

黄头金雀

煤山雀

煤山雀 *Parus ater*（Coal Tit）

隶属于雀形目山雀科。体长10—12厘米，体重8—9克。分布于欧洲、非洲北部、亚洲中部、俄罗斯、伊朗、中国、尼泊尔和缅甸等地。栖息于山地森林中。单独或成群活动。以昆虫等为食，也吃少量植物。繁殖期为5—7月，营巢于树洞或土洞中，每窝产卵9—10枚，孵化期13—14天。

簇山雀 *Parus bicolor* （Tufted Titmouse）

隶属于雀形目山雀科。体长15—17厘米。分布于加拿大、美国和墨西哥等地。栖息于混交林中。以昆虫等为食。营巢于树洞中，每窝产卵5—6枚，孵化期12—13天。

簇山雀

青山雀 *Parus caeruleus* （Blue Tit）

隶属于雀形目山雀科。体长12厘米。分布于欧洲、非洲北部、俄罗斯东部和中部、伊朗、亚洲西部等地。栖息于混交林等林地中。以昆虫、植物种子、果实等为食。

青山雀

凤头山雀 *Parus cristatus* （Crested Tit）

隶属于雀形目山雀科。体长12厘米。分布于欧洲、俄罗斯中部等地。栖息于针叶林等林地中。以昆虫、蜘蛛、植物种子、嫩芽等为食。

凤头山雀

大山雀 *Parus major* （Great Tit）

隶属于雀形目山雀科。体长12—14厘米，体重12—16克。分布于欧洲、非洲西北部、阿富汗、俄罗斯、朝鲜、日本、中国、中南半岛和印度尼西亚等地。栖息于山地、平原的森林中。成群活动。以昆虫、蜘蛛等为食，也吃少量植物。繁殖期为3—8月，营巢于树洞、石隙或墙洞中，每窝产卵6—9枚，孵化期15天。

大山雀

黄腹山雀 *Parus venustulus* （Yellow-bellied Tit）

隶属于雀形目山雀科。体长9—10厘米，体重9—14克。分布于中国甘肃、陕西、山西和东南部沿海一带。栖息于山地森林中。成群活动。以昆虫等为食，也吃少量植物。繁殖期为4月，营巢于树洞中，每窝产卵5—7枚。

黄腹山雀

黄颊山雀 *Parus xanthogenys*（Black-spotted Yellow Tit）

隶属于雀形目山雀科。体长 12 — 14 厘米，体重 14 — 22 克。分布于中国长江以南地区、巴基斯坦、尼泊尔、锡金、不丹、印度、孟加拉国、缅甸、泰国和越南等地。栖息于山地森林中。小群活动。以昆虫等为食，也吃少量植物。繁殖期为 4 — 5 月，营巢于树洞中，每窝产卵 3 — 7 枚。

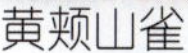

黄颊山雀

冕雀 *Melanochlora sultanea*（Sultan Tit）

冕雀

隶属于雀形目山雀科。体长 18 — 20 厘米，体重 34 — 49 克。分布于中国华南和西南地区、印度、中南半岛和印度尼西亚的苏门答腊岛等地。栖息于热带雨林、灌丛中。单独、成对或小群活动。以昆虫等为食，也吃少量植物。繁殖期为 4 月，营巢于树洞或墙洞中，每窝产卵 5 — 7 枚。

普通鳾 *Sitta europaea*（Eurasian Nuthatch）

隶属于雀形目鳾科。体长 11 — 13 厘米，体重 14 — 19 克。分布于欧洲、非洲西北部、亚洲西部、伊朗、俄罗斯、日本、中国、朝鲜、印度、缅甸、泰国、越南等地。栖息于山地森林中。单独或小群活动。以昆虫等为食，也吃少量植物。繁殖期为 3 — 4 月，营巢于树洞中，每窝产卵 6 — 12 枚，孵化期 17 天。

普通鳾

白胸鳾 *Sitta carolinensis*（White-breasted Nuthatch）

白胸鳾

隶属于雀形目鳾科。体长 13 — 16 厘米。分布于加拿大、美国和墨西哥等地。栖息于林地中。以昆虫等为食。营巢于树洞中，每窝产卵 5 — 9 枚，孵化期 12 天。

短趾旋木雀 *Certhia brachydactyla*（Short-toed Treecreeper）

隶属于雀形目旋木雀科。体长 13 厘米。分布于欧洲中部和东部一带。栖息于混交林、针叶林等林地中。以昆虫等为食。

短趾旋木雀

普通旋木雀

纹头纹雀

普通旋木雀 *Certhia familiaris*（Common Treecreeper）

隶属于雀形目旋木雀科。体长12—16厘米，体重8—12克。分布于欧洲、北美洲、俄罗斯、蒙古、日本、中国、朝鲜、印度和缅甸等地。栖息于山地森林中。单独或成对活动。以昆虫等为食，也吃少量植物。

纹头纹雀 *Rhabdornis mystacalis*（Stripe-headed Creeper）

隶属于雀形目纹雀科。分布于菲律宾等地。

棕短嘴旋木雀 *Climacteris rufa*（Rufous Tree creeper）

隶属于雀形目短嘴旋木雀科。分布于澳大利亚西南部等地。

白喉短嘴旋木雀 *Climacteris leucophaea*（White-throated Treecreeper）

隶属于雀形目短嘴旋木雀科。分布于澳大利亚等地。

白喉短嘴旋木雀

棕短嘴旋木雀

槲啄花鸟

槲啄花鸟 *Dicaeum hirundinaceum*（Mistletoe Flowerpecker）

隶属于雀形目啄花鸟科。体长10—11厘米。分布于印度尼西亚、澳大利亚等地。栖息于林地、灌丛中。以浆果等为食。繁殖期为10—12月，营巢于树上，每窝产卵3枚。

橙腹啄花鸟

橙腹啄花鸟 *Dicaeum trigonostigma*（Orange-bellied Flowerpecker）

隶属于雀形目啄花鸟科。体长 8 厘米。分布于印度东部、缅甸、马来西亚、印度尼西亚和菲律宾等地。栖息于林地、灌丛中。以浆果等为食。

黑头斑啄果鸟 *Pardalotus melanocephalus*（Black-headed Pardalote）

隶属于雀形目啄花鸟科。分布于澳大利亚等地。栖息于林地中。以植物果实等为食。繁殖期为 3 —12 月，营巢于树洞中。

黑头斑啄果鸟

斑啄果鸟

斑啄果鸟 *Pardalotus punctatus*（Spotted Pardalote）

隶属于雀形目啄花鸟科。体长 8 —10 厘米。分布于澳大利亚西南部、东部、东南部和塔斯马尼亚岛等地。栖息于森林中。以浆果等为食。繁殖期为 8 —1 月，营巢于树上，每窝产卵 3 —4 枚。

红眉斑啄果鸟 *Pardalotus rubricatus*（Red-browed Pardalote）

隶属于雀形目啄花鸟科。体长 10 —12 厘米。分布于澳大利亚北部、西北部等地。栖息于森林中。以浆果等为食。繁殖期为 7 —1 月，营巢于树上，每窝产卵 2 —4 枚。

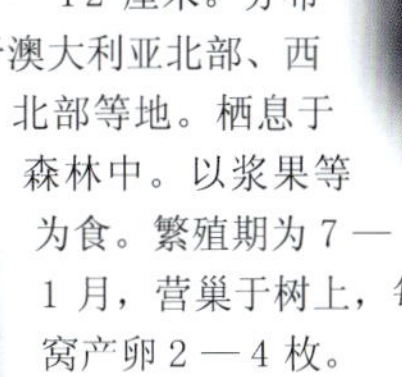

红眉斑啄果鸟

双领花蜜鸟

双领花蜜鸟 *Nectarinia afra*（Greater Double-collared Sunbird）

隶属于雀形目太阳鸟科。体长 14 厘米。分布于乌干达、卢旺达、扎伊尔、布隆迪、马拉维、莫桑比克和南非等地。栖息于山地林中。以花蜜等为食。繁殖期为 7 —1 月，营巢于树枝上，每窝产卵 1 —2 枚。

艾米花蜜鸟 *Nectarinia amethystina*（Amethyst Sunbird）

隶属于雀形目太阳鸟科。体长 13 — 14 厘米。分布于索马里、肯尼亚、坦桑尼亚、乌干达、扎伊尔、赞比亚、安哥拉、博茨瓦纳、莫桑比克和南非等地。栖息于开阔的林地、灌丛中。以花蜜等为食。繁殖期为 9 — 3 月，营巢于树枝上，每窝产卵 2 枚。

艾米花蜜鸟

紫花蜜鸟

紫花蜜鸟 *Nectarinia asiatica*（Purple Sunbird）

隶属于雀形目太阳鸟科。体长 10 — 12 厘米，体重 7 — 8 克。分布于亚洲西部、伊朗、阿富汗、印度、尼泊尔、锡金、孟加拉国、中国云南、中南半岛和斯里兰卡等地。栖息于常绿阔叶林或村寨附近的丛林间。单独、成对或小群活动。性活泼，动作敏捷。以花蜜、昆虫等为食。

约翰氏花蜜鸟 *Nectarinia johnstoni*（Red-tufted Malachite Sunbird）

隶属于雀形目太阳鸟科。体长 27 厘米。分布于肯尼亚、坦桑尼亚、乌干达、扎伊尔、赞比亚和马拉维等地。栖息于山地林中。以花蜜等为食。繁殖期为 10 — 11 月，营巢于树枝上，每窝产卵 1 — 2 枚。

约翰氏花蜜鸟

黄腹花蜜鸟 *Nectarinia jugularis*（Olive-backed Sunbird）

隶属于雀形目太阳鸟科。体长 10 — 12 厘米，体重 5 — 9 克。分布于印度、中国华南和西南地区、中南半岛、菲律宾、印度尼西亚、巴布亚新几内亚、澳大利亚和所罗门群岛等地。栖息于开阔山林中。单独或成对活动。性活泼，动作敏捷。以花蜜等为食。繁殖期为 3 — 5 月，营巢于树枝上，每窝产卵 2 — 3 枚。

黄腹花蜜鸟

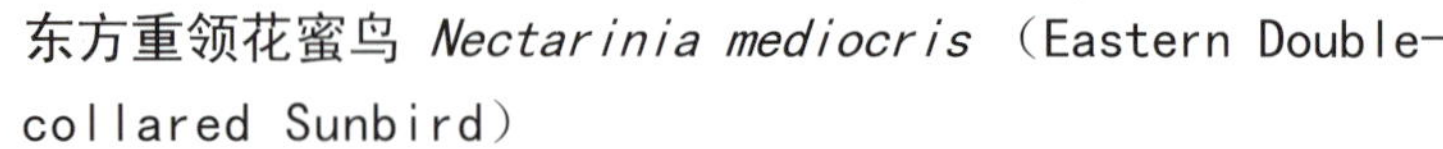

东方重领花蜜鸟 *Nectarinia mediocris*（Eastern Double-collared Sunbird）

隶属于雀形目太阳鸟科。体长 12 厘米。分布于肯尼亚、赞比亚、坦桑尼亚、马拉维和莫桑比克等地。栖息于山地林中。以花蜜等为食。繁殖期为 5 — 8 月，营巢于树枝上，每窝产卵 2 枚。

东方重领花蜜鸟

赤胸花蜜鸟 *Nectarinia senegalensis*（Scarlet-chested Sunbird）

隶属于雀形目太阳鸟科。体长 14 — 15 厘米。分布于塞内加尔、喀麦隆、尼日利亚、苏丹、乌干达、埃塞俄比亚、扎伊尔和非洲东南部等地。栖息于山地林中。以花蜜等为食。繁殖期为 5 — 8 月，营巢于树枝上，每窝产卵 2 枚。

赤胸花蜜鸟

橙胸花蜜鸟 *Nectarinia violacea*（Orange-breasted Sunbird）

隶属于雀形目太阳鸟科。体长 13 — 17 厘米。分布于南非等地。栖息于山地林中。以花蜜等为食。繁殖期为 4 — 10 月，营巢于树枝上，每窝产卵 1 — 2 枚。

橙胸花蜜鸟

紫腰花蜜鸟 *Nectarinia zeylonica*（Purple-rumped Sunbird）

隶属于雀形目太阳鸟科。体长 10 厘米。分布于印度、孟加拉国和斯里兰卡等地。栖息于平原、低山林地和灌丛中。成对活动。以花蜜等为食。全年均可繁殖，营巢于树上。

紫腰花蜜鸟

叉尾太阳鸟 *Aethopyga christinae*（Fork-tailed Sunbird）

隶属于雀形目太阳鸟科。体长 8 — 11 厘米，体重 5 — 7 克。分布于中国华南和西南地区、越南等地。栖息于山地阔叶林中。单独、成对或小群活动。以花蜜等为食。繁殖期为 4 月，营巢于树的枝叶上，每窝产卵 2 — 4 枚。

叉尾太阳鸟

火尾太阳鸟 *Aethopyga ignicauda*（Fire-tailed Sunbird）

隶属于雀形目太阳鸟科。体长 10 — 20 厘米，体重 6 — 10 克。分布于中国西南地区、印度东北部和缅甸北部等地。栖息于山地阔叶林及灌丛中。小群活动。以花蜜、昆虫等为食。

火尾太阳鸟

红胁绣眼鸟

红胁绣眼鸟 *Zosterops erythropleura*（Chestnut-flanked White Eye）

隶属于雀形目绣眼鸟科。体长10—12厘米，体重7—13克。分布于俄罗斯东南部、朝鲜、中国、缅甸和中南半岛等地。栖息于山地、平原树林中。以昆虫等为食，也吃植物种子等。繁殖期为5月，营巢于树上。

暗绿绣眼鸟 *Zosterops japonica*（Japanese White Eye）

隶属于雀形目绣眼鸟科。体长9—12厘米，体重8—12克。分布于日本、朝鲜、中国华北、华东、华中、华南和西南地区、缅甸、菲律宾和中南半岛等地。栖息于山地和平原的树林中。成对或成群活动。以昆虫等为食，也吃植物种子等。繁殖期为3—8月，营巢于树上或灌丛中，每窝产卵3—4枚。

暗绿绣眼鸟

灰胸绣眼鸟

灰胸绣眼鸟 *Zosterops lateralis*（Grey-breasted White Eye）

隶属于雀形目绣眼鸟科。体长12厘米。分布于澳大利亚、塔斯马尼亚岛等地。栖息于林地中。以昆虫等为食。繁殖期为8—1月。营巢于树上或灌丛上，每窝产卵2—4枚。

苍色绣眼鸟 *Zosterops pallida*（Pale White Eye）

隶属于雀形目绣眼鸟科。体长12厘米。分布于纳米比亚、博茨瓦纳、莫桑比克和南非等地。栖息于树林中。以昆虫等为食。繁殖期为9—2月，营巢于树上，每窝产卵3枚。

苍色绣眼鸟

褐岩吸蜜鸟

褐岩吸蜜鸟 *Lichmera indistincta*（Brown Honeyeater）

隶属于雀形目吸蜜鸟科。体长12—16厘米。分布于印度尼西亚、新几内亚和澳大利亚等地。栖息于林地中。以花蜜等为食。繁殖期为6—1月，营巢于树上或灌丛上，每窝产卵2—3枚。

黑头摄蜜鸟 *Myzomela melanocephala*（Black-headed Honeyeater）

隶属于雀形目吸蜜鸟科。体长 10 — 12 厘米。分布于大洋洲所罗门群岛一带。栖息于森林中。以昆虫、花蜜等为食。营巢于树枝上，每窝产卵 2 — 4 枚。

黑头摄蜜鸟

绯红摄蜜鸟 *Myzomela sanguinolenta*（Scarlet Honeyeater）

绯红摄蜜鸟

隶属于雀形目吸蜜鸟科。体长 10 — 11 厘米。分布于印度尼西亚、澳大利亚东部及其附近岛屿等地。栖息于林地中。以花蜜等为食。繁殖期为 6 — 1 月，营巢于树上，每窝产卵 2 枚。

黄簇吸蜜鸟

黄簇吸蜜鸟 *Meliphaga melanops*（Yellow-tufted Honeyeater）

隶属于雀形目吸蜜鸟科。体长 17 — 23 厘米。分布于澳大利亚东南部等地。栖息于林地中。以花蜜等为食。繁殖期为 7 — 1 月。营巢于树上或灌丛中，每窝产卵 2 — 3 枚。

利温氏吸蜜鸟 *Meliphaga lewinii*（Lewin's Honeyeater）

隶属于雀形目吸蜜鸟科。体长 18 — 22 厘米。分布于澳大利亚东部等地。栖息于林地中。以花蜜等为食。繁殖期为 8 — 1 月，营巢于树上或灌丛中，每窝产卵 2 — 3 枚。

利温氏吸蜜鸟

淡黄吸蜜鸟

淡黄吸蜜鸟 *Meliphaga flavescens*（Yellow-tinted Honeyeater）

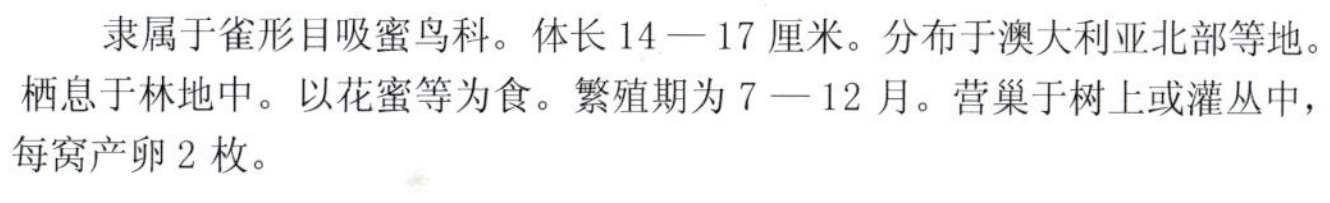

隶属于雀形目吸蜜鸟科。体长 14 — 17 厘米。分布于澳大利亚北部等地。栖息于林地中。以花蜜等为食。繁殖期为 7 — 12 月。营巢于树上或灌丛中，每窝产卵 2 枚。

金背抚蜜鸟 *Melithreptus laetior* （Golden-backed Honeyeater）

隶属于雀形目吸蜜鸟科。分布于澳大利亚等地。栖息于林地中。以昆虫、花蜜等为食。营巢于树上，每窝产卵 1 — 2 枚。

金背抚蜜鸟

蓝脸吸蜜鸟 *Entomyzon cyanotis* （Blue-faced Honeyeater）

隶属于雀形目吸蜜鸟科。体长 25 — 32 厘米。分布于澳大利亚、新几内亚等地。栖息于开阔的林地中。以花蜜等为食。繁殖期为 6 — 1 月，营巢于树上，每窝产卵 2 — 3 枚。

蓝脸吸蜜鸟

秃吮蜜鸟 *Philemon corniculatus* （Noisy Friarbird）

隶属于雀形目吸蜜鸟科。体长 31 — 36 厘米。分布于澳大利亚、新几内亚等地。栖息于开阔的林地中。以花蜜等为食。繁殖期为 7 — 1 月，营巢于树上，每窝产卵 2 — 3 枚。

秃吮蜜鸟

普通饮蜜鸟 *Melipotes fumigatus* （Common Melipotes）

隶属于雀形目吸蜜鸟科。分布于新几内亚东南部和中部等地。

普通饮蜜鸟

纵纹吸蜜鸟 *Plectorhyncha lanceolata* （Striped Honeyeater）

隶属于雀形目吸蜜鸟科。体长 20 — 23 厘米。分布于澳大利亚东部一带。栖息于开阔的林地中。以花蜜等为食。繁殖期为 7 — 12 月，营巢于树上，每窝产卵 3 — 4 枚。

纵纹吸蜜鸟

黄喉矿鸟 *Manorina flavigula* （Yellow-throated Miner）

隶属于雀形目吸蜜鸟科。体长 23 — 28 厘米。分布于澳大利亚等地。栖息于林地中。成群活动。以花蜜等为食。繁殖期为 7 — 12 月，营巢于树上或灌丛中，每窝产卵 3 — 4 枚。

黄喉矿鸟

卡佛食蜜鸟

卡佛食蜜鸟 *Promerops cafer* （Cape Sugarbird）

隶属于雀形目吸蜜鸟科。体长25—40厘米。分布于南非等地。栖息于林地中。以花蜜、昆虫等为食。全年均有繁殖记录。营巢于树上。每窝产卵2枚。

黄胸鹀

黄胸鹀 *Emberiza aureola* （Yellow-breasted Bunting）

隶属于雀形目鹀科。体长14—16厘米，体重19—25克。分布于欧洲、俄罗斯、日本、中国和印度等地。栖息于开阔地带林地、草原、灌丛中。结群活动。以昆虫、植物种子等为食。繁殖期为5—7月，营巢于草丛中，每窝产卵4—5枚，孵化期12—13天。

黍鹀

黍鹀 *Emberiza calandra* （Corn Bunting）

隶属于雀形目鹀科。体长18—19厘米，体重48—50克。分布于欧洲、非洲北部、亚洲西部和中部、中国新疆和印度等地。栖息于开阔的旷野、草地上。结群活动。以植物种子、果实、浆果，以及昆虫等为食。繁殖期为6—7月，营巢于草丛中，每窝产卵4—6枚，孵化期12—13天。

黄鹀

黄鹀 *Emberiza citrinella* （Yellow Hammer）

隶属于雀形目鹀科。体长17厘米，体重30—32克。分布于欧洲、亚洲中部、俄罗斯、伊朗、蒙古、中国西北和华北地区、日本等地。栖息于林缘、田野等地带。结群活动。以植物种子，以及昆虫等为食。

赤胸鹀

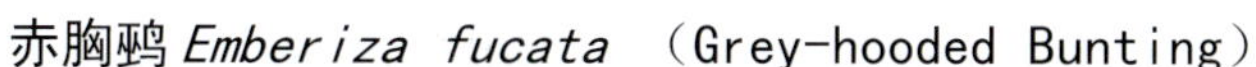

赤胸鹀 *Emberiza fucata* （Grey-hooded Bunting）

隶属于雀形目鹀科。体长14—16厘米，体重20—27克。分布于俄罗斯东南部、中国、日本、朝鲜、缅甸和印度等地。栖息于开阔的灌丛、草地。结群活动。以植物种子和昆虫等为食。繁殖期为5—7月，营巢于草丛中，每窝产卵4—6枚，孵化期12—13天。

小鹀 *Emberiza pusilla*（Little Bunting）

隶属于雀形目鹀科。体长 12 — 14 厘米，体重 12 — 15 克。分布于欧洲、俄罗斯、中国、日本、朝鲜、缅甸和印度等地。栖息于山地、平原的灌丛、农田等地带。结群活动。以植物种子，以及昆虫等为食。

小鹀

栗鹀 *Emberiza rutila*（Chestnut Bunting）

隶属于雀形目鹀科。体长 13 — 14 厘米，体重 16 — 20 克。分布于俄罗斯东部、中国、缅甸和中南半岛等地。栖息于山地灌丛、草地。结群活动。以植物种子和昆虫等为食。繁殖期为 5 月，营巢于灌丛或草丛中，每窝产卵 4 枚。

栗鹀

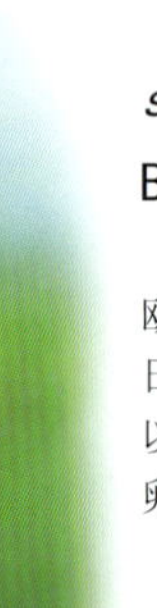

芦鹀

芦鹀 *Emberiza schoeniclus*（Reed Bunting）

隶属于雀形目鹀科。体长 15 — 17 厘米，体重 17 — 24 克。分布于欧洲、亚洲中部、伊拉克、伊朗、阿富汗、俄罗斯、蒙古、中国、日本、巴基斯坦和印度等地。栖息于开阔的灌丛、草地上。结群活动。以植物种子和昆虫等为食。繁殖期为 5 — 7 月，营巢于草丛中，每窝产卵 4 — 5 枚。

白眉鹀 *Emberiza tristrami*（Tristram's Bunting）

隶属于雀形目鹀科。体长 13 — 14 厘米，体重 14 — 19 克。分布于俄罗斯东南部、中国、缅甸和朝鲜等地。栖息于灌丛、草地。单独或成对活动。以昆虫、植物种子、浆果等为食。繁殖期为 5 — 8 月，营巢于林下灌丛中，每窝产卵 4 — 6 枚，孵化期 13 — 14 天。

白眉鹀

栗领铁爪鹀 *Calcarius ornatus*（Chestnut-collared Longspur）

隶属于雀形目鹀科。体长 13 — 17 厘米。分布于加拿大、美国和墨西哥等地。栖息于平原、草原等地带。以昆虫、植物种子等为食。营巢于地面上，每窝产卵 4 — 6 枚，孵化期 12 — 13 天。

栗领铁爪鹀

狐色带鹀 *Passerella iliaca* （Fox Sparrow）

隶属于雀形目鹀科。体长 17 — 19 厘米。分布于阿拉斯加、加拿大、美国和墨西哥等地。栖息于林地、灌丛中。以昆虫、植物种子等为食。营巢于地面上，每窝产卵 4 — 5 枚。

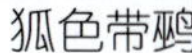
狐色带鹀

沼泽带鹀

沼泽带鹀 *Melospiza georgiana*（Swamp Sparrow）

隶属于雀形目鹀科。体长 13 — 15 厘米。分布于加拿大、美国和墨西哥等地。栖息于湿地环境中。以昆虫、植物种子等为食。营巢于湿地草丛中，每窝产卵 4 — 5 枚，孵化期 13 天。

黑喉漠鹀 *Amphispiza bilineata*（Black-throated Sparrow）

隶属于雀形目鹀科。体长 12 — 13 厘米。分布于美国、墨西哥等地。栖息于荒漠灌丛地带。以昆虫、植物种子等为食。营巢于灌丛上，每窝产卵 4 枚。

黑喉漠鹀

白腹灯草鹀

白腹灯草鹀 *Junco phaeonotus* （Mexican Junco）

隶属于雀形目鹀科。体长 15 — 17 厘米。分布于美国、墨西哥和危地马拉等地。栖息于林地中。以昆虫、植物种子等为食。营巢于低矮的灌丛上，每窝产卵 2 — 4 枚。

桔黄雀鹀 *Sicalis flaveola* （Saffron Finch）

隶属于雀形目鹀科。分布于哥伦比亚、委内瑞拉、圭亚那、厄瓜多尔、特立尼达和多巴哥、秘鲁、巴西、玻利维亚、巴拉圭、乌拉圭、阿根廷北部等地。

桔黄雀鹀

仙人掌地雀

黑冠黄雀鹀

仙人掌地雀 *Geospiza scandens*（Cactus Ground Finch）

隶属于雀形目鹀科。分布于南美洲的许多岛屿上。

鴷形树雀 *Camarhynchus pallidus*（Woodpecker Finch）

隶属于雀形目鹀科。分布于南美洲的许多岛屿上。

黑冠黄雀鹀 *Gubernatrix cristata*（Yellow Cardinal）

隶属于雀形目鹀科。分布于乌拉圭、阿根廷东部和北部等地。

鴷形树雀

主红雀

主红雀 *Cardinalis cardinalis*（Common Cardinal）

隶属于雀形目鹀科。体长20—23厘米。分布于美国和墨西哥等地。栖息于林缘、灌丛和庭院等环境。以植物种子，以及昆虫等为食。营巢于灌丛上，每窝产卵3—4枚。

美洲斯皮扎雀 *Spiza americana*（Dickcissel）

隶属于雀形目鹀科。体长15—18厘米。分布于加拿大、美国、墨西哥、哥伦比亚、委内瑞拉和圭亚那等地。栖息于平原、草地、灌丛等地带。以昆虫、植物种子等为食。营巢于树上、灌丛上或地面上，每窝产卵3—5枚，孵化期11—13天。

美洲斯皮扎雀

极青彩鹀

极青彩鹀 *Cyanocompsa brissonii* （Ultramarine Grosbeak）

隶属于雀形目鹀科。分布于哥伦比亚西部、委内瑞拉北部、巴西、阿根廷北部和东北部、巴拉圭、玻利维亚东部等地。

丽色彩鹀 *Passerina ciris* （Painted Bunting）

隶属于雀形目鹀科。体长 13—14 厘米。分布于美国、墨西哥、巴哈马、古巴和巴拿马等地。栖息于灌丛地带。以植物种子和昆虫等为食。营巢于小树或灌丛上，每窝产卵 3—4 枚。

丽色彩鹀

鸫形唐纳雀

鸫形唐纳雀 *Rhodinocichla rosea* （Rose-breasted Thrush Tanager）

隶属于雀形目鹀科。体长 20—22 厘米。分布于墨西哥、哥斯达黎加、巴拿马、哥伦比亚、委内瑞拉等地。栖息于干旱、半干旱地区林地中。以植物种子，以及昆虫等为食。营巢于低矮灌丛上，每窝产卵 2 枚。

猩红比蓝雀 *Piranga olivacea* （Scarlet Tanager）

隶属于雀形目鹀科。体长 19 厘米。分布于从加拿大南部、美国、墨西哥，到哥伦比亚、玻利维亚等地。栖息于林地、灌丛中。以植物种子，以及昆虫等为食。营巢于树上或灌丛上，每窝产卵 3—4 枚。

猩红比蓝雀

银色肿嘴雀

银色肿嘴雀 *Ramphocelus carbo* （Silver-beaked Tanager）

隶属于雀形目鹀科。分布于哥伦比亚东部、委内瑞拉、特立尼达和多巴哥、苏里南、秘鲁、玻利维亚、巴西东部和中部、巴拉圭北部等地。

灰蓝裸鼻雀 *Thraupis episcopus*（Blue-grey Tanager）

隶属于雀形目鹀科。体长 16 —18 厘米。分布于从墨西哥、巴拿马、哥伦比亚、委内瑞拉、玻利维亚、巴西、圭亚那、厄瓜多尔、秘鲁等地。栖息于林缘等地带。以植物种子和昆虫等为食。营巢于树上或灌丛上，每窝产卵 2 枚。

灰蓝裸鼻雀

闪辉绿雀 *Chlorochrysa phoenicotis*（Glistening-green Tanager）

隶属于雀形目鹀科。分布于哥伦比亚西部、厄瓜多尔西部等地。

闪辉绿雀

五影唐加拉雀

五影唐加拉雀 *Tangara chilensis*（Paradise Tanager）

隶属于雀形目鹀科。分布于圭亚那、巴西、哥伦比亚、委内瑞拉、秘鲁等地。

红脚旋蜜雀 *Cyanerpes cyaneus*（Red-legged Honeycreeper）

隶属于雀形目鹀科。体长 10 —11 厘米。分布于从墨西哥、哥伦比亚、委内瑞拉、玻利维亚、巴西、圭亚那、厄瓜多尔、秘鲁等地。栖息于森林地带。以植物种子，以及昆虫等为食。营巢于树上，每窝产卵 2 —3 枚。

红脚旋蜜雀

金翅虫森莺 *Vermivora chrysoptera*（Golden-winged Warbler）

隶属于雀形目森莺科。体长 12 厘米。分布于美国、危地马拉、巴拿马、哥伦比亚和委内瑞拉等地。栖息于森林、灌丛中。以昆虫、蜘蛛等为食。繁殖期为 5 —6 月，营巢于地面草丛、落叶中，每窝产卵 4 —7 枚，孵化期 10 天。

金翅虫森莺

灰绿虫森莺 *Vermivora peregrina* （Tennessee Warbler）

隶属于雀形目森莺科。体长 12 厘米。分布于加拿大、美国、墨西哥、厄瓜多尔、哥伦比亚和委内瑞拉等地。栖息于森林、灌丛中。以昆虫、浆果等为食。繁殖期为 6 —7 月，营巢于地面草丛中，每窝产卵 4 —7 枚，孵化期 11 —12 天。

灰绿虫森莺

蓝翅虫森莺

蓝翅虫森莺 *Vermivora pinus* （Blue-winged Warbler）

隶属于雀形目森莺科。体长 12 厘米。分布于美国、墨西哥、危地马拉、巴拿马和哥斯达黎加等地。栖息于森林、灌丛中。以昆虫、蜘蛛等为食。繁殖期为 5 —7 月，营巢于地面草丛中，每窝产卵 4 —7 枚，孵化期 10 —11 天。

北森莺 *Parula americana* （Parula Warbler）

隶属于雀形目森莺科。体长 11 厘米。分布于加拿大南部、美国、墨西哥和尼加拉瓜等地。栖息于森林、灌丛中。以昆虫、蜘蛛等为食。繁殖期为 4 —7 月，营巢于树上，每窝产卵 3 —7 枚，孵化期 12 —14 天。

北森莺

黑喉蓝林莺

黑喉蓝林莺 *Dendroica caerulescens* （Black-throated Blue Warbler）

隶属于雀形目森莺科。体长 13 厘米。分布于加拿大南部、美国、墨西哥、巴哈马、巴拿马、哥伦比亚和委内瑞拉等地。栖息于森林、灌丛中。以昆虫等为食。繁殖期为 6 月，营巢于树上，每窝产卵 4 —9 枚。

深蓝色林莺 *Dendroica cerulea* （Cerulean Warbler）

隶属于雀形目森莺科。体长 12 厘米。分布于从美国、古巴，到厄瓜多尔、哥伦比亚、玻利维亚、委内瑞拉、秘鲁等地。栖息于森林、灌丛中。以昆虫等为食。繁殖期为 5 —7 月，营巢于树上，每窝产卵 3 —5 枚，孵化期 12 —13 天。

深蓝色林莺

黄腰白喉林莺 *Dendroica coronata* （Yellow-rumped Warbler）

隶属于雀形目森莺科。体长 14 厘米。分布于加拿大、美国、墨西哥、危地马拉、洪都拉斯和哥斯达黎加等地。栖息于森林、灌丛中。以昆虫等为食。繁殖期为 5 — 6 月，营巢于树上，每窝产卵 3 — 5 枚，孵化期 12 — 14 天。

黄腰白喉林莺

高草原林莺

高草原林莺 *Dendroica discolor* （Prairie Warbler）

隶属于雀形目森莺科。体长 12 厘米。分布于美国和中美洲一带。栖息于森林、灌丛中。以昆虫等为食。繁殖期为 4 — 6 月，营巢于树上，每窝产卵 3 — 5 枚，孵化期 11 — 15 天。

黄喉林莺 *Dendroica dominica* （Yellow-throated Warbler）

隶属于雀形目森莺科。体长 14 厘米。分布于美国、墨西哥、古巴、巴哈马、牙买加和哥斯达黎加等地。栖息于森林、灌丛中。以昆虫、蜘蛛，以及植物种子等为食。繁殖期为 4 — 6 月，营巢于树上，每窝产卵 3 — 5 枚，孵化期 12 — 13 天。

黑纹背林莺

黑纹背林莺 *Dendroica kirtlandii* （Kirtland’s Warbler）

隶属于雀形目森莺科。体长 15 厘米。分布于美国、巴哈马等地。栖息于森林、灌丛中。以昆虫，以及植物种子等为食。繁殖期为 5 — 6 月，营巢于地面上，每窝产卵 4 — 5 枚，孵化期 14 — 15 天。

栗胁林莺 *Dendroica pensylvanica* （Chestnut-sided Warbler）

隶属于雀形目森莺科。体长 13 厘米。分布于加拿大南部、美国、墨西哥、尼加拉瓜、巴拿马、厄瓜多尔和委内瑞拉等地。栖息于森林、灌丛中。以昆虫、蜘蛛，以及植物种子、浆果等为食。繁殖期为 5 — 7 月，营巢于灌丛上，每窝产卵 3 — 5 枚，孵化期 12 — 13 天。

栗胁林莺

黄色林莺

黄色林莺 *Dendroica petechia* （Yellow Warbler）

隶属于雀形目森莺科。体长13厘米。分布于从加拿大、美国、墨西哥，到巴拿马、危地马拉、哥斯达黎加、哥伦比亚、委内瑞拉、厄瓜多尔和秘鲁等地。栖息于森林、灌丛中。以昆虫、蜘蛛，以及植物种子、浆果等为食。繁殖期为4—7月，营巢于灌丛或树上，每窝产卵3—6枚，孵化期11天。

栗颊林莺 *Dendroica tigrina* （Cape May Warbler）

隶属于雀形目森莺科。体长13厘米。分布于加拿大、美国、墨西哥、巴拿马、哥伦比亚和委内瑞拉等地。栖息于森林、灌丛中。以昆虫，以及植物种子、浆果等为食。繁殖期为6月，营巢于树上，每窝产卵4—9枚。

栗颊林莺

橙顶灶鸫

橙顶灶鸫 *Seiurus aurocapillus* （Ovenbird）

隶属于雀形目森莺科。体长15厘米。分布于加拿大、美国、墨西哥、萨尔瓦多、洪都拉斯、巴哈马、古巴、哥斯达黎加、哥伦比亚和委内瑞拉等地。栖息于森林、灌丛中。以昆虫、蜘蛛，以及植物种子、浆果等为食。繁殖期为5—7月，营巢于地面上，每窝产卵3—6枚，孵化期11—14天。

白眉水鸫 *Seiurus motacilla* （Louisiana Water-thrush）

隶属于雀形目森莺科。体长15厘米。分布于美国、墨西哥、巴拿马、哥伦比亚和委内瑞拉等地。栖息于森林、灌丛中。以昆虫、软体动物和甲壳动物等为食。繁殖期为4—6月，营巢于岸边岩洞中，每窝产卵4—6枚，孵化期12—14天。

白眉水鸫

食虫莺

食虫莺 *Helmitheros vermivorus* （Worm-eating Warbler）

隶属于雀形目森莺科。体长13厘米。分布于美国、墨西哥、巴拿马和巴哈马等地。栖息于森林、灌丛中。以昆虫、蜘蛛，以及植物种子等为食。繁殖期为5—6月，营巢于地面上，每窝产卵3—6枚，孵化期13天。

黑头威尔逊森莺 *Wilsonia pusilla* （Wilson's Warbler）

隶属于雀形目森莺科。体长 12 厘米。分布于加拿大、美国、墨西哥、危地马拉和巴拿马等地。栖息于森林、灌丛中。以昆虫等为食。繁殖期为 4 —7 月，营巢于地面上，每窝产卵 4 —6 枚，孵化期 11 —13 天。

黑头威尔逊森莺

蓝翅黄森莺 *Protonotaria citrea* （Prothonotary Warbler）

蓝翅黄森莺

隶属于雀形目森莺科。体长 14 厘米。分布于从美国、墨西哥，到厄瓜多尔、苏里南等地。栖息于森林、灌丛中。以昆虫、蜘蛛，以及植物种子、果实等为食。繁殖期为 4 —6 月，营巢于树洞中，每窝产卵 3 —8 枚，孵化期 12 —14 天。

黄胸巨鹏莺 *Icteria virens* （Yellow-breasted Chat）

隶属于雀形目森莺科。体长 19 厘米。分布于加拿大、美国、墨西哥、危地马拉和巴拿马等地。栖息于森林、灌丛中。以昆虫等无脊椎动物，以及植物种子、浆果、果实等为食。繁殖期为 4 —7 月，营巢于树上或灌丛中，每窝产卵 3 —5 枚，孵化期 11 —12 天。

黄胸巨鹏莺

蕉森莺

蕉森莺 *Coereba flaveola* （Bananaquit）

隶属于雀形目蕉森莺科。体长 10 —11 厘米。分布于墨西哥、巴拿马、巴哈马、牙买加、哥斯达黎加、哥伦比亚、委内瑞拉、厄瓜多尔、巴西、秘鲁、玻利维亚、圭亚那和阿根廷东北部等地。栖息于森林、林缘地带。成对或结小群活动。以花蜜，以及昆虫、果实等为食。营巢于树上或灌丛上，每窝产卵 2 枚。

考爱岛导颚雀 *Hemignathus procerus* （Kauai Akialoa）

隶属于雀形目管舌鸟科。分布于夏威夷群岛中的考爱岛上。

考爱岛导颚雀

黑髭绿鹃 *Vireo altiloquus*（Black-whiskered Vireo）

隶属于雀形目绿鹃科。体长 14 厘米。分布于从美国、古巴，到哥伦比亚、委内瑞拉、巴西、秘鲁等地。栖息于林地、灌丛地带。以昆虫，以及浆果、果实等为食。营巢于树上，每窝产卵 2—3 枚。

黑髭绿鹃

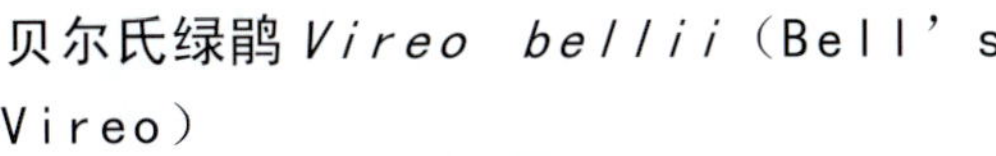

贝尔氏绿鹃 *Vireo bellii*（Bell's Vireo）

贝尔氏绿鹃

隶属于雀形目绿鹃科。体长 11—13 厘米。分布于美国、墨西哥、洪都拉斯、危地马拉、萨尔瓦多和尼加拉瓜等地。栖息于林地、灌丛地带。以昆虫，以及浆果、果实等为食。营巢于树上或灌丛上，每窝产卵 3—5 枚。

黄喉绿鹃

黄喉绿鹃 *Vireo flavifrons*（Yellow-throated Vireo）

隶属于雀形目绿鹃科。体长 13—15 厘米。分布于从加拿大、美国、墨西哥、巴拿马，到哥伦比亚、委内瑞拉等地。栖息于林地、灌丛地带。以昆虫，以及浆果、果实等为食。营巢于树上，每窝产卵 3—5 枚。

白眼绿鹃 *Vireo griseus*（White-eyed Vireo）

隶属于雀形目绿鹃科。体长 11—14 厘米。分布于美国、墨西哥、洪都拉斯、危地马拉和古巴等地。栖息于林地、灌丛地带。以昆虫，以及浆果、果实等为食。营巢于树上或灌丛上，每窝产卵 3—5 枚，孵化期 12—15 天。

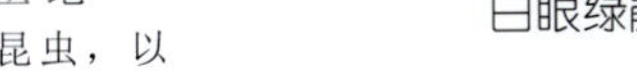

白眼绿鹃

红眼绿鹃

红眼绿鹃 *Vireo olivaceus*（Red-eyed Vireo）

隶属于雀形目绿鹃科。体长 14—17 厘米。分布于加拿大、美国、墨西哥、古巴、哥伦比亚、厄瓜多尔、秘鲁、委内瑞拉、圭亚那、巴西、巴拉圭、玻利维亚和阿根廷等地。栖息于林地、灌丛地带。以昆虫，以及浆果、果实等为食。营巢于树上或灌丛上，每窝产卵 3—4 枚，孵化期 12—14 天。

孤绿鹃

孤绿鹃 *Vireo solitarius* (Solitary Vireo)

隶属于雀形目绿鹃科。体长 13 — 15 厘米。分布于加拿大、美国、墨西哥、古巴、危地马拉、洪都拉斯和萨尔瓦多等地。栖息于开阔的针叶林、混交林中。以昆虫，以及浆果、果实等为食。营巢于树上，每窝产卵 3 — 5 枚。

棕顶绿莺鹃 *Hylophilus poicilotis* (Rufous-crowned Greenlet)

隶属于雀形目绿鹃科。分布于巴西东部和东南部、巴拉圭、阿根廷北部等地。

棕顶绿莺鹃

冠拟棕鸟

冠拟棕鸟 *Psarocolius decumanus* (Crested Oropendola)

隶属于雀形目拟黄鹂科。体长 38 — 43 厘米。分布于巴拿马、哥伦比亚、秘鲁、巴拉圭、玻利维亚、巴西和阿根廷等地。栖息于林地中。以昆虫等为食。营巢于树上。

巾冠拟黄鹂

巾冠拟黄鹂 *Icterus cucullatus* (Hooded Oriole)

隶属于雀形目拟黄鹂科。体长 17 — 19 厘米。分布于美国、墨西哥、危地马拉等地。栖息于林地中。以昆虫等为食。营巢于树上。每窝产卵 3 — 5 枚。

拟黄鹂

拟黄鹂 *Icterus icterus* (Troupial)

隶属于雀形目拟黄鹂科。分布于哥伦比亚、委内瑞拉、圭亚那、巴西、厄瓜多尔、秘鲁和玻利维亚等地。栖息于草地、灌丛等地带。成对或成小群活动。以植物果实等为食。繁殖期为 3 — 9 月，每窝产卵 3 枚，孵化期 15 — 16 天。

斑胸拟黄鹂 *Icterus pectoralis*（Spotted-breasted Oriole）

隶属于雀形目拟黄鹂科。体长 21 — 24 厘米。分布于墨西哥、尼加拉瓜和哥斯达黎加等地。栖息于林地中。以昆虫等为食。营巢于树上。

斑胸拟黄鹂

黄头黑鹂 *Xanthocephalus xanthocephalus*（Yellow-headed Blackbird）

隶属于雀形目拟黄鹂科。体长 22 — 28 厘米。分布于加拿大南部、美国和墨西哥等地。栖息于湿地、湖岸等环境中。以昆虫等为食。营巢于湿地植物上，每窝产卵 3 — 5 枚，孵化期 12 — 13 天。

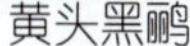
黄头黑鹂

西美草地鹨 *Sturnella neglecta*（Western Meadowlark）

隶属于雀形目拟黄鹂科。体长 22 — 28 厘米。分布于加拿大南部、美国和墨西哥等地。栖息于开阔草原等环境中。以昆虫等为食。营巢于草地上，每窝产卵 3 — 7 枚，孵化期 13 — 15 天。

西美草地鹨

普通拟八哥 *Quiscalus quiscula*（Common Grackle）

隶属于雀形目拟黄鹂科。体长 30 厘米。分布于加拿大南部、美国等地。栖息于田野和开阔的林地中。以昆虫、蛙、鼠，以及植物果实等为食。营巢于树枝或灌丛上，每窝产卵 5 枚。

普通拟八哥

蓝头黑鹂 *Euphagus cyanocephalus*（Brewer's Blackbird）

隶属于雀形目拟黄鹂科。体长 20 — 26 厘米。分布于加拿大南部、美国和墨西哥等地。栖息于田野灌丛中。以昆虫等为食。营巢于地面上或树上。每窝产卵 5 — 6 枚，孵化期 12 — 14 天。

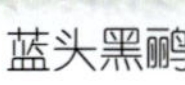
蓝头黑鹂

长刺歌雀 *Dolichonyx oryzivorus* （Bobolink）

隶属于雀形目拟黄鹂科。体长 17 — 20 厘米。分布于从加拿大南部、美国，到玻利维亚、巴西、巴拉圭和阿根廷北部等地。栖息于草原、沼泽等环境中。以昆虫等为食。营巢于地面上，每窝产卵 4 — 7 枚，孵化期 10 — 13 天。

长刺歌雀

燕雀

燕雀 *Fringilla montifringilla* （Brambling）

隶属于雀形目雀科。体长 13 — 17 厘米，体重 20 — 28 克。分布于欧洲、亚洲中部、俄罗斯、日本、中国和印度西北部等地。栖息于平原、山地森林中。成群活动。以昆虫、植物嫩叶、种子等为食。繁殖期为 6 月，营巢于灌木上，每窝产卵 3 枚。

柠檬黄丝雀 *Serinus citrinella* （Citril Finch）

隶属于雀形目雀科。体长 12 厘米。分布于欧洲南部一带。栖息于针叶林、高山草地等环境中。以植物种子等为食。

柠檬黄丝雀

金额丝雀 *Serinus pusillus* （Red-fronted Serin）

金额丝雀

隶属于雀形目雀科。体长 11 — 13 厘米，体重 10 — 14 克。分布于俄罗斯、伊拉克、伊朗、阿富汗、巴基斯坦、中国新疆和西藏、尼泊尔和印度等地。栖息于山区灌丛、草地上。成群活动。以植物果实、种子等为食。繁殖期为 5 — 8 月，营巢于灌丛或岩缝中，每窝产卵 3 — 5 枚，孵化期 14 天。

红额金翅 *Carduelis carduelis* （Eurasian Goldfinch）

隶属于雀形目雀科。体长 12 — 15 厘米，体重 16 — 22 克。分布于欧洲、俄罗斯、伊朗、阿富汗、中国新疆和西藏、印度和巴基斯坦等地。栖息于山区灌丛、草地上。成群活动。以植物果实、种子，以及昆虫等为食。繁殖期为 4 — 8 月，营巢于树上，每窝产卵 3 — 5 枚。

红额金翅

金翅

金翅 *Carduelis sinica* （Oriental Greenfinch）

隶属于雀形目雀科。体长 12 — 14 厘米，体重 16 — 22 克。分布于中国、巴基斯坦，印度，缅甸，越南，中南半岛，印度尼西亚等地。栖息于灌丛、树丛中。成群活动。以植物种子为食，也吃昆虫等。繁殖期为 3 — 8 月，营巢于树上，每窝产卵 3 — 5 枚，孵化期 11 — 13 天。

黄雀 *Carduelis spinus* （Spruce Siskin）

隶属于雀形目雀科。体长 11 — 12 厘米，体重 11 — 16 克。分布于欧洲南部、非洲北部、亚洲西部和中部、俄罗斯、中国和日本等地。栖息于山区、平原森林中。成群活动。以植物嫩芽、种子，以及昆虫等为食。繁殖期为 4 — 8 月，营巢于树上，每窝产卵 4 — 6 枚。

黄雀

北美金翅

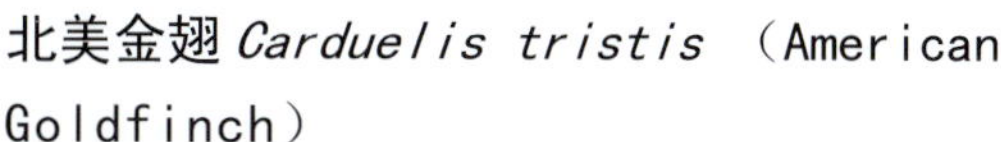

北美金翅 *Carduelis tristis* （American Goldfinch）

隶属于雀形目雀科。体长 11 — 14 厘米。分布于加拿大、美国和墨西哥等地。栖息于林缘、旷野等地带。以植物、种子，以及昆虫等为食。营巢于树上或灌丛上，每窝产卵 4 — 7 枚，孵化期 12 — 14 天。

白翅岭雀 *Leucosticte arctoa* （Rosefinch）

隶属于雀形目雀科。体长 14 — 17 厘米，体重 26 — 29 克。分布于北美洲、俄罗斯东部、中国东北、华北和西北地区、朝鲜和日本等地。栖息于高山岩壁、灌丛中。结群活动。以植物种子，以及昆虫等为食。

白翅岭雀

白腰朱顶雀

白腰朱顶雀 *Acanthis flammea* （Redpoll）

隶属于雀形目雀科。体长 12 — 14 厘米，体重 12 — 16 克。分布于加拿大、欧洲、俄罗斯、中国东北、华北、西北和华东地区、朝鲜和日本等地。栖息于溪边林地中。成群活动。以植物果实、种子，以及昆虫等为食。

长尾雀 *Uragus sibiricus* （Long-tailed Rosefinch）

隶属于雀形目雀科。体长 16 — 17 厘米，体重 17 — 26 克。分布于俄罗斯、蒙古、朝鲜、日本和中国东北、华北、西北和西南地区等地。栖息于森林、灌丛中。成对或小群活动。以植物种子、浆果，以及昆虫等为食。繁殖期为 5 — 6 月，营巢于小树上，每窝产卵 4 — 5 枚。

长尾雀

沙雀 *Rhodopechys githaginea* （Trumpeter Finch）

隶属于雀形目雀科。体长 13 — 16 厘米，体重 21 — 30 克。分布于非洲北部、亚洲西部、伊朗、中国西北和华北和印度西北部等地。栖息于山谷荒漠、草原地带。成群活动。以植物种子等为食。繁殖期为 4 — 7 月，营巢于树上，每窝产卵 4 — 5 枚。

沙雀

普通朱雀 *Carpodacus erythrinus* （Common Rosefinch）

隶属于雀形目雀科。体长 14 — 16 厘米，体重 20 — 28 克。分布于欧洲、俄罗斯、亚洲中部、朝鲜、日本、中国、尼泊尔、缅甸、印度、老挝和越南等地。栖息于森林、灌丛中。单独或小群活动。以植物嫩芽、种子、浆果，以及昆虫等为食。繁殖期为 5 — 7 月，营巢于树上，每窝产卵 4 — 5 枚，孵化期 14 天。

普通朱雀

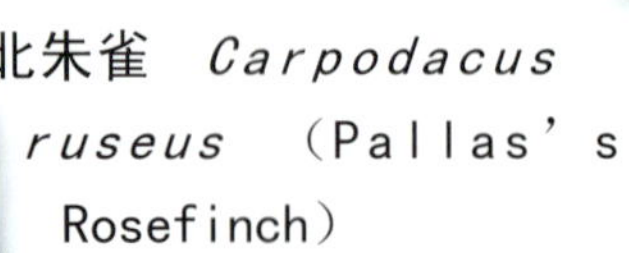

北朱雀 *Carpodacus ruseus* （Pallas's Rosefinch）

隶属于雀形目雀科。体长 14—17 厘米，体重 19—31 克。分布于俄罗斯、蒙古、朝鲜、日本和中国东北、华北、华中和西北地区等地。栖息于森林、灌丛中。小群活动。以植物嫩芽、种子、浆果等为食。

北朱雀

松雀 *Pinicola enucleator* （Pine Grosbeak）

隶属于雀形目雀科。体长 19 — 21 厘米，体重 55 — 57 克。分布于北美洲、欧洲、俄罗斯、蒙古和中国东北地区等地。栖息于山地森林中。小群活动。以植物嫩芽、种子等为食。营巢于树上，每窝产卵 3 — 5 枚。

松雀

红交嘴雀

红交嘴雀 *Loxia curvirostra* （Red Crossbill）

隶属于雀形目雀科。体长 15 — 17 厘米，体重 29 — 48 克。分布于北美洲、欧洲、非洲西北部、阿富汗、日本、朝鲜、锡金、印度、俄罗斯和中国东北、西北、华北、华中和西南地区等地。栖息于山地针叶林中。结群活动。以针叶树的果实、嫩芽等为食，也吃少量昆虫等。全年均有繁殖记录，营巢于树上，每窝产卵 4 枚，孵化期 17 天。

白翅交嘴雀 *Loxia leucoptera* （White-winged Crossbill）

白翅交嘴雀

隶属于雀形目雀科。体长 15 — 17 厘米，体重 28 — 35 克。分布于阿拉斯加、加拿大、欧洲、非洲西北部、日本、俄罗斯和中国东北、华北地区等地。栖息于山地针叶林和混交林中。成对或小群活动。以针叶树的果实、嫩芽等为食，也吃少量昆虫等。繁殖期为 3 — 4 月，营巢于树上，每窝产卵 3 — 4 枚。

红腹灰雀

红腹灰雀 *Pyrrhula pyrrhula* （Northern Bullfinch）

隶属于雀形目雀科。体长 15 — 16 厘米，体重 18 — 21 克。分布于欧洲、朝鲜、日本、俄罗斯和中国东北、华北地区等地。栖息于山地森林中。小群活动。以植物种子等为食。

锡嘴雀 *Coccothraustes coccothraustes* （Hawfinch）

锡嘴雀

隶属于雀形目雀科。体长16—20厘米，体重40—63 克。分布于从欧洲、非洲北部到朝鲜、日本、俄罗斯和中国等地。栖息于低山、平原林地中。成群活动。以植物嫩芽、果实、种子等为食，也吃昆虫等。繁殖期为 5 月，营巢于树上，每窝产卵3—7枚，孵化期14天。

黑尾蜡嘴雀

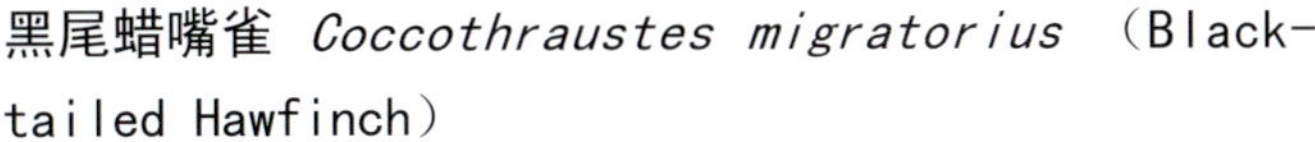

黑尾蜡嘴雀 *Coccothraustes migratorius* （Black-tailed Hawfinch）

隶属于雀形目雀科。体长 17 — 20 厘米，体重 42 — 55 克。分布于朝鲜、日本、俄罗斯东部和中国等地。栖息于低山、平原林地、灌丛中。小群活动。以植物嫩芽、果实、种子等为食，也吃昆虫等。繁殖期为 5 — 6 月，营巢于树上，每窝产卵 3 — 4 枚。

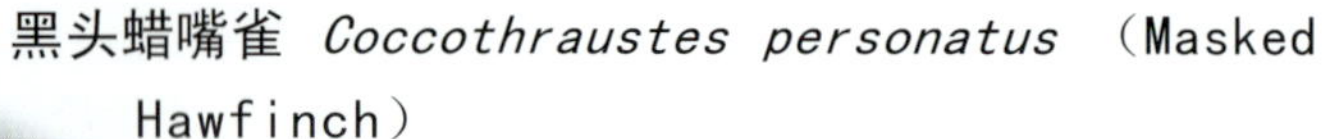

黑头蜡嘴雀 *Coccothraustes personatus* （Masked Hawfinch）

隶属于雀形目雀科。体长21—23厘米，体重65—95克。分布于朝鲜、日本、俄罗斯东部和中国等地。栖息于山地针叶林、混交林中。小群活动。以植物嫩芽、果实、种子等为食，也吃昆虫等。繁殖期为6月，营巢于树上，每窝产卵3—4枚。

黑头蜡嘴雀

赤红砸籽雀 *Pyrenestes sanguineus* （Crimson Seedcracker）

隶属于雀形目梅花雀科。体长14—15厘米。分布于从塞内加尔至科特迪瓦，以及从塞拉里昂至加蓬等地。栖息于近水的林地中。单独或成对活动。

赤红砸籽雀

红颊蓝饰雀

红颊蓝饰雀 *Uraeginthus bengalus* （Red-cheeked Cordon Bleu）

隶属于雀形目梅花雀科。体长12厘米。分布于坦桑尼亚、肯尼亚、扎伊尔、赞比亚、安哥拉等地。栖息于田野、村落附近。以植物种子等为食。繁殖期为12—5月，营巢于屋顶、树上或灌丛上，每窝产卵4—5枚。

红嘴火雀 *Lagonosticta senegala* （Red-billed Fire Finch）

隶属于雀形目梅花雀科。体长10厘米。分布于非洲的塞内加尔、尼日利亚、几内亚、塞拉里昂、乍得、苏丹、埃塞俄比亚、索马里、坦桑尼亚等地。栖息于城镇、村落附近。以植物种子等为食。全年均有繁殖记录，营巢于屋顶、墙壁或灌丛上，每窝产卵3—6枚。

红嘴火雀

蓝顶蓝饰雀

蓝顶蓝饰雀 *Uraeginthus cyanocephala*（Blue-capped Cordon Bleu）

隶属于雀形目梅花雀科。体长 13 — 14 厘米。分布于埃塞俄比亚、肯尼亚和坦桑尼亚等地。栖息于半干旱地区林地中。以植物种子等为食。

红褐雀 *Aegintha temporalis*（Red-browed Waxbill）

隶属于雀形目梅花雀科。体长 12 厘米。分布于澳大利亚等地。栖息于林地、园林等环境中。成小群活动。以植物种子，以及昆虫等为食。繁殖期为 9 — 4 月，营巢于灌丛上，每窝产卵 4 — 6 枚。

红褐雀

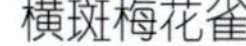
横斑梅花雀

横斑梅花雀 *Estrilda astrild*（Common Waxbill）

隶属于雀形目梅花雀科。体长 10 厘米。分布于非洲的塞拉里昂、利比里亚、喀麦隆、埃塞俄比亚、苏丹、坦桑尼亚、肯尼亚、扎伊尔、南非等地。栖息于田野、草地、林地和村落附近。以植物种子等为食。全年均有繁殖记录，营巢于地面草丛中，每窝产卵 4 — 8 枚。

红耳火尾雀 *Emblema oculata*（Red-eared Firetail Finch）

隶属于雀形目梅花雀科。体长 11 — 12 厘米。分布于澳大利亚西南部一带。栖息于海岸森林、灌丛中。以植物种子等为食。繁殖期为 9 — 1 月，营巢于树上或灌丛中，每窝产卵 4 — 5 枚。

红耳火尾雀

双斑草雀 *Poephila bichenovii*（Double-barred Finch）

隶属于雀形目梅花雀科。体长 10 — 11 厘米。分布于澳大利亚东部、北部等地。栖息于开阔的森林、草地等环境中。以植物种子等为食。繁殖期为 7 — 5 月，营巢于树上或灌丛中，每窝产卵 4 — 5 枚。

双斑草雀

针尾凤鹦

针尾凤鹦 *Erythrura prasina* (Pin-tailed Parrot Finch)

隶属于雀形目梅花雀科。体长 15 厘米。分布于缅甸、泰国、老挝、马来西亚和印度尼西亚等地。栖息于竹林等环境中。呈小群活动。以植物种子等为食。

七彩文鸟 *Chloebia gouldiae* (Gouldian Finch)

隶属于雀形目梅花雀科。体长 14 厘米。分布于澳大利亚北部等地。栖息于开阔的森林、草地等环境中。以植物种子等为食。繁殖期为 12 — 4 月，营巢于灌丛上或树洞中，每窝产卵 4 — 6 枚。

七彩文鸟

白腰文鸟

白腰文鸟 *Lonchura striata* (White-backed Munia)

隶属于雀形目梅花雀科。体长 10 — 12 厘米，体重 9 — 15 克。分布于中国黄河以南地区、印度、斯里兰卡、缅甸、中南半岛、马来西亚和印度尼西亚等地。栖息于山脚、平原灌丛、农田等地带。成群活动。以植物种子等为食，也吃昆虫等。繁殖期为 3 — 10 月，营巢于树上或灌丛中，每窝产卵 4 — 7 枚，孵化期 14 天。

爪哇禾雀

爪哇禾雀 *Padda oryzivora* (Java Sparrow)

隶属于雀形目梅花雀科。体长 12 厘米。分布于印度尼西亚的爪哇岛、巴厘岛等地。栖息于平原、农田、旷野和村镇附近。成群活动。以植物种子、果实，以及昆虫等为食。

靛蓝维达鸟 *Vidua chalybeata* (Village Indigobird)

隶属于雀形目文鸟科。体长 11 厘米。分布于非洲的塞内加尔、塞拉里昂、马里、苏丹、埃塞俄比亚、索马里、坦桑尼亚、肯尼亚、博茨瓦纳等地。栖息于田野等环境中。以植物种子等为食。繁殖期为 3 — 6 月。

靛蓝维达鸟

白头牛文鸟

白头牛文鸟 *Dinemellia dinemelli* （White-headed Buffalo Weaver）

隶属于雀形目文鸟科。体长18—19厘米。分布于苏丹、埃塞俄比亚、索马里、肯尼亚、扎伊尔和坦桑尼亚等地。栖息于灌丛、草原等地带。成群活动。以昆虫等为食。营巢于树上。

家麻雀 *Passer domesticus* （House Sparrow）

隶属于雀形目文鸟科。体长13—16厘米，体重23—32克。分布于欧洲、美洲、非洲、亚洲、大洋洲等地。栖息于森林、农田、居民区附近等。成对或成群活动。以植物种子、嫩叶等为食，也吃昆虫等。

家麻雀

死海麻雀

死海麻雀 *Passer moabiticus* （Dead Sea Sparrow）

隶属于雀形目文鸟科。体长12厘米。分布于约旦、伊拉克、伊朗和阿富汗等地。栖息于湖滨、河岸附近的农田、芦苇丛中。以植物种子等为食。

树麻雀

树麻雀 *Passer montanus* （Tree Sparrow）

隶属于雀形目文鸟科。体长12—15厘米，体重20—27克。分布于欧洲、亚洲等地。栖息于居民区及其附近的田野上。成群活动。以植物种子等为食，也吃昆虫等。全年均有繁殖记录，营巢于房屋、建筑物中，每窝产卵2—8枚，孵化期10—12天。

山麻雀

山麻雀 *Passer rutilans* （Cinnamon Sparrow）

隶属于雀形目文鸟科。体长11—14厘米，体重13—21克。分布于阿富汗、俄罗斯、日本、朝鲜、中国、印度、缅甸和越南等地。栖息于林缘、农田附近的树上、灌丛上和草丛中。成对或小群活动。以植物种子、昆虫等为食。繁殖期为4—8月，营巢于屋檐下、树上、树洞或石洞中，每窝产卵3—6枚，孵化期12—13天。

黑头群栖织布鸟 *Ploceus cucullatus* （Village Weaver）

隶属于雀形目文鸟科。体长17厘米。分布于非洲的塞内加尔、喀麦隆、乍得、加蓬、扎伊尔、安哥拉、乌干达、苏丹、坦桑尼亚、南非等地。栖息于旷野、灌丛地带。以植物种子、昆虫等为食。繁殖期为9—5月，营巢于树上。

黑头群栖织布鸟

栗脸织布鸟

栗脸织布鸟 *Ploceus galbula* （Ruppell's Weaver）

隶属于雀形目文鸟科。体长13—14厘米。分布于苏丹、埃塞俄比亚、索马里和肯尼亚等地。栖息于林地、沼泽等环境中。以植物种子、昆虫等为食。

栗头金织布鸟

栗头金织布鸟 *Ploceus castaneiceps* （Taveta Golden Weaver）

隶属于雀形目文鸟科。体长14厘米。分布于肯尼亚和坦桑尼亚等地。栖息于林地、沼泽等环境中。以植物种子、昆虫等为食。

黑脸织布鸟 *Ploceus intermedius* （Lesser Masked Weaver）

隶属于雀形目文鸟科。体长13厘米。分布于扎伊尔、安哥拉、苏丹、坦桑尼亚、埃塞俄比亚、索马里、纳米比亚和博茨瓦纳等地。栖息于旷野、草地等地带。以昆虫、种子等为食。繁殖期为8—3月，营巢于树上或灌丛上，每窝产卵2—3枚。

黑脸织布鸟

红嘴奎利亚雀

红嘴奎利亚雀 *Quelea quelea* （Red-billed Quelea）

隶属于雀形目文鸟科。体长11—13厘米。分布于塞内加尔、乍得、中非共和国、扎伊尔、安哥拉、苏丹、坦桑尼亚、索马里、马拉维和南非等地。栖息于旷野、草地和林地等地带。以浆果、种子、昆虫等为食。繁殖期为10—3月，营巢于芦苇茎上，每窝产卵3枚。

红寡妇鸟 *Euplectes orix* （Red Bishop）

隶属于雀形目文鸟科。体长 10 — 11 厘米。分布于非洲的塞内加尔、埃塞俄比亚、乌干达、肯尼亚、扎伊尔、安哥拉、坦桑尼亚、南非等地。栖息于近水的草地等环境中。以植物种子等为食。繁殖期为 8 — 4 月，营巢于芦苇茎、高草茎上，每窝产卵 2 — 4 枚。

红寡妇鸟

红福迪雀 *Foudia eminentissima* （Mascarene Fody）

隶属于雀形目文鸟科。分布于马达加斯加岛附近的岛屿上。

红福迪雀

翠绿辉椋鸟

翠绿辉椋鸟 *Lamprotornis iris* （Iris Glossy Starling）

隶属于雀形目椋鸟科。分布于从几内亚到科特迪瓦一带。

群集椋鸟 *Aplonis metallica* （Shining Starling）

隶属于雀形目椋鸟科。体长 21 — 24 厘米。分布于印度尼西亚、新几内亚和澳大利亚等地。栖息于热带雨林等林地中。成群活动。以昆虫等为食。繁殖期为 8 — 1 月，营巢于树上，每窝产卵 2 — 3 枚。

群集椋鸟

紫色辉椋鸟 *Lamprotornis purpureus* （Purple Glossy Starling）

隶属于雀形目椋鸟科。体长 26 厘米。分布于塞内加尔、尼日利亚、马里、肯尼亚和南非等地。栖息于田野等地带。单独或小群活动。以昆虫等为食。营巢于树洞中。

紫色辉椋鸟

斑椋鸟 *Sturnus contra* （Asian Pied Starling）

隶属于雀形目椋鸟科。体长 21 — 23 厘米，体重 78 — 80 克。分布于中国云南、印度东北部和中部、缅甸、老挝、泰国、印度尼西亚等地。栖息于山间及农田附近的树林中。成对或成群活动。以昆虫、浆果和种子等为食。繁殖期为 3 — 8 月，营巢于高大树上，每窝产卵 4 — 6 枚。

斑椋鸟

黑领椋鸟 *Sturnus nigricollis* （Black-collared Starling）

隶属于雀形目椋鸟科。体长 24 — 29 厘米，体重 13 — 18 克。分布于中国华南和西南地区、缅甸、泰国、越南和马来西亚等地。栖息于坝区、村镇田边、草地等环境。成群活动。以昆虫为食，也吃植物种子、浆果等。繁殖期 3 — 8 月，营巢大树上，每窝产卵 4 — 5 枚。

黑领椋鸟

灰椋鸟

灰椋鸟 *Sturnus cineraceus* （Grey Starling）

隶属于雀形目椋鸟科。体长 18 — 23 厘米，体重 74 — 93 克。分布于欧洲东部、俄罗斯、蒙古、朝鲜、日本、中国等地区、缅甸等地。栖息于平原、低山林缘、农田地带。成群活动。以昆虫等为食。营巢于树洞中，每窝产卵 3 — 5 枚。

粉红椋鸟 *Sturnus roseus* （Rose-colored Starling）

隶属于雀形目椋鸟科。体长 19 — 23 厘米，体重 66 — 80 克。分布于欧洲东部、亚洲西部、俄罗斯、中国西北和西藏地区、印度和斯里兰卡等地。栖息于开阔的草原、农田等地带。成群活动。以昆虫、种子等为食。繁殖期为 5 — 6 月，营巢于石堆、洞穴或地面上，每窝产卵 3 — 5 枚。

粉红椋鸟

丝光椋鸟 *Sturnus sericeus* （Silky Starling）

隶属于雀形目椋鸟科。体长 18 — 22 厘米，体重 68 — 88 克。分布于中国黄河流域以南地区。栖息于平原、农田和丛林地带。成对或小群活动。以昆虫，以及植物果实、种子等为食。

丝光椋鸟

灰背椋鸟 *Sturnus sinensis* （Chinese Starling）

隶属于雀形目椋鸟科。体长 17 — 20 厘米，体重 40 — 51 克。分布于中国华南和西南地区、中南半岛和马来西亚等地。栖息于旷野林地中。成群活动。以昆虫，以及植物的花、种子等为食。繁殖期为 3 — 4 月，营巢于树洞、墙洞或裂缝中，每窝产卵 4 — 5 枚。

灰背椋鸟

长冠八哥 *Leucopsar rothschildi* （Rothschild’s Mynah）

隶属于雀形目椋鸟科。体长 25 厘米。分布于印度尼西亚的巴厘岛上。栖息于平原地带。成对活动。

长冠八哥

北椋鸟 *Sturnus sturninus* （Daurian Starling）

隶属于雀形目椋鸟科。体长 16 — 18 厘米，体重 40 — 62 克。分布于欧洲东部、亚洲东南部、俄罗斯、蒙古和中国的东北、华北、华中、华南、西南地区等地。栖息于平原、低山旷野地带。成群活动。以昆虫，以及植物的果实、种子等为食。营巢于树洞、墙缝中，每窝产卵 4 — 6 枚。

北椋鸟

八哥 *Acridotheres cristatellus* （Chinese Jungle Mynah）

隶属于雀形目椋鸟科。体长 22 — 27 厘米，体重 112 — 150 克。分布于中国长江流域以南地区、缅甸东部、中南半岛等地。栖息于阔叶林、竹林、果树林中。单独或集群活动。以昆虫、蜗牛等为食，也吃植物果实、叶、芽和种子等。繁殖期为 4 — 9 月，营巢于树洞、岩缝或破墙洞中。每窝产卵 3 — 6 枚。

八哥

家八哥 *Acridotheres tristis* （Common Mynah）

隶属于雀形目椋鸟科。体长 24 — 26 厘米，体重 100 — 115 克。分布于非洲南部和亚洲的阿富汗、斯里兰卡、印度、尼泊尔、中国华南和西南地区、缅甸等地。栖息于郊外、农田、花园及城市绿化林中。成对或成群活动。以昆虫为食，也吃植物果实、种子等。繁殖期为1—3月，营巢于屋顶、树洞或悬崖裂缝处，每窝产卵 4 枚。

家八哥

鹩哥

鹩哥 *Gracula religiosa* （Southern Grackle）

隶属于雀形目椋鸟科。体长 26 — 29 厘米，体重 173 — 246 克。分布于印度、斯里兰卡、缅甸、泰国、中南半岛、马来西亚、印度尼西亚和中国广西、云南和海南等地。栖息于田地或常绿阔叶林的缘处。大多呈 3 — 5 只的小群活动。性活泼、善鸣叫、鸣声极富音韵，由低而粗厉的咯咯声至轻快如铃的吹哨声等无所不能，也会仿效其他鸟类的鸣叫声。主要以昆虫、植物种子及杂草种子等为食。繁殖期为 3 — 5 月，巢营于树洞内，每窝产卵 2 — 3 枚。

红嘴牛椋鸟 *Buphagus erythrorhynchus*（Red-billed Oxpecker）

隶属于雀形目椋鸟科。体长 19 — 20 厘米。分布于埃塞俄比亚、苏丹、肯尼亚、博茨瓦纳、津巴布韦、安哥拉、赞比亚和莫桑比克等地。栖息于大型动物的身体上。以动物身上的寄生虫等为食。繁殖期为 10 — 3 月，营巢于树洞或墙洞中，每窝产卵 3 — 5 枚。

红嘴牛椋鸟

黑枕黄鹂

黑枕黄鹂 *Oriolus chinensis*（Black-naped Oriole）

隶属于雀形目黄鹂科。体长 23 — 29 厘米，体重 68 — 85 克。分布于中国、俄罗斯东部、朝鲜、老挝、斯里兰卡、马来西亚、菲律宾、印度尼西亚、缅甸、尼泊尔、印度、泰国等地。栖息于阔叶林和针阔混交林内。单只或成对活动。以昆虫为食，也吃少量植物种子。繁殖期从 6 月开始，营巢于大树上，每窝产卵 4 枚，孵化期 14 — 16 天。

白腹黄鹂 *Oriolus sagittatus*（White-bellied Oriole）

隶属于雀形目黄鹂科。体长 25 — 28 厘米。分布于新几内亚、澳大利亚等地。栖息于林地中。以昆虫等为食。繁殖期为 8 — 1 月，营巢于树上，每窝产卵 2 — 4 枚。

白腹黄鹂

东非黑头黄鹂

东非黑头黄鹂 *Oriolus larvatus*（African Black-headed Oriole）

隶属于雀形目黄鹂科。体长 20 — 22 厘米。分布于安哥拉、纳米比亚、坦桑尼亚、肯尼亚、莫桑比克和南非等地。栖息于林地、灌丛中。以果实、昆虫等为食。繁殖期为 9 — 1 月，营巢于树上，每窝产卵 3 枚。

金黄鹂 *Oriolus oriolus*（Golden Oriole）

隶属于雀形目黄鹂科。体长 23 — 25 厘米，体重 68 — 84 克。分布于欧洲、亚洲西部、俄罗斯、中国新疆和西藏、印度、巴基斯坦、阿富汗、非洲等地。栖息于平原、低山的阔叶林内。以昆虫为食，也吃浆果等。营巢于大树上，每窝产卵 3 — 5 枚，孵化期 13 — 15 天。

金黄鹂

叉尾卷尾

叉尾卷尾 *Dicrurus adsimilis*（Fork-tailed Drongo）

隶属于雀形目卷尾科。体长 23 — 26 厘米。分布于乍得、苏丹、埃塞俄比亚、几内亚、尼日利亚、纳米比亚、津巴布韦和南非等地。栖息于旷野、林地、灌丛中。以昆虫等为食。繁殖期为 8 — 2 月，营巢于树上，每窝产卵 3 枚。

马岛冠卷尾 *Dicrurus forficatus*（Crested Drongo）

隶属于雀形目卷尾科。分布于马达加斯加岛等地。

黑卷尾 *Dicrurus macrocercus*（Black Drongo）

隶属于雀形目卷尾科。体长 23 — 30 厘米，体重 42 — 65 克。分布于伊朗、阿富汗、印度、斯里兰卡、中国、缅甸、泰国、老挝、越南、马来西亚和印度尼西亚的巴厘、爪哇等地。栖息于平原、低山的阔叶林内。以昆虫为食。繁殖期为 6 月，营巢于树上，每窝产卵 3 — 4 枚。

马岛冠卷尾

黑卷尾

灰卷尾 *Dicrurus leucophaeus* (Ashy Drongo)

隶属于雀形目卷尾科。体长23—28厘米，体重40—53克。分布于阿富汗、巴基斯坦、印度、斯里兰卡、孟加拉国、中国、中南半岛、马来西亚和大巽他群岛等地。栖息于平原、低山的阔叶林、混交林内。以昆虫为食，也吃植物果实等。繁殖期为4—7月，营巢于树上，每窝产卵3—4枚。

灰卷尾

发冠卷尾 *Dicrurus hottentottus* (Hair-crested Drongo)

隶属于雀形目卷尾科。体长28—31厘米，体重68—100克。分布于中国华北以南地区、缅甸、泰国、老挝、越南、菲律宾、印度尼西亚和澳大利亚等地。栖息于山地森林中。以昆虫等为食。繁殖期为5—6月，营巢于树上，每窝产卵3—5枚。

发冠卷尾

垂耳鸦 *Callaeas cinerea* (Kokako)

隶属于雀形目垂耳鸦科。体长38厘米，体重230克。分布于新西兰等地。栖息于林地中。单独或成对活动。以植物果实，以及小型无脊椎动物等为食。繁殖期为10—12月，营巢于树上，每窝产卵2—3枚，孵化期20天。

垂耳鸦

鹊鹨 *Grallina cyanoleuca* (Magpie Lark)

隶属于雀形目鹊鹨科。体长27厘米。分布于澳大利亚等地。栖息于近水的开阔地带。以昆虫等为食。全年均有繁殖记录，营巢于树上，每窝产卵3—5枚。

鹊鹨

灰鸵鹨

灰鸵鹨 *Struthidea cinerea* (Apostle Bird)

隶属于雀形目鹊鹨科。体长29—32厘米。分布于澳大利亚东部和北部等地。栖息于开阔的林地、灌丛中。成对活动。以昆虫等为食。繁殖期为8—12月，营巢于树上，每窝产卵2—5枚。

暗色燕鵙

暗色燕鵙 *Artamus cyanopterus* （Dusky Wood Swallow）

隶属于雀形目燕鵙科。体长18厘米。分布于澳大利亚、塔斯马尼亚岛等地。栖息于开阔的林地中。以昆虫等为食。繁殖期为8—1月，营巢于树叉上，每窝产卵3—4枚。

白胸燕鵙

白胸燕鵙 *Artamus leucorhynchus* （White-breasted Wood Swallow）

隶属于雀形目燕鵙科。体长17厘米。分布于菲律宾、印度尼西亚和澳大利亚等地。栖息于近水的林地中。以昆虫等为食。繁殖期为8—12月，营巢于树叉上，每窝产卵3—4枚。

白眉燕鵙

白眉燕鵙 *Artamus superciliosus* （White-browed Wood Swallow）

隶属于雀形目燕鵙科。体长19厘米。分布于澳大利亚等地。栖息于开阔的林地中。以昆虫等为食。繁殖期为8—12月，营巢于树叉上，每窝产卵2—3枚。

黑眼燕鵙 *Artamus personatus* （Masked Wood Swallow）

隶属于雀形目燕鵙科。体长19厘米。分布于澳大利亚等地。栖息于开阔的林地中。以昆虫等为食。繁殖期为8—12月，营巢于树叉上，每窝产卵2—3枚。

黑眼燕鵙

斑钟鹊

斑钟鹊 *Cracticus nigrogularis* （Black-throated Butcher Bird）

隶属于雀形目钟鹊科。体长32厘米。分布于澳大利亚等地。栖息于开阔的林地、田野中。以昆虫等为食。繁殖期为5—12月，营巢于树上，每窝产卵2—5枚。

灰钟鹊 *Cracticus torquatus* （Grey Butcher Bird）

隶属于雀形目钟鹊科。体长 24 — 30 厘米。分布于澳大利亚、塔斯马尼亚岛等地。栖息于开阔的林地、田野中。以昆虫等为食。繁殖期为 7 — 12 月，营巢于树上，每窝产卵 2 — 5 枚。

灰钟鹊

斑噪钟鹊 *Strepera graculina* （Pied Currawong）

隶属于雀形目钟鹊科。体长 41 — 51 厘米。分布于澳大利亚东部等地。栖息于开阔的林地、田野中。以昆虫等为食。繁殖期为 8 — 12 月，营巢于树上，每窝产卵 2 — 4 枚。

斑噪钟鹊

白斑猫鸟 *Ailuroedus melanotis* （Spotted Catbird）

隶属于雀形目园丁鸟科。体长 26 — 30 厘米。分布于新几内亚、澳大利亚东北部等地。栖息于热带雨林中。以果实、昆虫等为食。繁殖期为 9 — 1 月，营巢于树上，每窝产卵 2 枚。

白斑猫鸟

金亭鸟 *Prionodura newtoniana* （Newton’s Golden Bowerbird）

隶属于雀形目园丁鸟科。体长 23 — 25 厘米。分布于澳大利亚东北部等地。栖息于热带雨林中。以果实、昆虫等为食。繁殖期为 10 — 1 月，营巢于树上，每窝产卵 1 — 2 枚。

金亭鸟

紫背别墅鸟 *Sericulus chrysocephalus* （Regent Bowerbird）

隶属于雀形目园丁鸟科。体长 24 — 28 厘米。分布于澳大利亚东部等地。栖息于热带雨林中。以果实、昆虫等为食。繁殖期为 10 — 1 月，营巢于树上，每窝产卵 2 — 3 枚。

紫背别墅鸟

缎蓝亭鸟

缎蓝亭鸟 *Ptilonorhynchus violaceus*（Satin Bowerbird）

隶属于雀形目园丁鸟科。体长27—33厘米。分布于澳大利亚东部和东南部一带。栖息于热带雨林中。以昆虫、果实等为食。营巢于树上，每窝产卵2—3枚。

大亭鸟 *Chlamydera nuchalis*（Great Grey Bowerbird）

隶属于雀形目园丁鸟科。体长32—38厘米。分布于澳大利亚北部等地。栖息于开阔的林地中。以果实、昆虫等为食。繁殖期为9—2月，营巢于树上，每窝产卵1—2枚。

大亭鸟

王风鸟

王风鸟 *Cicinnurus regius*（King Bird of Paradise）

隶属于雀形目风鸟科。体长16—19厘米，体重38—65克。分布于新几内亚岛、阿鲁岛等地。栖息于低山林地中。以植物果实等为食。营巢于树洞中，每窝产卵2枚，孵化期为17天。

瓦岛丽色风鸟 *Diphyllodes respublica*（Wilson's Bird of Paradise）

隶属于雀形目风鸟科。体长16厘米。分布于新几内亚岛附近的岛屿上。栖息于山地森林中。以植物果实等为食。

瓦岛丽色风鸟

大极乐鸟

大极乐鸟 *Paradisaea apoda*（Greater Bird of Paradise）

隶属于雀形目风鸟科。体长35—43厘米，体重170—173克。分布于新几内亚南部、阿鲁岛等地。栖息于平原、低山林地中。以植物果实、昆虫等为食。

线翎极乐鸟 *Paradisaea guilielmi*（Emperor of Germany Bird of Paradise）

隶属于雀形目风鸟科。体长 31 — 33 厘米，体重 250 — 265 克。分布于新几内亚东部等地。栖息于山地森林中。以植物果实等为食。营巢于树洞中，每窝产卵 1 — 2 枚。

小极乐鸟

小极乐鸟 *Paradisaea minor*（Lesser Bird of Paradise）

隶属于雀形目风鸟科。体长 32 厘米，体重 145 — 300 克。分布于新几内亚岛等地。栖息于平原、低山地带的林地中。以植物果实等为食。营巢于树上，每窝产卵 1 — 2 枚，孵化期为 18 天。

线翎极乐鸟

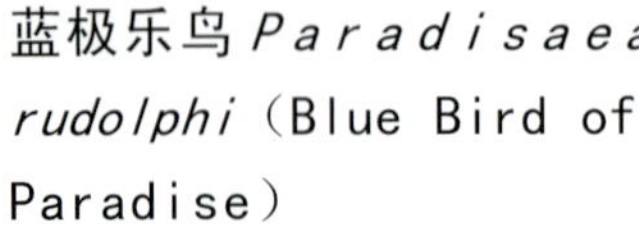

蓝极乐鸟 *Paradisaea rudolphi*（Blue Bird of Paradise）

隶属于雀形目风鸟科。体长 30 厘米，体重 124 — 189 克。分布于新几内亚岛等地。栖息于低山林地中。以植物果实等为食。营巢于树上，每窝产卵 2 枚，孵化期为 18 天。

蓝极乐鸟

普通极乐鸟

普通极乐鸟 *Paradisaea raggiana*（Raggiana Bird of Paradise）

隶属于雀形目风鸟科。体长 46 厘米。分布于新几内亚等地。栖息于原始森林中。以昆虫、浆果、果实等为食。营巢于树上，每窝产卵 2 枚。

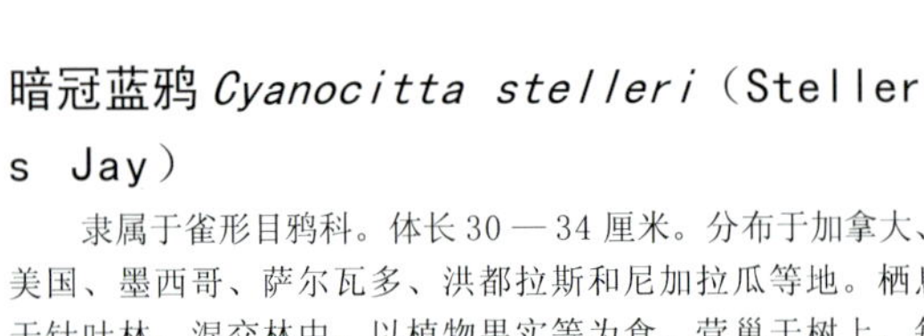

暗冠蓝鸦 *Cyanocitta stelleri*（Steller's Jay）

隶属于雀形目鸦科。体长 30 — 34 厘米。分布于加拿大、美国、墨西哥、萨尔瓦多、洪都拉斯和尼加拉瓜等地。栖息于针叶林、混交林中。以植物果实等为食。营巢于树上，每窝产卵 3 — 5 枚，孵化期为 16 — 17 天。

暗冠蓝鸦

冠蓝鸦 *Cyanocitta cristata*（Blue Jay）

隶属于雀形目鸦科。体长 30 厘米。分布于加拿大南部和美国等地。栖息于橡树等林中。以植物果实等为食。营巢于树上，每窝产卵 4 —6 枚。

白尾蓝鸦

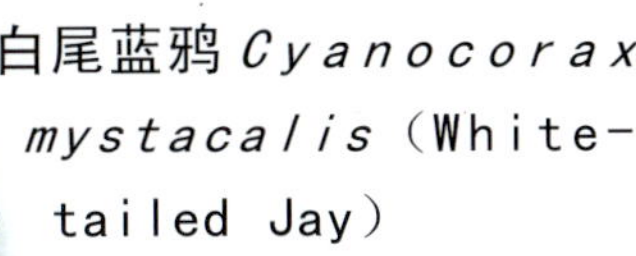

白尾蓝鸦 *Cyanocorax mystacalis*（White-tailed Jay）

隶属于雀形目鸦科。分布于厄瓜多尔西南部、秘鲁西北部。

灌丛鸦 *Aphelocoma coerulescens*（Scrub Jay）

隶属于雀形目鸦科。体长 28－33 厘米。分布于美国、墨西哥等地。栖息于针叶林、混交林中。以昆虫、植物种子、坚果等为食。营巢于树上，每窝产卵 3 —6 枚。

冠蓝鸦

灌丛鸦

黑蓝冠鸦 *Cissilopha sanblasiana*（San Blas Jay）

隶属于雀形目鸦科。体长 32 —35 厘米。分布于墨西哥等地。栖息于森林、林缘地带。以植物果实等为食。

黑蓝冠鸦

松鸦 *Garrulus glandarius*（Eurasian Jay）

隶属于雀形目鸦科。体长 29 —37 厘米，体重 140 —182 克。分布于欧洲、非洲北部和亚洲等地。栖息于山地森林中。单独、成对或小群活动。以昆虫、蜘蛛和植物种子、果实等为食。繁殖期为 4 —6 月，营巢于树上，每窝产卵 3 —8 枚。

松鸦

绿色蓝鸦 *Cyanocorax yncas*（Green Jay）

隶属于雀形目鸦科。体长 27 — 31 厘米。分布于墨西哥、危地马拉、洪都拉斯、哥伦比亚、委内瑞拉、厄瓜多尔、玻利维亚和秘鲁等地。栖息于森林、林缘地带。成对或小群活动。以植物果实等为食。营巢于树上或灌丛中，每窝产卵 3 — 5 枚。

绿色蓝鸦

红嘴蓝鹊 *Urocissa erythrorhyncha*（Red-billed Blue Magpie）

红嘴蓝鹊

隶属于雀形目鸦科。体长 42 — 62 厘米，体重 149 — 192 克。分布于印度、缅甸、中国华北、华东、华中、华南和西南地区、中南半岛等地。栖息于阔叶林、混交林中。成对或成群活动。以昆虫和植物种子、果实等为食。繁殖期为 5 月，营巢于树枝或竹枝上。

琉球松鸦 *Garrulus lidthi*（Purple Jay）

隶属于雀形目鸦科。分布于日本琉球群岛北部等地。

琉球松鸦

灰喜鹊 *Cyanopica cyana*（Azure-winged Magpie）

灰喜鹊

隶属于雀形目鸦科。体长 31 — 40 厘米，体重 70 — 82 克。分布于欧洲西南部、俄罗斯、亚洲中部、中国长江流域以北地区、日本和朝鲜等地。栖息于林缘和居民区附近。成群活动。以昆虫和植物种子、果实等为食。繁殖期为 5 月，营巢于树枝或竹枝上，每窝产卵 7 枚。

绿蓝鹊 *Cissa chinensis*（Green Magpie）

隶属于雀形目鸦科。体长 33 — 39 厘米，体重 120 — 160 克。分布于印度、中国西南地区、老挝、越南、马来西亚和印度尼西亚的加里曼丹岛等地。栖息于高大的乔木林中。单独或成对活动。以昆虫等为食。

绿蓝鹊

灰树鹊 *Dendrocitta formosae*（Himalayan Tree Pie）

隶属于雀形目鸦科。体长 33 — 39 厘米，体重 85 — 110 克。分布于中国长江流域以南地区、尼泊尔、不丹、印度东部、缅甸、泰国、老挝和文莱等地。栖息于阔叶林中。以昆虫和植物种子、果实等为食。

灰树鹊

喜鹊 *Pica pica*（Common Magpie）

隶属于雀形目鸦科。体长 40 — 50 厘米，体重 162 — 290 克。分布于欧洲、非洲北部、亚洲和加拿大、美国等地。栖息于山区、平原和城镇等环境中。单独或成对活动。以昆虫、蜗牛和植物种子、果实等为食。全年均有繁殖记录，营巢于树上，每窝产卵 2 — 11 枚，孵化期 17 — 18 天。

喜鹊

星鸦

星鸦 *Nucifraga caryocatactes*（Spotted Nutcracker）

隶属于雀形目鸦科。体长 29 — 34 厘米，体重 151 — 197 克。分布于墨西哥、美国、日本、朝鲜、蒙古、中国、伊朗、阿富汗、巴基斯坦、克什米尔、尼泊尔、锡金、不丹、缅甸、俄罗斯和欧洲等地。栖息于高山森林中。单独或小群活动。以植物果实、种子，以及昆虫等为食。繁殖期为 4 — 5 月，营巢于高大乔木的枝桠处，每窝产卵 2 — 5 枚，孵化期为 18 天。

红嘴山鸦 *Pyrrhocorax pyrrhocorax*（Red-billed Chough）

隶属于雀形目鸦科。体长 31 — 40 厘米，体重 212 — 310 克。分布于欧洲、非洲西北部和亚洲的伊朗、巴基斯坦、印度北部、尼泊尔、中国等地。栖息于森林、草甸和裸崖地带。成群活动。以昆虫、植物果实、种子等为食。繁殖期为 3 — 6 月，营巢于悬崖的裂缝间，每窝产卵 2 — 7 枚。

红嘴山鸦

渡鸦

渡鸦 *Corvus corax*（Common Raven）

隶属于雀形目鸦科。体长 40 — 72 厘米，体重 800 — 2100 克。分布于北美洲、欧洲、非洲北部、亚洲的巴基斯坦、尼泊尔、中国、日本等地。栖息于村庄、河旁、林缘地带。单独、成对或小群活动。以腐肉及啮齿动物、野兔、鱼、鸟和鸟卵、昆虫、蛙、爬行类等为食，有时也吃谷物等。繁殖期为 3 — 5 月，营巢于石缝和树杈间，每窝产卵 3 — 7 枚，孵化期 20 — 21 天。

小嘴乌鸦

小嘴乌鸦 *Corvus corone*（Carrion Crow）

隶属于雀形目鸦科。体长 44 — 56 厘米，体重 40 — 53 克。分布于欧洲、俄罗斯、摩洛哥、伊拉克、伊朗、阿富汗、克什米尔、印度、缅甸、中国、日本、朝鲜和蒙古等地。栖息于低山、平原、河谷、林缘和村落附近。单独活动。以植物和昆虫等为食。繁殖期为 3 — 6 月，营巢于高大乔木的树冠上，每窝产卵 3 — 5 枚，孵化期 19 — 20 天。

达乌里寒鸦 *Corvus dauuricus*（Daurian Jackdaw）

达乌里寒鸦

隶属于雀形目鸦科。体长 30 — 35 厘米，体重 162 — 254 克。分布于俄罗斯、中国、朝鲜和日本等地。栖息于山区、平原。成群活动。以植物种子、软体动物、雏鸟、鼠、蜥蜴和蜘蛛、蚯蚓等昆虫为食。营巢于岩洞、树洞中，每窝产卵 4 — 7 枚，孵化期 18 — 20 天。

秃鼻乌鸦

秃鼻乌鸦 *Corvus frugilegus*（Rook）

隶属于雀形目鸦科。体长 39 — 50 厘米，体重 360 — 460 克。分布于欧洲、非洲北部、俄罗斯、蒙古、伊拉克、伊朗、印度、中国、日本和朝鲜等地。栖息于低山阔叶林、平原、城市和农田附近。集群活动。以昆虫、动物尸体、植物果实和种子等为食。繁殖期为 3 — 7 月，营巢于庙宇、村庄附近的高大树上，每窝产卵 3 — 5 枚，孵化期 16 — 18 天。

家鸦

家鸦 *Corvus splendens*（House Crow）

隶属于雀形目鸦科。体长 42 厘米，体重 310 克。分布于中国西南部、斯里兰卡、印度、缅甸、泰国、马来西亚和印度尼西亚。栖息于平原、山村及城市周围。成对或成群活动。以昆虫、腐物、果实、种子和谷物等为食。营巢于树上，每窝产卵 4 — 5 枚。

中文名	学　名	保护级别
鸵形目	STRUTHIONIFORMES	
鸵鸟科	Struthionidae	
鸵鸟	*Struthio camelus*	I
美洲鸵鸟目	RHEIFORMES	
美洲鸵鸟科	Rheidae	
美洲小鸵	*Pterocnemia pennata*	I
美洲鸵	*Rhea americana*	II
鴂形目	TINAMIFORMES	
鴂科	Tinamidae	
孤鴂	*Tinamus solitarius*	I
红翅鴂玻利维亚亚种	*Rhynchotus rufescens maculicollis*	II
红翅鴂阿根廷亚种	*Rhynchotus rufescens pallescens*	II
红翅鴂指名亚种	*Rhynchotus rufescens rufescens*	II
企鹅目	SPHENISCIFORMES	
企鹅科	Spheniscidae	
洪氏环企鹅	*Spheniscus humboldti*	I
斑嘴环企鹅	*Spheniscus demersus*	II
䴙䴘目	PODICIPEDIFORMES	
䴙䴘科	Podicipedidae	
巨䴙䴘	*Podilymbus gigas*	I
鹱形目	PROCELLARIIFORMES	
信天翁科	Diomedeidae	

中文名	学　名	保护级别
短尾信天翁	*Diomedea albatrus*	I
鹈形目	PELECANIFORMES	
鹈鹕科	Pelecanidae	
卷羽鹈鹕	*Pelecanus crispus*	I
鲣鸟科	Sulidae	
粉嘴鲣鸟	*Sula abbotti*	I
军舰鸟科	Fregatidae	
白腹军舰鸟	*Fregata andrewsi*	I
鹳形目	CICONIIFORMES	
鹭科	Ardeidae	
巨鹭	*Ardea goliath*（加纳）	III
牛背鹭	*Bubulcus ibis*（加纳）	III
大白鹭	*Egretta alba*（加纳）	III
白鹭	*Egretta garzetta*（加纳）	III
鲸头鹳科	Balaenicipitidae	
鲸头鹳	*Balaeniceps rex*	II
鹳科	Ciconiidae	
东方白鹳	*Ciconia boyciana*	I
裸颈鹳	*Jabiru mycteria*	I
灰鹮鹳	*Mycteria cinerea*	I
黑鹳	*Ciconia nigra*	II
凹嘴鹳	*Ephippiorhynchus senegalensis*（加纳）	III
非洲秃鹳	*Leptoptilos crumeniferus*（加纳）	III
鹮科	Threskiornithidae	
隐鹮	*Geronticus eremita*	I
朱鹮	*Nipponia nippon*	I

中文名	学　名	保护级别
红鹮	*Eudocimus ruber*	II
秃鹮	*Geronticus calvus*	II
白琵鹭	*Platalea leucorodia*	II
凤头鹮	*Bostrychia hagedash*（加纳）	III
点胸鹮	*Bostrychia rara*（加纳）	III
圣鹮	*Threskiornis aethiopicus*（加纳）	III
红鹳科所有种	Phoenicopteridae spp.	II
雁形目	ANSERIFORMES	
鸭科	Anatidae	
栗鸭坎贝尔岛亚种	*Anas aucklandica nesiotis*	I
来散岛鸭	*Anas laysanensis*	I
马利亚纳鸭	*Anas oustaleti*	I
黑额黑雁	*Branta canadensis leucopareia*	I
黄颈黑雁	*Branta sandvicensis*	I
白翅栖鸭	*Cairina scutulata*	I
粉头鸭	*Rhodonessa caryophyllacea*	I
栗鸭指名亚种	*Anas aucklandica aucklandica*	II
栗鸭新西兰亚种	*Anas aucklandica chlorotis*	II
马岛斑麻鸭	*Anas bernieri*	II
花脸鸭	*Anas formosa*	II
红胸黑雁	*Branta ruficollis*	II
扁嘴鹅	*Coscoroba coscoroba*	II
黑颈天鹅	*Cygnus melanocoryphus*	II
黑嘴树鸭	*Dendrocygna arborea*	II
白头硬尾鸭	*Oxyura leucocephala*	II
瘤鸭	*Sarkidiornis melanotos*	II
埃及雁	*Alopochen aegyptiacus*（加纳）	III
针尾鸭	*Anas acuta*（加纳）	III
绿翅灰斑鸭	*Anas capensis*（加纳）	III
琵嘴鸭	*Anas clypeata*（加纳）	III
绿翅鸭	*Anas crecca*（加纳）	III
赤颈鸭	*Anas penelope*（加纳）	III
白眉鸭	*Anas querquedula*（加纳）	III
白眼潜鸭	*Aythya nyroca*（加纳）	III

中文名	学　名	保护级别
疣鼻栖鸭	*Cairina moschata* (洪都拉斯)	III
红嘴树鸭	*Dendrocygna autumnalis* (洪都拉斯)	III
草黄树鸭	*Dendrocygna bicolor* (加纳),(洪都拉斯)	III
白脸树鸭	*Dendrocygna viduata* (加纳)	III
厚嘴棉凫	*Nettapus auritius* (加纳)	III
距翅雁	*Plecropterus gambensis* (加纳)	III
蓝翅栖鸭	*Pteronetta hartlaubii* (加纳)	III
隼形目所有种	FALCONIFORMES spp.	II
美洲鹫科	Cathartidae	
加州兀鹫	*Gymnogyps californianus*	I
康多兀鹫	*Vultur gryphus*	I
王鹫	*Sarcorhamphus papa* (洪都拉斯)	III
鹰科	Accipitridae	
西班牙白肩鵰	*Aquila adalberti*	I
白肩鵰	*Aquila heliaca*	I
钩嘴鸢古巴亚种	*Chondrohierax uncinatus wilsonii*	I
白尾海鵰	*Haliaeetus albicilla*	I
白头海鵰	*Haliaeetus leucocephalus*	I
角鵰	*Harpia harpyja*	I
食猿鵰	*Pithecophaga jefferyi*	I
隼科	Falconidae	
塞舌尔隼	*Falco araea*	I
印度猎隼	*Falco jugger*	I
马岛隼阿尔达布拉亚种	*Falco newtoni aldabranus*	I
拟游隼	*Falco pelegrinoides*	I
游隼	*Falco peregrinus*	I
毛里求斯隼	*Falco punctatus*	I
矛隼	*Falco rusticolus*	I
鸡形目	GALLIFORMES	
冢雉科	Megapodiidae	
苏拉冢雉	*Macrocephalon maleo*	I

中文名	学　名	保护级别
凤冠雉科	Cracidae	
红嘴凤冠雉	*Crax blumenbachii*	I
剃刀嘴凤冠雉指名亚种	*Crax mitu mitu*	I
角冠雉	*Oreophasis derbianus*	I
白翅冠雉	*Penelope albipennis*	I
黑额鸣冠雉	*Aburria jacutinga*	I
普通鸣冠雉指名亚种	*Aburria pipile pipile*	I
蓝嘴凤冠雉	*Crax alberti*（哥伦比亚）	III
黄瘤凤冠雉	*Crax daubentoni*（哥伦比亚）	III
肉垂凤冠雉	*Crax globulosa*（哥伦比亚）	III
大凤冠雉	*Crax rubra*（哥伦比亚），（哥斯达黎加），（危地马拉），（洪都拉斯）	III
小灰头稚冠雉	*Ortalis vetula*（危地马拉），（洪都拉斯）	III
盔凤冠雉	*Crax pauxi*（哥伦比亚）	III
紫冠雉	*Penelope purpurascens*（洪都拉斯）	III
黑山冠雉	*Penelopina nigra*（危地马拉）	III
雉科	Phasianidae	
彩雉	*Catreus wallichii*	I
山齿鹑里氏亚种	*Colinus virginianus ridgwayi*	I
藏马鸡	*Crossoptilon crossoptilon*	I
哈曼氏马鸡	*Crossoptilon harmani*	I
褐马鸡	*Crossoptilon mantchuricum*	I
虹雉属所有种	*Lophophorus* spp.	I
爱德华氏鹇	*Lophura edwardsi*	I
皇鹇	*Lophura imperialis*	I
蓝鹇	*Lophura swinhoii*	I
巴拉望孔雀雉	*Polyplectron emphanum*	I
凤头眼斑雉	*Rheinartia ocellata*	I
白颈长尾雉	*Syrmaticus ellioti*	I
黑颈长尾雉	*Syrmaticus humiae*	I
黑长尾雉	*Syrmaticus mikado*	I
里海雪鸡	*Tetraogallus caspius*	I
藏雪鸡	*Tetraogallus tibetanus*	I
灰腹角雉	*Tragopan blythii*	I
黄腹角雉	*Tragopan caboti*	I
黑头角雉	*Tragopan melanocephalus*	I
草原榛鸡阿特沃特亚种	*Tympanuchus cupido attwateri*	I

中文名	学　名	保护级别
大眼斑雉	*Argusianus argus*	II
灰原鸡	*Gallus sonneratii*	II
血雉	*Ithaginis cruentus*	II
绿孔雀	*Pavo muticus*	II
灰孔雀雉	*Polyplectron bicalcaratum*	II
眼斑孔雀雉	*Polyplectron germaini*	II
凤冠孔雀雉	*Polyplectron malacense*	II
婆罗洲孔雀雉	*Polyplectron schleiermacheri*	II
白胸珠鸡	*Agelastes meleagrides*（加纳）	III
眼斑吐绶鸡	*Agriocharis ocellata*（危地马拉）	III
栗胸山鹧鸪	*Arborophila charltonii*（马来西亚）	III
苏门答腊山鹧鸪	*Arborophila orientalis*（马来西亚）	III
锈红林鹧鸪	*Caloperdix oculea*（马来西亚）	III
棕尾火背鹇	*Lophura erythrophthalma*（马来西亚）	III
凤冠火背鹇	*Lophura ignita*（马来西亚）	III
黑鹑	*Melanoperdix nigra*（马来西亚）	III
罗氏孔雀雉	*Polyplectron inopinatum*（马来西亚）	III
长嘴山鹑	*Rhizothera longirostris*（马来西亚）	III
冕鹧鸪	*Rollulus roulroul*（马来西亚）	III
红胸角雉	*Tragopan satyra*（尼泊尔）	III
鹤形目	GRUIFORMES	
鹤科所有种	Gruidae spp.	II
美洲鹤	*Grus americana*	I
沙丘鹤古巴亚种	*Grus canadensis nesiotes*	I
沙丘鹤佛罗里达亚种	*Grus canadensis pulla*	I
丹顶鹤	*Grus japonensis*	I
白鹤	*Grus leucogeranus*	I
白头鹤	*Grus monacha*	I
黑颈鹤	*Grus nigricollis*	I
白枕鹤	*Grus vipio*	I
秧鸡科	Rallidae	
森秧鸡	*Gallirallus sylvestris*	I
鹭鹤科	Rhynochetidae	

中文名	学　名	保护级别
鹭鹤	*Rhynochetos jubatus*	I
鸨科所有种	Otididae spp.	II
黑冠鹭鸨	*Choriotis nigriceps*	I
波斑鸨	*Chlamydotis undulata*	I
孟加拉鸨	*Eupodotis bengalensis*	I
鸻形目	CHARADRIIFORMES	
鹬科	Scolopacidae	
小杓鹬	*Numenius borealis*	I
细嘴杓鹬	*Numenius tenuirostris*	I
小青脚鹬	*Tringa guttifer*	I
鸥科	Laridae	
遗鸥	*Larus relictus*	I
石鸻科	Burhinidae	
双纹石鸻	*Burhinus bistriatus*（危地马拉）	III
鸽形目	COLUMBIFORMES	
鸠鸽科	Columbidae	
尼柯巴鸠	*Caloenas nicobarica*	I
红喉皇鸠	*Ducula mindorensis*	I
吕宋鸡鸠	*Gallicolumba luzonica*	II
凤冠鸠属所有种	*Goura* spp.	II
点斑鸽	*Columba guinea*（加纳）	III
铜颈鸽	*Columba iriditorques*（加纳）	III
原鸽	*Columba livia*（加纳）	III
粉红鸽	*Columba mayeri*（毛里求斯）	III
鳞斑灰鸽	*Columba unicincta*（加纳）	III
小长尾鸠	*Oena capensis*（加纳）	III
哀斑鸠	*Streptopelia decipiens*（加纳）	III
粉头斑鸠	*Streptopelia roseogrisea*（加纳）	III
红眼斑鸠	*Streptopelia semitorquata*（加纳）	III

中文名	学　名	保护级别
棕斑鸠	*Streptopelia senegalensis*（加纳）	III
欧斑鸠	*Streptopelia turtur*（加纳）	III
酒红斑鸠	*Streptopelia vinacea*（加纳）	III
非洲绿鸠	*Treron calva*（加纳）	III
黄腹绿鸠	*Treron waalia*（加纳）	III
黑嘴森鸠	*Turtur abyssinicus*（加纳）	III
蓝斑森鸠	*Turtur afer*（加纳）	III
蓝头森鸠	*Turtur brehmeri*（加纳）	III
白胸森鸠	*Turtur tympanistria*（加纳）	III
鹦形目所有种	PSITTACIFORMES spp.	II
鹦鹉科	Psittacidae	
红颈亚马孙鹦哥	*Amazona arausiaca*	I
黄肩亚马孙鹦哥	*Amazona barbadensis*	I
红尾亚马孙鹦哥	*Amazona brasiliensis*	II
圣文森亚马孙鹦哥	*Amazona guildingii*	I
帝王亚马孙鹦哥	*Amazona imperialis*	I
古巴亚马孙鹦哥	*Amazona leucocephala*	I
红眼镜亚马孙鹦哥	*Amazona pretrei*	I
巴西蓝颊亚马孙鹦哥	*Amazona rhodocorytha*	I
桤木亚马孙鹦哥	*Amazona tucumana*	I
圣卢西亚亚马孙鹦哥	*Amazona versicolor*	I
红胸亚马孙鹦哥	*Amazona vinacea*	I
红冠亚马孙鹦哥	*Amazona viridigenalis*	I
波多黎各亚马孙鹦哥	*Amarma vittata*	I
紫蓝金刚鹦鹉属所有种	*Anodorhynchus* spp.	I
大绿金刚鹦鹉	*Ara ambigua*	I
蓝喉金刚鹦鹉	*Ara glaucogularis*	I
绯红金刚鹦鹉	*Ara macao*	I
蓝翅金刚鹦鹉	*Ara maracana*	I
军用金刚鹦鹉	*Ara militaris*	I
红额金刚鹦鹉	*Ara rubrogenys*	I
金色鹦哥	*Aratinga guarouba*	I
深蓝吸蜜鹦鹉	*Vini ultramarina*	I
戈芬氏凤头鹦鹉	*Cacatua goffini*	I
红肛凤头鹦鹉	*Cacatua haematuropygia*	I

中文名	学名	保护级别
鲑色凤头鹦鹉	*Cacatua moluccensis*	I
小蓝金刚鹦鹉	*Cyanopsitta spixii*	I
黄额鹦鹉	*Cyanoramphus auriceps forbesi*	I
诺福克红额鹦鹉	*Cyanoramphus cookii*	I
红额鹦鹉	*Cyanoramphus novaezelandiae*	I
双眼无花果鹦鹉考氏亚种	*Cyclopsitta diophthalma coxeni*	I
橙腹鹦鹉	*Neophema chrysogaster*	I
黄耳鹦哥	*Ognorhynchus icterotis*	I
夜鹦鹉	*Pezoporus occidentalis*	I
地栖鹦鹉	*Pezoporus wallicus*	I
红帽鹦哥	*Pionopsitta pileata*	I
棕树凤头鹦鹉	*Probosciger aterrimus*	I
金肩鹦鹉	*Psephotus chrysopterygius*	I
异色金肩鹦鹉	*Psephotus dissimilis*	I
乐园鹦鹉	*Psephotus pulcherrimus*	I
毛里求斯鹦鹉	*Psittacula echo*	I
灰鹦鹉普林西比亚种	*Psittacus erithacus princeps*	I
赭斑鹦哥	*Pyrrhura cruentata*	I
厚嘴鹦哥属所有种	*Rhynchopsitta* spp.	I
鸮鹦鹉	*Strigops habroptilus*	I
红领绿鹦鹉	*Psittacula krameri*（加纳）	III
鹃形目	CUCULIFORMES	
蕉鹃科	Musophagidae	
紫冠蕉鹃	*Musophaga porphyreolophus*	II
白梢冠蕉鹃	*Tauraco corythaix*	II
费氏冠蕉鹃	*Tauraco fischeri*	II
绿头冠蕉鹃	*Tauraco livingstonii*	II
绿冠蕉鹃	*Tauraco persa*	II
莎罗氏冠蕉鹃	*Tauraco schalowi*	II
黑嘴冠蕉鹃	*Tauraco schuetii*	II
蓝蕉鹃	*Corythaeola cristata*（加纳）	III
灰蕉鹃	*Crinifer piscator*（加纳）	III
紫蕉鹃	*Musophaga violacea*（加纳）	III
冠蕉鹃	*Tauraco macrorhynchus*（加纳）	III

中文名	学 名	保护级别
鸮形目所有种	STRIGIFORMES spp.	II
草鸮科	Tytonidae	
马岛草鸮	*Tyto soumagnei*	I
鸱鸮科	Strigidae	
林斑小鸮	*Athene blewitti*	I
巨角鸮	*Mimizuku gurneyi*	I
布布克鹰鸮诺福克岛亚种	*Ninox novaeseelandiae undulata*	I
栗鹰鸮圣诞岛亚种	*Ninox squamipila natalis*	I
雨燕目	APODIFORMES	
蜂鸟科所有种	Trochilidae spp.	II
钩嘴蜂鸟	*Glaucis dohrnii*	I
咬鹃目	TROGONIFORMES	
咬鹃科	Trogonidae	
凤尾绿咬鹃	*Pharomachrus mocinno*	I
佛法僧目	CORACIIFORMES	
犀鸟科	Bucerotidae	
棕颈犀鸟	*Aceros nipalensis*	I
印支皱盔犀鸟	*Aceros subruficollis*	I
双角犀鸟	*Buceros bicornis*	I
盔犀鸟	*Buceros vigil*	I
皱盔犀鸟属所有种	*Aceros* spp.	II
凤头犀鸟属所有种	*Anorrhinus* spp.	II
斑犀鸟属所有种	*Anthracoceros* spp.	II
犀鸟属所有种	*Buceros* spp.	II
斑嘴犀鸟属所有种	*Penelopides* spp.	II
小盔犀鸟属所有种	*Ptilolaemus* spp.	II

中文名	学　名	保护级别
鴷形目	PICIFORMES	
须鴷科	Capitonidae	
鵎鵼拟啄木	*Semnornis ramphastinus*（哥伦比亚）	III
鵎鵼科	Ramphastidae	
黑颈阿拉卡鵎鵼	*Pteroglossus aracari*	II
绿阿拉卡鵎鵼	*Pteroglessus viridis*	II
厚嘴鵎鵼	*Ramphastos sulfuratus*	II
鞭笞鵎鵼	*Ramphastos toco*	II
南美鵎鵼	*Ramphastos tucanus*	II
凹嘴鵎鵼	*Ramphastos vitellinus*	II
桔黄鵎鵼	*Baillonius bailloni*（阿根廷）	III
栗耳阿拉卡鵎鵼	*Pteroglossus castanotis*（阿根廷）	III
红胸鵎鵼	*Ramphastos dicolorus*（阿根廷）	III
点嘴小鵎鵼	*Selenidera maculirostris*（阿根廷）	III
啄木鸟科	Picidae	
帝啄木鸟	*Campephilus imperialis*	I
白腹黑啄木鸟理查亚种	*Dryocopus javensis richardsi*	I
雀形目	PASSERIFORMES	
伞鸟科	Cotingidae	
带斑伞鸟	*Cotinga maculata*	I
白翅伞鸟	*Xipholena atropurpurea*	I
动冠伞鸟属所有种	*Rupicola* spp.	II
亚马孙伞鸟	*Cephalopterus oruatus*（哥伦比亚）	III
长耳垂伞鸟	*Cephalopterus penduliger*（哥伦比亚）	III
八色鸫科	Pittidae	
泰国八色鸫	*Pitta gurneyi*	I
吕宋八色鸫	*Pitta kochi*	I
蓝翅八色鸫	*Pitta nympha*	II
蓝尾八色鸫	*Pitta guajana*	II
薮鸟科	Atrichornithidae	

中文名	学名	保护级别
嘈杂薮鸟	*Atrichornis clamosus*	Ⅰ
燕科	Hirundinidae	
白眼河燕	*Pseudochelidon sirintarae*	Ⅰ
鹎科	Pycnonotidae	
黄冠鹎	*Pycnonotus zeylanicus*	Ⅱ
鹟科	Muscicapidae	
棕色刺莺西澳亚种	*Dasyornis broadbenti litoralis*	Ⅰ
长嘴刺莺	*Dasyornis longirostris*	Ⅰ
岩鹛属所有种	*Picathartes* spp.	Ⅰ
灰胸薮鹛	*Liocichla omeiensis*	Ⅱ
银耳相思鸟	*Leiothrix argentauris*	Ⅱ
红嘴相思鸟	*Leiothrix lutea*	Ⅱ
鲁克氏仙鹟	*Cyornis ruckii*	Ⅱ
罗迪薮莺	*Bebrornis rodericanus*（毛里求斯）	Ⅲ
马斯卡林寿带	*Terpsiphone bourbonnensis*（毛里求斯）	Ⅲ
绣眼鸟科	Zosteropidae	
诺福克绣眼鸟	*Zosterops albogularis*	Ⅰ
吸蜜鸟科	Meliphagidae	
黄簇吸蜜鸟卡西迪亚种	*Lichenostomus melanops cassidix*	Ⅱ
鹀科	Emberizidae	
七彩唐加拉雀	*Tangara fastuosa*	Ⅱ
黑冠黄雀鹀	*Gubernatrix cristata*	Ⅱ
黄嘴红蜡嘴鹀	*Paroaria capitata*	Ⅱ
红冠蜡嘴鹀	*Paroaria coronata*	Ⅱ
拟黄鹂科	Icteridae	
橙头黑鹂	*Agelaius flavus*（乌拉圭）	Ⅲ
雀科	Fringillidae	

中文名	学 名	保护级别
黑头红金翅雀	*Carduelis cucullata*	I
黄脸金翅雀	*Carduelis yarrellii*	II
灰冠丝雀	*Serinus canicapillus*（加纳）	III
白腰丝雀	*Serinus leucopygius*（加纳）	III
黄额丝雀	*Serinus mozambicus*（加纳）	III
梅花雀科	Estrildidae	
黑喉草雀指名亚种	*Poephila cincta cincta*	II
绿色红梅花雀	*Amandava formosa*	II
爪哇禾雀	*Padda oryzivora*	II
环喉雀	*Amandina fasciata*（加纳）	III
橙腹红梅花雀	*Amandava subflava*（加纳）	III
横斑梅花雀	*Estrilda astrild*（加纳）	III
淡蓝梅花雀	*Estrilda caerulescens*（加纳）	III
橙颊梅花雀	*Estrilda melpoda*（加纳）	III
黑腰梅花雀	*Estrilda troglodytes*（加纳）	III
黑腹火雀	*Lagonosticta rara*（加纳）	III
灰顶火雀	*Lagonosticta rubricata*（加纳）	III
斑胸火雀	*Lagonosticta rufopicta*（加纳）	III
红嘴火雀	*Lagonosticta senegala*（加纳）	III
酒红火雀	*Lagonosticta vinacea*（加纳）	III
鹊色火雀	*Lagonosticta bicolor*（加纳）	III
白喉火雀	*Lagonosticta cantans*（加纳）	III
古铜色文鸟	*Lonchura cucullata*（加纳）	III
鹊色文鸟	*Lonchura fringilloides*（加纳）	III
绿背点斑雀	*Mandingoa nitidula*（加纳）	III
白颊橄榄背织布鸟	*Nesocharis capistrata*（加纳）	III
栗胸黑梅花雀	*Nigrita bicolor*（加纳）	III
灰头黑梅花雀	*Nigrita canicapilla*（加纳）	III
白胸黑梅花雀	*Nigrita fusconota*（加纳）	III
淡额黑梅花雀	*Nigrita luteifrons*（加纳）	III
黑颏鹑雀	*Ortygospiza atricollis*（加纳）	III
刚果红额蚁雀	*Parmoptila rubrifrons*（加纳）	III
雀织莺	*Pholidornis rushiae*（加纳）	III
黑腹砸籽雀	*Pyrenestes ostrinus*（加纳）	III
黄翅斑腹雀	*Pytilia hypogrammica*（加纳）	III
红翅斑腹雀	*Pytilia phoenicoptera*（加纳）	III
红胸蓝嘴雀	*Spermophaga haematina*（加纳）	III

中文名	学　名	保护级别
红颊蓝饰雀	*Uraeginthus bengalus*（加纳）	III
文鸟科	Ploceidae	
厚嘴织布鸟	*Amblyospiza albifrons*（加纳）	III
红头织布鸟	*Anaplectes rubriceps*（加纳）	III
寄生织布鸟	*Anomalospiza imberbis*（加纳）	III
牛文鸟	*Bubalornis albirostris*（加纳）	III
黄顶寡妇鸟	*Euplectes afer*（加纳）	III
红领寡妇鸟	*Euplectes ardens*（加纳）	III
西非红寡妇鸟	*Euplectes franciscanus*（加纳）	III
黑翅红色寡妇鸟	*Euplectes hordeaceus*（加纳）	III
黄肩寡妇鸟	*Euplectes macrourus*（加纳）	III
卡辛氏马利布鸟	*Malimbus cassini*（加纳）	III
冠马利布鸟	*Malimbus malimbicus*（加纳）	III
蓝嘴马利布鸟	*Malimbus nitens*（加纳）	III
红颈马利布鸟	*Malimbus rubricollis*（加纳）	III
红臀马利布鸟	*Malimbus scutatus*（加纳）	III
褐翅织布鸟	*Pachyphantes superciliosus*（加纳）	III
灰头麻雀	*Passer griseus*（加纳）	III
灌丛石雀	*Petronia dentata*（加纳）	III
栗顶雀织鸟	*Plocepasser superciliosus*（加纳）	III
白颈黑织布鸟	*Ploceus albinucha*（加纳）	III
橙色织布鸟	*Ploceus aurantius*（加纳）	III
黑头群栖织布鸟	*Ploceus cucullatus*（加纳）	III
绿腰织布鸟	*Ploceus heuglini*（加纳）	III
小织布鸟	*Ploceus luteolus*（加纳）	III
黑头黄背织布鸟	*Ploceus melanocephalus*（加纳）	III
大黑织布鸟	*Ploceus nigerrimus*（加纳）	III
黑颈织布鸟	*Ploceus nigricollis*（加纳）	III
细嘴织布鸟	*Ploceus pelzelni*（加纳）	III
金背织布鸟	*Ploceus preussi*（加纳）	III
黄肩织布鸟	*Ploceus tricolor*（加纳）	III
黄面织布鸟	*Ploceus vitellinus*（加纳）	III
红头奎利亚雀	*Quelea erythrops*（加纳）	III
点额织布鸟	*Sporopipes frontalis*（加纳）	III
靛蓝维达鸟	*Vidua chalybeata*（加纳）	III
中非维达鸟	*Vidua interjecta*（加纳）	III
隐居维达鸟	*Vidua larvaticola*（加纳）	III

中文名	学　名	保护级别
针尾维达鸟	*Vidua macroura*（加纳）	III
宽尾乐园维达鸟	*Vidua orientalis*（加纳）	III
寡居维达鸟	*Vidua raricola*（加纳）	III
多哥维达鸟	*Vidua togoensis*（加纳）	III
淡翅维达鸟	*Vidua wilsoni*（加纳）	III
椋鸟科	Sturnidae	
长冠八哥	*Leucopsar rothschildi*	I
鹩哥	*Gracula religiosa*	II
风鸟科所有种	Paradisaeidae spp.	II

中文名	学 名	保护级别
䴙䴘目	PODICIPEDIFORMES	
䴙䴘科	Podicipedidae	
角䴙䴘	*Podiceps auritus*	II
赤颈䴙䴘	*Podiceps grisegena*	II
鹱形目	PROCELLARIIFORMES	
信天翁科	Diomedeidae	
短尾信天翁	*Diomedea albatrus*	I
鹈形目	PELECANIFORMES	
鹈鹕科	Pelecanidae	
鹈鹕(所有种)	*Pelecanus* spp.	II
鲣鸟科	Sulidae	
鲣鸟(所有种)	Sula spp.	II
鸬鹚科	Phalacrocoracidae	
海鸬鹚	*Phalacrocorax pelagicus*	II
黑颈鸬鹚	*Phalacrocorax niger*	II
军舰鸟科	Fregatidae	
白腹军舰鸟	*Fregata andrewsi*	I
鹳形目	CICONIIFORMES	
鹭科	Ardeidae	
黄嘴白鹭	*Egretta eulophotes*	II
岩鹭	*Egretta sacra*	II
海南虎斑鳽	*Gorsachius magnificus*	II
小苇鳽	*Ixobrychus minutus*	II
鹳科	Ciconiidae	

中文名	学　名	保护级别
彩鹳	*Ibis leucocephalus*	II
白鹳	*Ciconia ciconia*	I
黑鹳	*Ciconia nigra*	I
鹮科	Threskiornithidae	
白鹮	*Threskiornis aethiopicus*	II
黑鹮	*Pseudibis papillosa*	II
朱鹮	*Nipponia nippon*	I
彩鹮	*Plegadis falcinellus*	II
白琵鹭	*Platalea leucorodia*	II
黑脸琵鹭	*Platalea minor*	II
雁形目	ANSERIFORMES	
鸭科	Anatidae	
红胸黑雁	*Branta ruficollis*	II
白额雁	*Anser albifrons*	II
天鹅(所有种)	*Cygnus* spp.	II
鸳鸯	*Aix galericulata*	II
中华秋沙鸭	*Mergus squamatus*	I
隼形目	FALCONIFORMES	
鹰科	Accipitridae	
金雕	*Aquila chrysaetos*	I
白肩雕	*Aquila heliaca*	I
玉带海雕	*Haliaeetus leucoryphus*	I
白尾海雕	*Haliaeetus albicilla*	I
虎头海雕	*Haliaeetus pelagicus*	I
拟兀鹫	*Pseudogyps bengalensis*	I
胡兀鹫	*Gypaetus barbatus*	I
其它鹰类	(Accipitridae)	II
隼科(所有种)	Falconidae	II
鸡形目	GALLIFORMES	

中文名	学 名	保护级别
松鸡科	Tetraonidae	
黑嘴松鸡	*Tetrao parvirostris*	I
黑琴鸡	*Lyrurus tetrix*	II
柳雷鸟	*Lagopus lagopus*	II
岩雷鸟	*Lagopus mutus*	II
镰翅鸟	*Falcipennis falcipennis*	II
花尾榛鸡	*Tetrastes bonasia*	II
斑尾榛鸡	*Tetrastes sewerzowi*	I
雉科	Phasianidae	
雪鸡(所有种)	*Tetraogallus* spp.	II
雉鹑	*Tetraophasis obscurus*	I
四川山鹧鸪	*Arborophila rufipectus*	I
海南山鹧鸪	*Arborophila ardens*	I
血雉	*Ithaginis cruentus*	II
黑头角雉	*Tragopan melanocephalus*	I
红胸角雉	*Tragopan satyra*	I
灰腹角雉	*Tragopan blythii*	I
红腹角雉	*Tragopan temminckii*	II
黄腹角雉	*Tragopan caboti*	I
虹雉(所有种)	*Lophophorus* spp.	I
藏马鸡	*Crossoptilon crossoptilon*	II
蓝马鸡	*Crossoptilon auritum*	II
褐马鸡	*Crossoptilon mantchuricum*	I
黑鹇	*Lophura leucomelana*	II
白鹇	*Lophura nycthemera*	II
蓝鹇	*Lophura swinhoii*	I
红原鸡	*Gallus gallus*	II
勺鸡	*Pucrasia macrolopha*	II
黑颈长尾雉	*Syrmaticus humiae*	I
白冠长尾雉	*Syrmaticus reevesii*	II
白颈长尾雉	*Syrmaticus ellioti*	I
黑长尾雉	*Syrmaticus mikado*	I
锦鸡(所有种)	*Chrysolophus* spp.	II
灰孔雀雉	*Polyplectron bicalcaratum*	I
绿孔雀	*Pavo muticus*	I

中文名	学　名	保护级别
鹤形目	GRUIFORMES	
鹤科	Gruidae	
灰鹤	*Grus gurs*	II
黑颈鹤	*Grus nigricollis*	I
白头鹤	*Grus monacha*	I
沙丘鹤	*Grus canadensis*	II
丹顶鹤	*Grus japonensis*	I
白枕鹤	*Grus vipio*	II
白鹤	*Grus leucogeranus*	I
赤颈鹤	*Grus antigone*	I
蓑羽鹤	*Anthropoides virgo*	II
秧鸡科	Rallidae	
长脚秧鸡	*Crex crex*	II
姬田鸡	*Porzana parva*	II
棕背田鸡	*Porzana bicolor*	II
花田鸡	*Coturnicops noveboracensis*	II
鸨科	Otidae	
鸨(所有种)	Otis spp.	I
鸻形目	CHARADRIIFORMES	
雉鸻科	Jacanidae	
铜翅水雉	*Metopidius indicus*	II
鹬科	Scolopacidae	
小杓鹬	*Numenius borealis*	II
小青脚鹬	*Tringa guttifer*	II
燕鸻科	Glareolidae	
灰燕鸻	*Glareola lactea*	II
鸥形目	LARIFORMES	

中文名	学　名	保护级别
鸥科	Laridae	
遗鸥	*Larus relictus*	I
小鸥	*Larus minutus*	II
黑浮鸥	*Chlidonias nigra*	II
黄嘴河燕鸥	*Sterna aurantia*	II
黑嘴端凤头燕鸥	*Thalasseus zimmermanni*	II
鸽形目	COLUMBIFORMES	
沙鸡科	Pteroclididae	
黑腹沙鸡	*Pterocles orientalis*	II
鸠鸽科	Columbidae	
绿鸠(所有种)	*Treron* spp.	II
黑颏果鸠	*Ptilinopus leclancheri*	II
皇鸠(所有种)	*Ducula* spp.	II
斑尾林鸽	*Columba palumbus*	II
鹃鸠(所有种)	*Macropygia* spp.	II
鹦形目	PSITTACIFORMES	
鹦鹉科(所有种)	Psittacidae	II
鹃形目	CUCULIFORMES	
杜鹃科	Cuculidae	
鸦鹃(所有种)	*Centropus* spp.	II
鸮形目(所有种)	STRIGIFORMES	II
雨燕目	APODIFORMES	
雨燕科	Apodidae	
灰喉针尾雨燕	*Hirundapus cochinchinensis*	II
凤头雨燕科	Hemiprocnidae	

中文名	学　名	保护级别
凤头雨燕	*Hemiprocne longipennis*	II
咬鹃目	TROGONIFORMES	
咬鹃科	Trogonidae	
橙胸咬鹃	*Harpactes oreskios*	II
佛法僧目	CORACIIFORMES	
翠鸟科	Alcedinidae	
蓝耳翠鸟	*Alcedo meninting*	II
鹳嘴翠鸟	*Pelargopsis capensis*	II
蜂虎科	Meropidae	
黑胸蜂虎	*Merops leschenaulti*	II
绿喉蜂虎	*Merops orientalis*	II
犀鸟科(所有种)	Bucerotidae	II
鴷形目	PICIFORMES	
啄木鸟科	Picidae	
白腹黑啄木鸟	*Dryocopus javensis*	II
雀形目	PASSERIFORMES	
阔嘴鸟科(所有种)	Eurylaimidae	II
八色鸫科(所有种)	Pittidae	II

图书在版编目（CIP）数据

鸟类博物馆 / 李湘涛主编. —北京：时事出版社，2002
ISBN 978-7-80009-719-5

Ⅰ. 鸟...　Ⅱ. 李...　Ⅲ. 鸟类－普及读物　Ⅳ. Q959.7-49

中国版本图书馆CIP数据核字（2002）第036967号

出 版 发 行：时事出版社
地　　　址：北京市海淀区万寿寺甲2号
邮　　　编：100081
发 行 热 线：（010）88547590　88547591
读者服务部：（010）88547595
传　　　真：（010）68418647
电 子 邮 箱：shishichubanshe@sina.com
网　　　址：www.shishishe.com
印　　　刷：北京博海升彩色印刷有限公司

开本：787×1092　1/16　印张：18　字数：700千字
2009年9月第2版　2009年9月第1次印刷
定价：98.00元